21世纪大学电子信息类专业规划教材

数据采集与处理技术

（第3版）

上册

马明建 编著

U0282204

西安交通大学出版社
XI'AN JIAOTONG UNIVERSITY PRESS

内容提要

全书分为上、下册。本书为上册——基础篇,全面、系统地讲述数据采集与处理技术,主要内容包括:绪论、模拟信号的数字化处理、模拟多路开关、测量放大器、采样/保持器、模/数转换器、数/模转换器、数据的接口板卡采集、数字信号的采集、采样数据的预处理。

本书概念清晰、文字流畅、图文并茂、便于自学。书中附有大量工程应用实例和程序,其中大部分系作者近年来科研工作的经验总结,具有内容新颖、实用和工程性强的特色,其目的是希望帮助读者在实际应用中能正确、合理地设计数据采集系统。

本书可作为高等院校机电一体化、智能化仪器仪表、计算机应用、自动控制、机械设计制造及其自动化、农业机械化与自动化等专业本科生、研究生的教材,也可作为从事相关专业的工程技术人员的参考书。

图书在版编目(CIP)数据

数据采集与处理技术 上册/马明建编著. —3 版
. —西安:西安交通大学出版社,2012.6(2024.12 重印)
ISBN 978 - 7 - 5605 - 3974 - 4

Ⅰ.①数… Ⅱ.①马… Ⅲ.①数据采集②数据处理 Ⅳ.①TP274

中国版本图书馆 CIP 数据核字(2011)第 143427 号

书　　名	数据采集与处理技术(第 3 版)上册	
编　　著	马明建	
责任编辑	屈晓燕　贺峰涛　田　华	
出版发行	西安交通大学出版社	
	(西安市兴庆南路 1 号　邮政编码 710048)	
网　　址	http://www.xjtupress.com	
电　　话	(029)82668357　82667874(市场营销中心)	
	(029)82668315(总编办)	
传　　真	(029)82668280	
印　　刷	西安日报社印务中心	
开　　本	787 mm×1092 mm　1/16　印张 16　字数 376 千字	
版　　次	1998 年 9 月第 1 版　2005 年 9 月第 2 版　2012 年 6 月第 3 版	
印　　次	2024 年 12 月第 3 版第 13 次印刷	
书　　号	ISBN 978 - 7 - 5605 - 3974 - 4	
定　　价	36.00 元	

如发现印装质量问题,请与本社市场营销中心联系。
订购热线:(029)82665248　(029)82667874
投稿热线:(029)82664954
读者信箱:eibooks@163.com

第 3 版说明

本书自 2005 年再版以来，Windows XP 操作系统在 PC 计算机上大量采用、USB 接口和 CAN 总线技术在数据采集中得到应用，以及全球定位系统(GPS)在各行业得到了应用。为了满足本科生、研究生教学和工程技术人员参考，并使本书内容反映相关技术更新带来的数据采集技术变化，本书第 3 版在以下方面进行了增补。

第 1 章增加数据采集的发展历史和应用的内容。

第 2 章增加采样定理二(带通信号采样定理)、采样定理三(重采样定理)，详细推导了量化信噪比公式。

第 8 章增加 Windows XP 数据采集板卡编程内容，主要讲述用户态(Ring3)取得 Debug 权限的数据采集板块编程，并辅以 Delphi 6.0 数据采集程序实例作说明。

此外，本书第 3 版新增加两章内容，第 12 章讲述基于 USB-CAN 总线模块的数据采集，并辅以一个工程实例作说明。第 13 章讲述全球定位系统(GPS)数据采集，并辅以一个工程实例作说明。

通过以上章节内容的充实，进一步增强本书的数据采集理论知识、Windows XP 数据采集方法和工程应用知识、基于 USB-CAN 总线模块的数据采集方法和工程应用知识、全球定位系统(GPS)数据采集方法和工程应用知识，从而提高本书的参考价值。

由于增加了以上章节内容，使得本书第 3 版的页数大幅增加。为了便于本科生教学与研究生教学，以及工程技术人员参考使用，本书第 3 版分为上、下册出版。

为了便于教学，本书赠送 48 学时的多媒体课件、部分习题与思考题点评，有需要的教师可以和出版社联系，也可以通过 E-mail：mmj@sdut.edu.cn 与作者联系。

作者

2011 年 12 月

再版说明

　　本书于 1998 年 9 月首次出版,时至今日,全国已有许多高等院校采用本书用于本科生和研究生教育,在传授数据采集与处理技术知识方面发挥了一定的积极作用。

　　由于本书第 1 版写作于 1995 年 11 月,止笔于 1997 年 2 月,因此,书中的部分内容和工程实例深深地打上了 20 世纪 90 年代中前期技术的烙印。

　　自 1998 年以来,时光已过去了 7 年。7 年的时间在历史的长河中微乎其微,但是这几年信息技术领域的科学技术有了很大的发展,出现了许多新技术、新方法,间接或直接地引发数据采集技术出现了一些变化。为了能紧跟信息技术发展的步伐,充分展现数据采集技术的变化,使本书保持较强的生命力,作者在 1998 年版的基础上,对书中的内容"吐故纳新",将陈旧过时的内容去掉,增加一些紧跟技术发展方面的内容,希望能对读者提供有力的帮助。

作者

2005 年 3 月

前　言

　　回顾 20 世纪科学技术的发展,对人类的经济建设和生活最具有影响力的莫过于计算机的发明。特别是自 70 年代初以来,微处理器的问世促使微型计算机技术迅速发展和应用,在世界范围内引起了一场新的技术革命,并推动人类社会进入到信息时代。作为微型计算机应用技术的一个重要分支——数据采集与处理技术,集传感器、信号采集与转换、计算机等技术于一体,是获取信息的重要工具和手段,随着微型计算机的应用与普及,它在科学研究、生产过程等领域中发挥着越来越重要的作用。在科学研究中应用数据采集与处理技术,将提高人们对各种瞬态现象进行研究的能力;在生产过程中应用数据采集与处理技术,将能迅速地对各种工艺参数进行采集,为计算机控制提供必需的信息,从而实现生产过程的自动控制。因此,数据采集与处理技术是机电一体化、智能化仪器仪表、自动控制、计算机应用、机械设计制造及其自动化、农业机械化与自动化等专业的学生和相关专业的工程技术人员必备的专业知识。

　　本书主要讲述数据采集与处理中的基本理论、基本概念,数据采集器件的工作原理、性能和使用,系统的误差分配及估算,数据采集系统硬件和软件的设计方法。目的是希望帮助读者在实际应用中能正确、合理地设计数据采集系统。

　　本书有三个主要特点:

　　1. 系统性。本书对数据采集与处理系统从整体上进行论述,既讲述数据采集与处理中的基本理论、概念,又讲述工程上的应用;既涉及硬件设计的知识,又涉及软件设计的知识。

　　2. 实用性。本书写作的指导思想是以实用为前提,将理论与应用紧密地结合起来;在语言描述上力求简明扼要、通俗易懂;在内容组织上注意知识的完整性、突出重点,并提供了大量的插图和图表,以使读者易于理解和掌握,便于自学。另外,书中还附有大量的应用实例和程序,其中大部分系作者多年来科研工作的经验总结,并在实际工作得到应用和验证,可供读者在开发数据采集系统时参考引用,相信对读者会有很大的帮助。

　　3. 要点清晰。本书对数据采集与处理中的基本概念、原则和注意事项,均外加框线,其格式如下(以"量化"的概念为例):

> **量化**就是把采样信号的幅值与某个最小数量单位的一系列整倍数比较,以最接近于采样信号幅值的最小数量单位倍数来代替该幅值。这一过程称为"量化过程",简称"量化"。

以突出基本概念、原则,并提醒读者在应用中应该注意的事项。

　　本书强调基本理论、基本概念,突出软件与硬件结合,着重介绍设计方法,加强实际应用。在写作过程中注意将国内外的新技术、新原理和新方法融会进本书。

　　本书分为上、下册,共有 16 章。

　　本书上册为基础篇,包含 10 章,各章节内容简要如下。

　　第 1 章主要讲述数据采集的发展历史和应用、数据采集的意义和任务、数据采集系统的基本功能和结构形式、数据采集软件的功能,还讲述数据处理的类型和任务。

第 2 章重点讲述模拟信号数字化处理中的基本理论、方法,包括采样过程、采样定理、量化与量化误差、编码,还讨论几种采样技术的应用、频率混淆的原因及消除频率混淆的措施。

第 3 章讲述模拟多路开关的工作原理和主要技术指标,常用集成多路开关芯片、多路开关的电路特性和多路开关的使用。

第 4 章讲述测量放大器的电路原理、主要技术指标,集成芯片和测量放大器的使用,还讲述隔离放大器的结构和应用。

第 5 章讲述采样/保持器的工作原理、类型、主要性能参数和集成芯片,还讨论系统采集速率与采样/保持器的关系,以及采样/保持器使用中应注意的问题。

第 6、7 章讲述 A/D 和 D/A 转换器的分类、主要技术指标、工作原理。在详细讲述几种 8 位、12 位 A/D 和 D/A 转换器的基础上,给出 A/D 和 D/A 转换器与单片机、PC 机的硬件接口电路及调试方法和步骤,并讲述在实际工作中如何选用 A/D 转换器芯片的方法。

第 8 章讲述两种商品化的数据采集接口板卡的结构、主要技术参数、使用与程序编写方法,Windows 98 数据采集板卡编程,还讲述 Windows XP 数据采集板卡编程,给出 Delphi 6.0 编程实例,实例程序无需驱动程序支持,可在 Ring3 用户态直接对数据采集板卡(I/O 端口)操作,实现模拟信号数据采集。

第 9 章讲述与数字信号采集相关的 8255A 芯片及板卡,还讲述 BCD 码并行数字信号的采集、车速脉冲信号的采集计数。

第 10 章讲述采样数据由无工程单位数字量变换为有工程单位数字量时的标度变换,还讲述采样数据的数字滤波、采样数据中奇异项的剔除及采样数据的平滑处理。

本书下册为扩展篇,包含 6 章,各章节内容简要如下:

第 11 章讲述串行端口的数据采集,在讲述串行数字信号的基本概念和通信标准的基础上,着重讨论 PC 机与单片机的通信技术,给出具体的设计实例、通信接口电路、通信程序框图、通信程序等。也讲述 Visual Basic 的 MSComm 控件基本知识和在串口数据采集中的应用。鉴于数据采集系统向分布式、集散化方向发展,本书还讲述 RS－485 总线模块、EDA9033E 电参数采集模块的硬件、使用及编程方法。

第 12 章讲述 USB 和 CAN 总线的基本情况,并讲述基于 USB-CAN 总线模块的数据采集方法,辅以一个工程实例作说明,以便读者理解和掌握。

第 13 章讲述全球定位系统(GPS)数据采集,讲述 GPS 的组成、WGS 84 与 2000 中国大地坐标系、WGS 84 大地坐标系转换为高斯-克吕格坐标系的方法、NMEA 0183 协议、GR－213U 接收机、SPComm 串口通信控件简介和安装方法,并辅以一个完整 Delphi 6.0 程序对 GPS 数据采集做说明,以便读者理解和掌握,同时此程序也可供读者在开发 GPS 数据采集系统时参考。

第 14 章讲述数据采集系统常见的干扰,并讨论抑制干扰的措施,还讨论在编程中容易忽视的软件干扰问题及软件抗干扰措施。

第 15 章讲述数据采集系统的设计原则、设计步骤、系统 A/D 通道的确定及微型计算机的选择,讲述系统误差的分配及估算。

第 16 章讲述 7 个数据采集系统实例。

书中提供的所有程序分别在 Quick BASIC 4.5、Visual Basic 6.0、Delphi 5.0/6.0、C＋＋ Builder 6.0 和 MASM 5.0 宏汇编下调试通过,可直接为读者所采用。

本书主要是根据作者多年来教学、科研工作经验的积累而写的,同时参考了有关文献,作者在此向收录于本书的国内外参考文献的作者表示诚挚的谢意。

由于作者学识水平有限,疏漏之处在所难免,敬请广大读者批评指正。

作者
2011 年 12 月

目　录

第1章　绪　论

1.1　数据采集的发展历史和应用

1.1.1　数据采集的发展历史

数据采集技术起始可追溯到工业革命时期。1788 年,瓦特(肖像见图 1-1)在改进蒸汽机的同时,发明了如图 1-2 所示的蒸汽机离心式调速器。

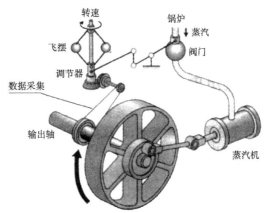

图 1-1　瓦特肖像　　　　　　图 1-2　蒸汽机离心式调速器

图 1-2 中,输出轴上的链轮、链条副可看作为数据采集器。当蒸汽机输出轴转速发生变化时,链轮、链条将输出轴转速传到离心式调速器(调节器)上,转速的变化引起离心力大小发生变化,使飞摆的两圆球距离发生变化,使得调节器滑套沿立柱上下移动,通过杠杆机构调节阀门开度,调节蒸汽流量,将蒸汽机转速控制在一定范围内,从而能保持蒸汽机转速基本不变,才有工业应用价值。这种采用机械式调节原理实现速度自动控制的动力机,推动了第一次工业革命的进程。图 1-2 中输出轴链轮→链条→飞摆→调节器滑套→杠杆→蒸汽阀门的蒸汽机调速路线构成了现代闭环反馈控制的雏形。蒸汽机转速稳定性问题吸引了众多著名的工程师、物理学家和数学家从事该领域的研究,进而逐渐形成了经典的控制论。

1956 年美国率先研究了用在军事上的测试系统,测试中由非熟练人员进行操作,并且测试任务是由测试设备高速自动控制完成的。由于该种数据采集测试系统具有高速性和一定的灵活性,可以满足众多传统方法不能完成的数据采集和测试任务,因而得到了初步的认可。

20 世纪 60 年代后期,国外就有成套的数据采集设备产品进入市场,此阶段的数据采集设备和系统多属于专用的系统。

　　这个时期的数据采集系统是用几台包括显示器和记录仪的仪器组合起来的,这些仪器可以是模拟式的,也可以是数字式的。由一台程序控制器和小型计算机控制,用于某一特定的检测目标。其特点是程序固定、功能简单、具有一定的分析能力。其次是接口卡积木式系统,它是把设计成与程控仪器相适应的接口卡箱装在专用的计算机内。在某系统中,如果使用仪器相同,就不必更改接口卡。不同的系统配备不同的仪器,则只需将要使用的仪器卡插进去,不需要的抽出来,更改几条接线即可,这种系统比测试台灵活得多。长期以来,人们希望有一种国际通用的标准接口系统。如果在世界各地都按统一标准来设计可程控的仪器、仪表和器件,就可以把任何厂家生产的任何型号的可程控的器件与计算机用一条无源的标准总线电缆互相连接起来,为此 1966 年欧洲研究了 CAMAC 系统和 IEEE - 488 总线系统。

　　从 20 世纪 70 年代起,数据采集系统逐渐发展为两类:一类是实验室数据采集系统;另一类是工业现场数据采集系统。就使用的总线而言,实验室数据采集系统多采用并行总线,工业现场数据采集系统多采用串行数据总线。

　　20 世纪 70 年代中后期,随着微型机的发展,诞生了采集器、仪表同计算机溶为一体的数据采集系统,出现了高性能、高可靠性的单片机数据采集系统(DAS)。

　　这个时期的数据采集系统采用先进的模块式结构,根据不同的应用要求,通过简单的增加和更改模块,就可扩展或修改系统,迅速地组成一个新的系统,如图 1 - 3 所示。美国 Keithley 公司的 DAS500 系列数据采集系统,就是用十个模块,根据功能不同选择组合,迅速组成小型的数据采集系统。又如英国 Solartron 公司 3530 是一个体积小、功能强的数据采集系统。通过组合最多可拥有 3600 个输入输出通道进行测量和控制,用 FORTRAN 语言编制测试和控制程序,实现对 3530 的控制,完成预定的数据采集和控制任务。由于这种数据采集系统的性能优良,超过了传统的自动检测仪表和专用数据采集系统,因此获得了惊人的发展,出现了数据自动检测、过程自动控制、数据自动处理的数据采集和自动控制系统。

图 1 - 3　模块化数据采集系统

　　20 世纪 80 年代,随着微型计算机的普及应用,数据采集系统得到了极大的发展,开始出现了通用的数据采集与自动测试系统。该阶段的数据采集系统主要有两类。一类以仪器仪表和采集器、通用接口总线和计算机等构成,例如国际标准 ICE625(GPIB)接口总线系统就是一个典型的代表。这类系统主要用于实验室,在工业生产现场也有一定的应用。第二类以数据采集卡、标准总线和计算机构成,例如 STD 总线系统是这一类的典型代表,如图 1 - 4 所示。这种接口系统采用积木式结构,把相应的接口卡装在专用的机箱内,然后由一台计算机控制,如图 1 - 5 所示。第二类系统在工业现场应用较多。这两种系统中,如果采集测试任务改变,只需将新的仪用电缆接入系统,或将新卡再添加到专用的机箱即可完成硬件平台重建。显然,这种系统比专用系统灵活得多。

　　1982 年美国设计生产了在军事/航空方面应用的完整的 12 位(bit) 单片机数据采集系

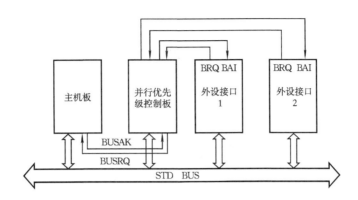

图 1-4　STD 总线系统结构

(a)STD 总线机箱

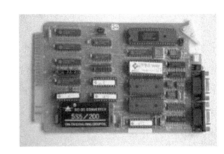

(b)STD 总线接口卡

图 1-5　STD 总线机箱和接口卡

统,体积非常小,耐温(−55～125℃),这是与计算机完全兼容的数据采集系统。有的系统产品的量化器位数达到 24 位,采集速度每秒达到几十万次以上,通道可达几千个。

20 世纪 80 年代后期,数据采集系统发生了极大的变化,工业计算机、单片机和大规模集成电路的组合,用软件管理,使系统的成本降低、体积减小、功能成倍增加,数据处理能力大大加强。

20 世纪 90 年代至今,数据采集技术已经成为一种专门的技术,各种不同的功能板及系统软件,都在向标准化系列化发展,在军事、航空电子设备及宇航技术、工业等领域被广泛应用。该阶段数据采集系统采用更先进的模块式结构,根据不同的应用要求,通过简单的增加和更改模块,并结合系统编程,就可扩展或修改系统,迅速地组成一个新的系统。

该阶段并行总线数据采集系统向高速、模块化和即插即用方向发展,典型系统有 VXI 总线系统、PCI 总线系统、PXI 总线系统(见图 1-6)等,数据位已达到 32 位总线宽度,采样频率可以达到 100 Mbps。由于采用了高密度、屏蔽型、针孔式的连接器和卡式模块,可以充分保证其稳定性及可靠性,但其昂贵的价格是阻碍它在自动化领域普及的一个重要因素。并行总线系统在军事等领域取得了成功的应用。

串行总线数据采集系统向分布式系统结构和智能化方向发展,可靠性不断提高。数据采集系统物理层通信,由于采用 RS−485、双绞线、电力载波、无线传输和光纤,所以其技术得到了不断发展和完善。它在工业现场数据采集和控制等众多领域中得到了广泛的应用。由于目

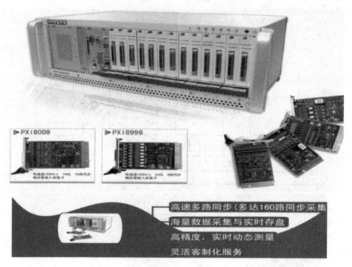

图 1-6　PXI 总线系统

前局域网技术的发展,一个工厂管理层局域网、车间层的局域网和底层的设备网已经可以有效地连接在一起(见图 1-7),可以有效地把多台数据采集设备联在一起,以实现生产环节的在线实时数据采集与监控。从它的系统性和配置来看,已进入分布式智能系统。图 1-8 所示为分布式污水处理数据采集与控制系统结构。

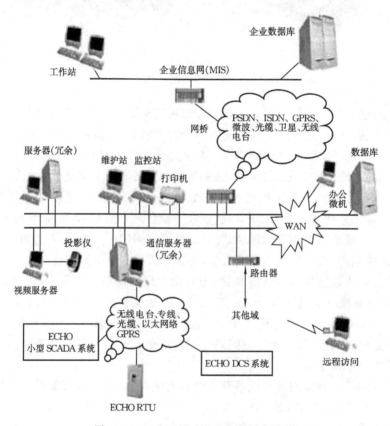

图 1-7　工业现场分布式数据采集系统

现代数据采集系统具有如下主要特点。

(1)现代数据采集系统一般都由计算机控制,使得数据采集的质量和效率等大为提高,也节省了硬件投资。

(2)软件在数据采集系统中的作用越来越大,这增加了系统设计的灵活性。

(3)数据采集与数据处理、控制相互结合得日益紧密,形成数据采集与控制系统,可实现从数据采集、处理到控制的全部工作。

(4)数据采集过程一般都具有"实时"特性,实时的标准是能满足实际需要;对于通用数据采集系统一般希望有尽可能高的速度,以满足更多的应用环境。

(5)总线在数据采集系统中有着广泛的应用,总线技术对数据采集系统结构的发展起着重要作用。

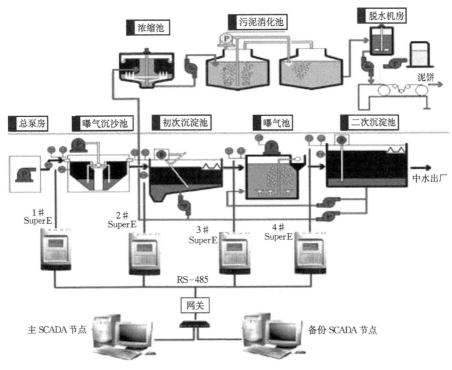

图 1-8　分布式污水处理数据采集与控制系统结构

从图 1-7 和图 1-8 所示的分布式数据采集与控制可知,由于数据采集器是全部互联的,因此它可支持终端对终端通信、应用转换和在大多数点对点环境中不常使用的功能。利用网络作为信息交换的介质,例如提供对用户文件和数据库的访问,支持电子邮件应用等。

局部网可作为不同类型或不同厂商设备之间的公共接口,这样用户可免于对单个厂家的依赖。它可以把老的技术设备同新的技术设备结合起来,延长现有系统的使用寿命。设备可安装到设施最便利的地方或用户方便的邻近地方,不必集中在一个区域。过去不能连接的计算机终端可通过局部网结合在一起,使分散的信息处理功能结合成为一个整体,可以集中收集数据系统网络设计和其他网络管理的资料。控制中心可进行网络范围的故障隔离诊断和错误处理、报告。

联网分布式处理可以淘汰中央控制计算机,避免网络失效,扩大网络发展极限和改善服务。它比一般点对点网络传送信息速率高、误差率低、传输距离长。信息通过量每个通道为 200 k～50 Mbps;误差率为 $10^{-3}\sim10^{-13}$,扩展较简单、灵活。如果要在网络上增加一个用户设备,如同把它插入专用接口那样简单,不必重新组合网络。用户设备可从一个地方转移到另一个地方。

总之,局部网络的发展使得无论是单机还是通过联网的多机数据采集系统,今后必将在测试控制领域得到迅速的发展。

1.1.2　数据采集的应用

数据采集作为一种新兴技术在测试和控制领域中正在引起人们的极大关注。特别是局部网络的发展,引起了人们很大的兴趣。一座实验楼、办公楼、饭店,或一个工厂区通过局部网,把多台数据采集系统联系起来,可实现一些具有重要意义的工作。数据采集在社会各个方面得到了广泛的应用。

1. 数据采集在实验室的应用

实验室数据采集系统(EDIS)是将数据采集应用于物理实验的系统,由四部分组成。

(1)传感器

利用先进的传感技术可实时采集物理实验中各物理量的数据。

(2)数据采集器

将来自传感器的数据信号输入计算机,采样速率最高为 25 万次/s。

(3)计算机

(4)软件

EDIS 数据采集器结构如图 1-9 所示,它的几种应用方式如下:

图 1-9　实验室数据采集系统(EDIS)

（1）数据采集器与计算机结合提高了试验的测量精度，实现了测量数据和试验结果的自动输出，消除了传统试验仪中多次采样造成的误差；

（2）在可见度小、显示瞬间变化物理试验中的运用；

（3）在某些不易直接观察物理变化规律试验中的运用；

（4）对于易出错的物理概念，可以通过试验用数据采集器去检验；

（5）运用物理概念和规律到野外开展探究性研究活动。

EDIS 应用传感器代替传统的试验仪器，通过数据采集器将采集到的试验数据送往计算机进行数据处理、图线分析，借助计算机平台更直观地显示物理现象，更深刻地提示物理规律。

2. 数据采集在物流供应链管理中的应用

条码扫描器是一种便携式数据采集器，是为扫描物体的条形码符号而设计的，适合于脱机使用的场合。识读时，与在线式数据采集器相反，它是将扫描器带到条码符号前扫描，因此，又称之为手持终端机、盘点机。它由电池供电，与计算机之间的通信并不与扫描同时进行，它有自己的内部储存器，可以存储一定量的数据，并可在适当的时候将这些数据传输给计算机。图 1-10 为手持式条码扫描器扫描产品条码，图 1-11 为条码扫描在生产线的使用。多数条码便携式数据采集器都有一定的编程能力，再配上应用程序便可成为功能很强的专用设备，从而满足不同场合的应用需要。现在的物流企业大量使用条码便携式数据采集器，国内的物流企业将条码便携式数据采集器用于仓库管理、运输管理以及物品跟踪方面，图 1-12 为条码扫描在仓库管理方面的应用，图 1-13 为条码扫描在运输管理及物品跟踪方面的应用。

1-10　手持式条码扫描器扫描条形码　　　图 1-11　条码扫描器在生产线的使用

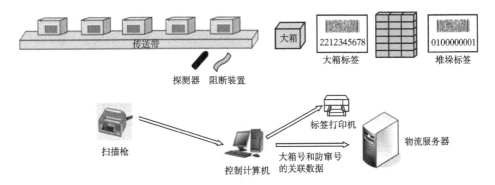

图 1-12　条码扫描在仓库管理方面的应用

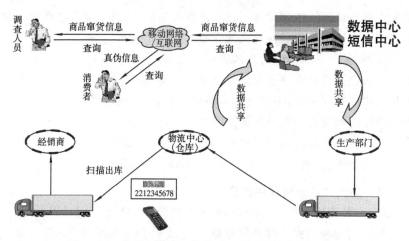

图 1-13　条码扫描在运输管理及物品跟踪方面的应用

　　随着条码技术的普遍应用,我国商场现代化发展迅速,商业管理电子化的水平得到极大提高,条码便携式数据采集器的市场已经形成,并有较大需求。但国内物流企业的库存(盘点)电子化仍处在一个较低水平,同国外商业管理水平相比存在较大差距。数据采集系统的应用不仅可节省时间、减少工作量、降低管理费用、有效改善库存结构,而且有利于物流企业管理的网络化和自动化。

3. 数据采集在工业生产过程中的应用

(1)石油、化工生产过程的数据采集应用

　　石油、化工生产过程是经过化学反应将原料转变成产品的工艺过程。其特点之一是操作步骤多,原料在各步骤中依次通过若干个或若干组设备,经历各种方式的处理之后才能成为产品。石油、化工生产过程中用到许多反应设备、压力设备、制冷设备、传热设备,这些设备大多放置于室外,大气环境的变化(如夏季的高温、冬季的低温)对生产过程工艺参数产生扰动,影响生产工艺参数的控制。在石油、化工生产过程中应用数据采集与控制技术,可保证石油、化工生产过程生产的产品的质量。图 1-14 为石油、化工生产过程数据采集与控制系统结构图。

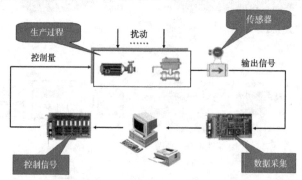

图 1-14　石油、化工生产过程数据采集与控制系统

　　由图 1-14 可知,大气环境对生产设备的扰动而造成工艺参数的变化,经传感器变换为电信号和数据采集板卡传送到计算机,计算机内部的数据采集与控制程序采集电信号、处理和运算、判断后,由数字量 I/O 板卡输出控制信号控制生产现场的设备,使工艺参数稳定在规定误

差范围内。

（2）数据采集在钢铁热连轧的应用

钢铁热连轧是将热钢胚通过连续轧制，形成预定规格的带钢。钢铁热连轧生产线是由若干架二辊和四辊式轧机组成。轧机采用测厚、测宽传感器检测带钢的厚度和宽度信息，数据采集设备采集数据传入控制机，由控制机自动控制轧辊间隙、带钢的移动速度和张力，提高了带钢的表面质量和厚度的精度。同时采用计算机管理和控制全车间（从板坯库到成品库）的生产过程。

钢铁热连轧数据采集与自动控制如图 1-15 所示。

(a)钢铁热连轧线　　　　　　(b)钢铁热连轧数据采集与控制

图 1-15　钢铁热连轧数据采集与自动控制

4. 数据采集在数控加工中的应用

数控加工（Numerical control machining）是指在数控机床上进行工件加工的工艺工程。数控机床是一种用计算机控制的机床，用来控制机床的计算机称为数控系统。数控机床的运动和辅助动作均受控于数控系统发出的指令。在数控加工中，常用的有数控切削加工、数控线切割、数控电火花成型等。切削加工类数控机床有数控车床、数控钻床、数控铣床、数控磨床、数控镗床及加工中心等。数控车床外观如图 1-16 所示。

在切削工件过程中，数控系统根据切削环境的变化，适时进行补偿及监控调整切削参数，使切削处于最佳状态，以满足数控机床的高精度和高效率的要求。

例如，在切削过程中，主轴电动机和进给电动机的旋转会产生热量；移动部件的移动会摩擦生热；刀具切削工件会产生切削热。这些热量在数控机床全身进行传导，从而造成温度分布不均匀，由于温差的存在，使数控机床产生热变形，最终影响工件的加工精度。为了补偿热变形，可在数控机床的关键部位埋置温度传感器，检测的温度数据经数据采集设备传入数控系统，进行运算、判别，最终输出补偿控制信号。图 1-17 为数控车床加工工件的温度检测装置，红外传感器感知工件温度并转换为电信号，经运放、数据采集、数据处理后显示在屏幕上，提供操作人员控制车床刀具的走刀速度。

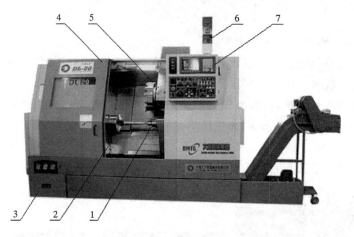

图 1-16　数控车床外观
1—尾架;2—主轴卡盘;3—床身;4—移动式防护门;
5—回转式刀架;6—警灯;7—数控系统操作面板

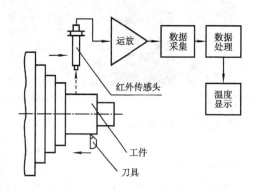

图 1-17　数控车床工件温度检测

5. 数据采集在自动驾驶汽车的应用

　　自动驾驶汽车(Autonomous vehicles;Self-piloting automobile)是指安装汽车自动驾驶技术的汽车,自动驾驶汽车外观如图 1-18 所示。

　　由图 1-18 可知,汽车自动驾驶技术包括视频摄像头、雷达传感器、激光雷达、车速传感器、转向角传感器、油门开度传感器和车载计算机等。图 1-19 为自动驾驶汽车数据采集与控制系统。自动驾驶汽车使用视频摄像头、雷达传感器,以及激光雷达来了解周围的交通状况,并通过一个详尽的地图(通过有人驾驶汽车采集的地图)对前方的道路进行导航。汽车的车速、转向角、油门开度等物理量经相应传感器转换成电信号,摄像头拍摄汽车前方图像并转换成视频电信号,扫描式激光雷达检测汽车下部前方障碍物并转换成电信号,由数据采集器件采集并传至控制器(车载计算机),可以准确地判断车与障碍物之间的距离,遇紧急情况,车载计算机能及时发出警报或自动刹车避让,并根据路况自己调节行车速度,实现对汽车速度的自动控制。

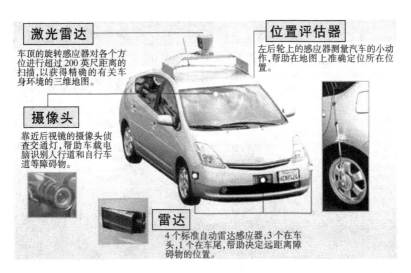

图 1-18 自动驾驶汽车外观

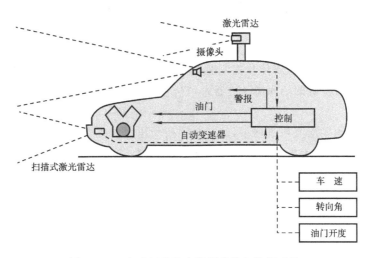

图 1-19 自动驾驶汽车数据采集与控制系统

6. 数据采集在机器人方面的应用

机器人(Robot)是靠自身动力和控制能力来自动执行工作的一种机器。它既可以接受人类指挥,又可以运行预先编排的程序,也可以根据以人工智能技术制定的原则纲领行动。它的任务是协助或取代人类的工作,例如生产业、建筑业,或是各行业中危险的工作。因此,机器人一般具备类似于人类的三个条件:

(1)具有脑、手、脚等三要素的个体;

(2)具有非接触传感器(用眼、耳接受远方信息)和接触传感器;

(3)具有平衡觉和固有觉的传感器。

传感器在机器人上的布置如图 1-20 所示。

机器人上的数据采集设备采集非接触传感器检测到的作业对象及外界环境数据、接触传感器检测到的各关节的位置和速度及加速度等数据、平衡觉和固有觉传感器检测到的数据,传

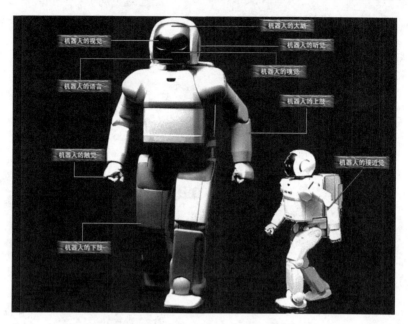

图 1-20　传感器在机器人上的布置

送控制机处理和判断,然后输出信号控制驱动装置驱使执行机构实现其运动和姿态控制。

　　图 1-21 为本田技研的 ASIMO 机器人,它使用数据采集与控制系统,实现类人的两足运动和身体姿态控制。

　　图 1-22 为一款多指灵巧机器手,其三个手指为压力传感器,将手指压力数据传至数据采集系统,由控制系统控制手指对鸡蛋的夹持力,从而夹住鸡蛋。

图 1-21　类人式机器人

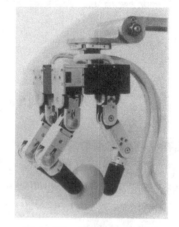

图 1-22　多指灵巧机器手

7. 数据采集在农业生产的应用

(1)数据采集在温室环境控制的应用

　　现代温室的一个主要特征就是可以根据室外气象条件和作物生长发育阶段,利用环境数据采集与控制设备对温室内大气温湿度、土壤温湿度、光照强度、CO_2 浓度等环境因子进行数据采集,依据控制算法对温室内的环境因子进行有效的控制。温室可以不受地点和气候的影响,设置包括寒冷地区和不毛之地,它能够有效地改善农业生态、生产条件、农业资源的科学开发和合理利用,提高土地的产出率、劳动生产率和社会经济效益。

图 1-23 为温室环境数据采集与控制。温室中的温度、相对湿度、CO_2、光照等传感器将相应环境物理量转换为电信号,计算机采集电信号并比较判断,然后输出控制信号调节控制温室的环境。

(a)温室内景

(b)温室环境控制系统

(c)环境控制程序界面

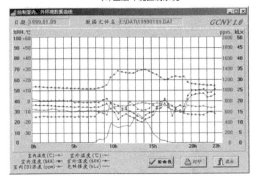
(d)温室环境因子变化情况

图 1-23　温室环境数据采集与控制

(2)数据采集在植物生理生态监测的应用

植物生理生态监测系统既可监测植物的实时生长状况,又可分析植物的长期生理特性,从而预测植物的生长趋势,并以报警形式反映植物是否受到干旱、高温等环境胁迫和生理胁迫。该技术使其成为进行不同材料、不同条件、不同样品处理、不同农学措施等科研和生产管理的有效监控工具。植物生理生态监测系统如图 1-24 所示。

植物生理生态监测系统包含多种传感器,如太阳总辐射(见图 1-25)、空气温度和相对湿度(见图 1-26)、土壤温度(见图 1-27)、土壤湿度(见图 1-28)、茎流量(见图 1-29)、叶温、茎秆生长、茎秆直径变化、果实生长(见图 1-30)等传感器。

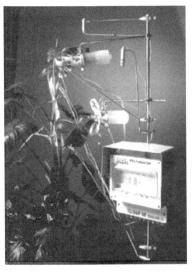
图 1-24　植物生理生态监测仪

图1-25　太阳总辐射传感器

图1-26　空气温度和相对湿度传感器

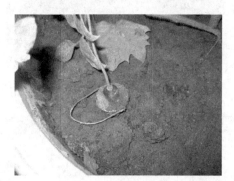

图1-27　土壤温度传感器

图1-28　土壤湿度传感器

图1-29　茎流量传感器

1-30　果实生长状况传感器

植物生理生态监测系统可根据栽培者或农艺专家的实际需求来组建,精确、方便地监测作物的生长状况和环境状况。除了常用的气象和土壤特性外,植物生理生态监测系统还可以测量叶温、茎流、茎杆直径变化及果实生长状况。

上述各种传感器将环境因子、土壤特性、叶温、茎流量、茎杆直径变化量及果实生长量转换成电信号,数据采集器采集传感器输出的电信号并传入植物生理生态监测系统,系统计算机运算、判别,并以图、表格形式向栽培者展示诸如热时间(℃/d)、日全辐射、土壤水分蒸发蒸腾损失总量、叶表面持续湿润以及胁迫条件(干旱、热、冷、土壤水胁迫等)的持续时间及程度等作物常规的和长期累积的特性。在短期内揭露作物对任意环境变化所产生的生理响应。可以帮助栽培者调查为提高作物产量所做的尝试或消除有问题的种植因素;还可以协助栽培者改变环境、灌溉或施肥方案。可实现对植物生理进行农业设施环境的控制。

1.2　数据采集的意义和任务

　　数据采集是指将温度、压力、流量、位移等模拟量采集转换成数字量后,再由计算机进行存储、处理、显示或打印的过程。相应的系统称为数据采集系统。

　　计算机技术的发展和普及提升了数据采集系统的技术水平。在生产过程中,应用这一系统可对生产现场的工艺参数进行采集、监视和记录,为提高产品质量、降低成本提供信息和手段。在科学研究中,应用数据采集系统可获得大量的动态信息,是研究瞬间物理过程的有力工具。总之,不论在哪个应用领域中,数据的采集与处理越及时,工作效率就越高,取得的经济效益就越大。

　　数据采集系统的任务,具体地说,就是采集传感器输出的模拟信号并转换成计算机能识别的数字信号,然后送入计算机进行相应的计算和处理,得出所需的数据。与此同时,将计算得到的数据进行显示或打印,以便实现对某些物理量的监视,其中一部分数据还将被生产过程中的计算机控制系统用来控制某些物理量。在现代航空、航天、石油、化工及电力等生产过程中,往往需要测量和控制几十点甚至几百点的参数。虽然这一任务可以用常规的模拟仪表来完成,但由于检测点太多,所需测量仪表的数量也很大,使系统的可靠性下降。这样,不仅耗资多,而且维护不方便。现可用一台计算机同时对几十个点进行检测,完成巡回检测。

　　数据采集系统追求的主要技术指标有两个:一是采样精度,二是采样速度。这两个技术指标是数据采集过程中的核心问题,在选择何种数据采集方式时,都不应忘记这两个技术指标。也就是说,对任何物理量的数据采集都要有一定的精度要求,否则将失去数据采集的意义;提高数据采集的速度不仅仅是提高了工作效率,更主要的是扩大数据采集系统的适用范围,便于实现动态测试。

　　但是,采样精度与采样速度往往是一对矛盾体,当要保证数据采集系统有较高的采样精度时,则系统很难有较高的采样速度(这一矛盾在后续章节将有叙述)。也就是说,较高的采样精度是在牺牲采样速度的前提下实现的。因此,在设计数据采集系统时,应在保证采样精度的条件下,尽可能提高采样的速度,以满足实时采集、实时处理和实时控制对速度的要求。

1.3　数据采集系统的基本功能

　　由数据采集系统的任务可以知道,数据采集系统具有以下几方面的功能。

1. 数据采集

　　计算机按照预先选定的采样周期,对输入到系统的模拟信号进行采样,有时还要对数字信号、开关信号进行采样。数字信号和开关信号不受采样周期的限制,当这类信号到来时,由相应的程序负责处理。

2. 模拟信号处理

　　模拟信号是指随时间连续变化的信号,这些信号在规定的一段连续时间内,其幅值为连续值,即从一个量变到一个量时中间没有间断。例如正弦信号 $x(t) = A\sin(\omega t + \varphi)$。

　　模拟信号有两种类型:一种是由各种传感器获得的低电平信号;另一种是由仪器、变送器输出的 0～10 mA 或 4～20 mA 的电流信号。这些模拟信号经过采样和 A/D(模/数)转换输入计算机后,常常要进行数据正确性判断、标度变换、线性化等处理。

模拟信号非常便于传送,但它对干扰信号很敏感,容易使传送中的信号的幅值或相位发生畸变。因此,有时还要对模拟信号做零漂修正、数字滤波等处理。

3. 数字信号处理

数字信号是指在有限的离散瞬时上取值间断的信号。在二进制系统中,数字信号由有限字长的数字组成,其中每位数字不是 0 就是 1,由脉冲的有无来体现。数字信号的特点是,它只代表某个瞬时的量值,是不连续的信号。

数字信号是由某些类型的传感器或仪器输出的。它在线路上的传送形式有两种:一种是并行方式传送;另一种是串行方式传送。数字信号对传送线路上的不完善性(畸变、噪声)不敏感,这是因为只需检测有无脉冲信号,至于信号的精确性(幅值、持续时间)是无关紧要的。

数字信号输入计算机后,常常需要进行码制转换的处理,如 BCD 码转换成 ASCII 码,以便显示数字信号。

4. 开关信号处理

开关信号主要来自各种开关器件,如按钮开关、行程开关和继电器触点等。开关信号的处理主要是监测开关器件的状态变化。

5. 二次数据计算

通常把直接由传感器采集到的数据称为一次数据,把通过对一次数据进行某种数学运算而获得的数据称为二次数据。二次数据计算主要有:平均值、累计值、变化率、差值、最大值和最小值等。

6. 屏幕显示

显示装置可把各种数据以方便于操作者观察的方式显示出来,屏幕上显示的内容一般称为画面。常见的画面有:相关画面、趋势图、模拟图、一览表等。

7. 数据存储

数据存储就是按照一定的时间间隔,定期将某些重要数据存储在外部存储器上。

8. 打印输出

打印输出就是按照一定的时间间隔或人为控制,定期将各种数据以表格或图形的形式打印出来。

9. 人机联系

人机联系是指操作人员通过键盘或鼠标与数据采集系统对话,完成对系统的运行方式、采样周期等参数的设置。此外,还可以通过它选择系统功能、选择输出需要的画面等。

1.4　数据采集系统的结构形式

数据采集系统主要由硬件和软件两部分组成。从硬件方面来看,目前数据采集系统的结构形式主要有两种:一种是微型计算机数据采集系统,另一种是集散型(分布式)数据采集系统。下面分别介绍这两种系统的结构和特点。

1.4.1 微型计算机数据采集系统

微型计算机数据采集系统的结构如图 1-31 所示。由图可知,微型计算机数据采集系统是由传感器、模拟多路开关、程控放大器、采样/保持器、A/D 转换器、计算机及外设等部分组成。各部分的作用如下。

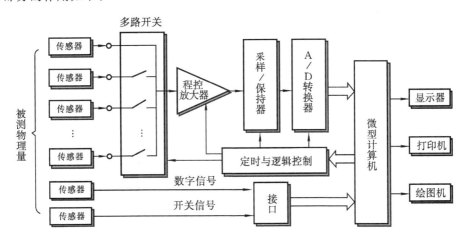

图 1-31　微型计算机数据采集系统框图

1. 传感器

各种待转换的物理量,如温度、压力、位移、流量等都是非电量。首先要把这些非电量转换成电信号,然后才能实现进一步的处理。把各种物理量转换成电信号的器件称为传感器。传感器的类型有很多,如测量温度的传感器有热电偶、热敏电阻等;测量机械力的有压(力)敏传感器、应变片等;测量机械位移的有电感位移传感器、光栅位移传感器等;测量气体的有气敏传感器等。由于传感器的知识在传感器技术等书籍中有详细的论述,这里不再重复。

2. 模拟多路开关

数据采集系统往往要对多路模拟量进行采集。在不要求高速采样的场合,一般采用公共的 A/D 转换器,分时对各路模拟量进行模/数转换,目的是简化电路,降低成本。可以用模拟多路开关来轮流切换各路模拟量与 A/D 转换器间的通道,使得在一个特定的时间内,只允许一路模拟信号输入到 A/D 转换器,从而实现分时转换的目的。

一般模拟多路开关有 2^N 个模拟输入端,N 个通道选择端,由 N 个选通信号控制选择其中一个开关闭合,使对应的模拟输入端与多路开关的输出端接通,让该路模拟信号通过。有规律地周期性改变 N 个选通信号,可以按固定的序列周期性闭合各个开关,构成一个周期性分组的分时复用输出信号,由后面的 A/D 转换器分时复用对各通道模拟信号进行周期性转换。

3. 程控放大器

在数据采集时,来自传感器的模拟信号一般都是比较弱的低电平信号。程控放大器的作用是将微弱的输入信号进行放大,以便充分利用 A/D 转换器的满量程分辨率。例如,传感器的输出信号一般是毫伏数量级,而 A/D 转换器的满量程输入电压多数是 2.5V、5V 或 10V,且 A/D 转换器的分辨率是以满量程电压为依据确定的。为了能充分利用 A/D 转换器的分辨率,即转换器输出的数字位数,就要把模拟输入信号放大到与 A/D 转换器满量程电压相应的电平值。

一般通用数据采集系统均支持多路模拟通道,而各通道的模拟信号电压可能有较大差异,因此最好是对各通道采用不同的放大倍数进行放大,即放大器的放大倍数可以实时控制改变。程控放大器能够实现这个要求,它的放大倍数随时可以由一组数码控制,这样,在多路开关改变其通道序号时,程控放大器也由相应的一组数码控制改变放大倍数,即为每个模拟通道提供最合适的放大倍数,它的使用大大拓宽了数据采集系统的适应面。

4. 采样/保持器

A/D 转换器完成一次转换需要一定的时间,在这段时间内希望 A/D 转换器输入端的模拟信号电压保持不变,以保证有较高的转换精度。这可以用采样/保持器来实现,采样/保持器的加入,大大提高了数据采集系统的采样频率。

5. A/D 转换器

因为计算机只能处理数字信号,所以须把模拟信号转换成数字信号,实现这一转换功能的器件是 A/D 转换器,它是采样通道的核心。因此,A/D 转换器是影响数据采集系统采样速率和精度的主要因素之一。

6. 接口电路

用来将传感器输出的数字信号进行整形或电平调整,然后再传送到计算机的总线。

7. 微机及外部设备

对数据采集系统的工作进行管理和控制,并对采集到的数据做必要的处理,然后根据需要显示和打印。

8. 定时与逻辑控制电路

数据采集系统各器件的定时关系是比较严格的,如果定时不合适,就会严重影响系统的精度。例如:模拟多路开关的两个开关切换时间是 800 ns;在模拟多路开关切换期间,程控放大器同时切换放大倍数,大约是 800 ns;从程控放大器的一个新放大倍数到产生稳定的输出大约是 400 ns;从程控放大器倍数开始切换到采样/保持器开始跟踪至少需要 1.2 μs。若采样/保持跟踪时间是 6 μs,A/D 转换至少再延迟 6 μs 后才能开始。对于以上所描述的情况,必须遵守如图 1-32 所示的时序图。

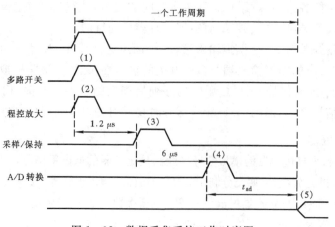

图 1-32　数据采集系统工作时序图

由图 1-32 可知,数据采集系统工作时,各个器件必须按照以下过程顺序执行。

(1)模拟多路开关开始切换。

(2)程控放大器放大倍数开始切换。

(3)采样/保持器开始保持。

(4)A/D 转换器开始转换。

(5)A/D 转换完成。

定时电路就是按照各个器件的工作次序产生各种时序信号,而逻辑控制电路是依据时序信号产生各种逻辑控制信号。

由于生产和科学研究的需要,使得微型计算机数据采集系统的结构还有其他方案,如适于高速采样的数据采集系统、无相差并行采样(各路均有采样/保持器、A/D 转换器)的数据采集系统等,这些都将在第 15 章介绍。

微型计算机数据采集系统的特点如下。

(1)系统结构简单,技术上容易实现,能够满足中、小规模数据采集的要求。

(2)微型计算机对环境的要求不是很高,能够在比较恶劣的环境下工作。

(3)微型计算机的价格低廉,降低了数据采集系统的成本。

(4)微型计算机数据采集系统可作为集散型数据采集系统的一个基本组成部分。

(5)微型计算机的各种 I/O 模板及软件都比较齐全,很容易构成系统,便于使用和维修。

这里需要指出的是,在图 1-31 所示的微型计算机数据采集系统中,加上开关量输出、D/A 转换器,就构成了微型计算机数据采集与控制系统。

1.4.2 集散型数据采集系统

集散型数据采集系统又称分布式数据采集系统,简称 DCS(Distributed Control System),它的结构如图 1-33 所示。集散型数据采集系统是计算机网络技术的产物,它由若干个"数据采集站"和一台上位机及通信接口、通信线路组成。

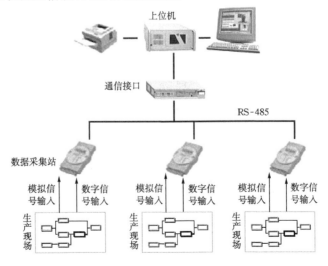

图 1-33 集散型数据采集系统

　　数据采集站一般由单片机数据采集装置组成,位于生产设备附近,独立完成数据采集和预处理任务,并将数据以数字信号的形式传送给上位机。

　　上位机一般为 PC 计算机,配置有打印机和绘图机。上位机用来将各个数据采集站传送来的数据,集中显示在显示器上或用打印机打印成各种报表,或以文件形式储存在磁盘上。此外,还可以将系统的控制参数发送给各个数据采集站,以调整数据采集站的工作状态。

　　数据采集站与上位机之间通常采用异步串行传送数据。数据通信通常采用主从方式,由上位机确定与哪一个数据采集站进行数据传送。

　　集散型数据采集系统的主要特点如下。

　　(1)系统的适应能力强。无论是大规模的系统,还是中小规模的系统,集散型系统都能够适应,因为可以通过选用适当数量的数据采集站来构成系统。

　　(2)系统的可靠性高。由于采用了多个以单片机为核心的数据采集站,若某个数据采集站出现故障,只会影响某项数据的采集,而不会对系统的其他部分造成任何影响。

　　(3)系统的实时响应性好。由于系统中各个数据采集站之间是真正"并行"工作的,所以系统的实时响应性较好。这一点对于大型、高速、动态数据采集系统来说,是一个很突出的优点。

　　(4)对系统硬件的要求不高。由于集散型数据采集系统采用了多机并行处理方式,所以每一个单片机仅完成数量十分有限的数据采集和处理任务。因此,它对硬件的要求不高,可以用低档的硬件组成高性能的系统,这是微型计算机数据采集系统方案不可比拟的优点。

　　另外,这种数据采集系统是用数字信号传输代替模拟信号传输,有利于克服常模干扰和共模干扰。因此,这种系统特别适合在恶劣的环境下工作。

　　以上介绍了两种数据采集系统的特点。由此可知,微型计算机数据采集系统是基本型系统,由它可组成集散型数据采集系统。因此,本书将以微型计算机数据采集系统为对象,全面系统地介绍数据采集系统的基本知识、系统设计和在工程中的应用。

1.5　数据采集系统的软件

　　数据采集系统的正常工作,除了必须有系统硬件外,还必须有系统软件的支持。数据采集系统软件由于具体应用的不同,其规模、功能及所采用的技术也不相同,在这里详细地介绍数据采集系统软件是比较困难的。因此,本节只是重点介绍数据采集系统软件中一些最基本的部分,让读者了解数据采集系统软件的组织结构和基本功能。软件设计中遇到的一些技术问题及解决方法将在以后的章节中详细讨论。

　　在设计一个复杂的软件系统时,一般是根据软件工程学中"自顶向下,逐层细分"的设计原则,将软件系统分解成若干个功能模块,各个功能模块之间既相互联系,又相互独立,这样才能使软件系统结构清晰,分工明确,便于软件的开发、调试、修改和维护。因此,数据采集系统的软件一般由下列程序组成。

1. 模拟信号采集与处理程序

　　模拟信号采集与处理程序的主要功能是对模拟输入信号进行采集、标度变换、滤波处理及二次数据计算,并将数据存入磁盘文件。模拟信号采集程序的编程方法将在第 8 章中予以讨论。

2. 数字信号采集与处理程序

数字信号采集与处理程序的功能是对数字输入信号进行采集及码制之间的转换,如 BCD 码转换成 ASCII 码等。数字信号采集与处理程序的编程方法将在第 9 章中予以讨论。

3. 脉冲信号处理程序

脉冲信号处理程序的功能是对输入的脉冲信号进行电平高低判断和计数。脉冲信号处理程序的编程方法将在第 9 章中予以讨论。

4. 开关信号处理程序

开关信号处理程序包括一般的开关信号处理程序和中断型开关信号处理程序。前者是按系统设定的扫描周期定时查询运行,而后者是随中断的产生而随时运行的。开关信号处理程序的主要功能是判断开关信号输入状态的变化情况,如果发生变化,则执行相应的处理程序。

5. 运行参数设置程序

运行参数设置程序的主要功能是对数据采集系统的运行参数进行设置。运行参数有:采样通道号、采样点数、采样周期、信号量程范围、放大器增益系数、工程单位等。

6. 系统管理(主控)程序

系统管理程序首先是用来将各个功能模块程序组织成一个程序系统,并管理和调用各个功能模块程序,其次是用来管理数据文件的存储和输出的。

系统管理程序一般以文字菜单和图形菜单的人机界面技术来组织、管理和运行系统程序。

7. 通信程序

通信程序是用来完成上位机与各个数据采集站之间的数据传送工作的,它的主要功能有:设置数据传送的波特率(速率),上位机向数据采集站群发送机号,上位机接收和判断数据采集站发回的机号,命令相应的数据采集站传送数据,上位机接收数据采集站传送来的数据。通信程序的编程方法将在第 11 章中讨论。需要指出的是,只有集散型数据采集系统才具有通信程序。

以上介绍了数据采集系统软件的功能模块划分。需要指出的是,软件功能模块的划分并非是一成不变的,不同的系统常常有不同的划分。例如,在单片机数据采集系统中,软件还要有显示程序、键盘扫描与分析程序、实时监控程序等功能模块,而不能有用菜单技术编程的系统管理程序。因此,一般来说,软件功能模块的划分是由系统的规模、所要实现的功能、微型计算机的类型、编程者的经验等诸多方面的因素决定的。

1.6　数据处理的类型和任务

1.6.1　数据处理的类型

由数据采集系统的任务可知,系统除了采集数据外,还要根据实际需要对采集到的数据进行各种处理。数据处理的类型有多种,一般根据以下方式分类。

1. 按处理的方式划分

数据处理可分为实时(在线)处理和事后(脱机)处理。一般来说,实时处理(即在采集数据的同时,对数据进行某些处理)由于处理时间受到限制,因而只能对有限的数据做一些简单的、基本的处理,以提供用于实时控制的数据;而事后处理由于是非实时处理,处理时间不受到限制,因而可以做各种复杂的处理。

2. 按处理的性质划分

数据处理可分为预处理和二次处理两种。预处理通常是剔除数据奇异项、去除数据趋势项、数据的数字滤波、数据的转换等。二次处理有各种数学的运算,如微分、积分和傅里叶变换等。

1.6.2　数据处理的任务

数据处理的任务主要有以下几点。

1. 对采集到的电信号做物理量解释

在数据采集系统中,被采集的物理量(温度、压力、流量等)经传感器转换成电量,又经过信号放大、采样、量化和编码等环节之后,被系统中的计算机所采集,但是采集到的数据仅仅是以电压的形式表现。它虽然含有被采集物理量变化规律的信息,但由于没有明确的物理意义,因而不便于处理和使用,必须把它还原成原来对应的物理量。

2. 消除数据中的干扰信号

在数据的采集、传送和转换过程中,由于系统内部和外部干扰、噪声的影响,或多或少会在采集的数据中混入干扰信号。因而必须采用各种方法(如剔除奇异项、滤波等)最大限度地消除混入数据中的干扰,以保证数据采集系统的精度。

3. 分析计算数据的内在特征

通过对采集到的数据进行变换加工(例如求均值或做傅里叶变换等),或在有关联的数据之间进行某些运算(例如计算相关函数),从而得到能表达该数据内在特征的二次数据。所以有时也称这种处理为二次处理。例如,采集到一个振动过程的振动波形(随时间变化的数据,即时域数据),由于频谱更能说明振动波形对机械结构所产生的影响,因此可用傅里叶变换得出振动波形的频谱。

一个电动机轴承故障数据采集系统如图 1 - 34 所示。

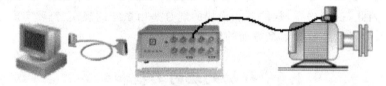

图 1 - 34　电机轴承故障数据采集系统

在更换电动机轴承后,用轴承故障数据采集系统采集到电动机运行的振动波形与频谱如图 1 - 35 所示。

用振动标准(如 ISO2372 标准)判断此振动波形,结论是合格的。但是,频谱图表现轴承部件存在缺陷,在测完此图后两小时电动机转子抱轴。这一个实例表明频谱分析在研究振动现象时的重要性。

以上介绍了数据采集系统的构成和软件功能模块的组成情况,目的在于使读者对数据采

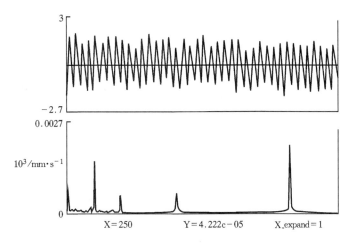

图 1-35　更换轴承后电动机运行的振动波形与频谱

集系统的全貌有一个总体上的了解,以便在后续各章学习中明确所讨论内容的目的和作用。

目前,计算机技术和微电子技术的发展日新月异,新技术、新方法和新器件层出不穷,为了适应科学技术飞速发展的趋势,学习中应该注意掌握数据采集的基本理论、概念和设计方法。因为,不论科学技术如何发展,数据采集系统的组成方案如何不同,但是它们的基本理论、概念和设计方法都是具有共性的。另外,在学习中还应该注意各章讨论的内容是服务于数据采集系统的设计和实现,因此,应重点掌握各个器件的外特性和使用方法,并且应该以数据采集系统的技术性能(如采样精度、分辨率、采集速度、采集通道数等)为主要设计指标,综合地分配各个器件的性能指标,以便最终设计出性能和价格均满足设计要求的数据采集系统。

习题与思考题

1. 数据采集的任务是什么?
2. 数据采集系统主要实现哪些基本功能?
3. 简述数据采集系统的基本结构形式,并比较其特点。
4. 数据采集系统的软件功能模块是如何划分的? 各部分都完成哪些功能?
5. 模拟信号处理程序的主要任务是什么?
6. 数据处理的类型有哪些?
7. 数据处理的主要任务是什么?

第2章 模拟信号的数字化处理

2.1 概　述

数据采集系统中采用计算机作为处理机。众所周知,计算机内部参与运算的信号是二进制的离散数字信号,而被采集的各种物理量一般都是连续模拟信号。因此,在数据采集系统中同时存在着两种不同形式的信号:离散数字信号和连续模拟信号。在研究开发数据采集系统时,首先遇到的问题是传感器所测量到的连续模拟信号怎样转换成离散的数字信号。

连续的模拟信号转换成离散的数字信号,经历了两个断续过程。

1. 时间断续

对连续的模拟信号 $x(t)$,按一定的时间间隔 T_s,抽取相应的瞬时值(也就是通常所说的离散化),这个过程称为采样。连续的模拟信号 $x(t)$ 经采样后转换为时间上离散的模拟信号 $x_s(nT_s)$(即幅值仍是连续的模拟信号),简称为采样信号。

2. 数值断续

把采样信号 $x_s(nT_s)$ 以某个最小数量单位的整倍数来度量,这个过程称为量化。采样信号 $x_s(nT_s)$ 经量化后变换为量化信号 $x_q(nT_s)$,再经过编码,转换为离散的数字信号 $x(n)$(即时间和幅值是离散的信号),简称为数字信号。

以上转换过程可以用图 2-1 表示。

在对连续的模拟信号离散化时,是否可以随意对连续的模拟信号做离散化处理呢? 实践证明,对连续的模拟信号做离散化处理必须遵守一个原则,如果随意进行将会产生如下一些问题:

(1)可能使采样的点增多,导致占用大量的计算机内存单元,严重时计算机将因内存量不够而无法工作;

(2)也可能采样点太少,使采样点之间相距太远,引起原始数据值失真,复原时不能原样复现出原来连续变化的模拟量 $x(t)$,从而造成误差。

为了避免产生上述问题,在对模拟信号离散化时,必须依据采样定理规定的原则进行。

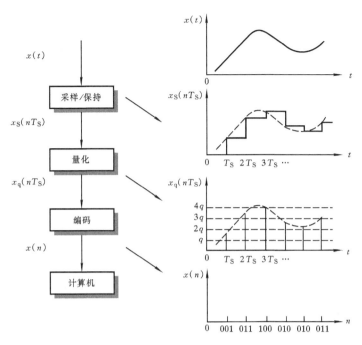

图 2-1　信号转换过程

2.2　采样过程

采样过程如图 2-2 所示。一个在时间和幅值上连续的模拟信号 $x(t)$，通过一个周期性开闭（周期为 T_S，开关闭合时间为 τ）的采样开关 K 之后，在开关输出端输出一串在时间上离散的脉冲信号 $x_S(nT_S)$，把这一过程称为采样过程。

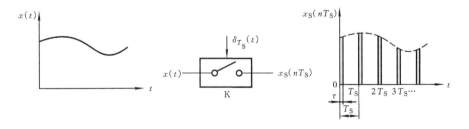

图 2-2　采样过程

采样后的脉冲信号 $x_S(nT_S)$ 称为采样信号。0、T_S、$2T_S$、$3T_S$、$\cdots$各点称为采样时刻，τ 称为采样时间，T_S 称为采样周期，其倒数 $f_S = \dfrac{1}{T_S}$ 称为采样频率。应该指出，在实际系统中，$\tau \ll T_S$，也就是说，在一个采样周期内，只有很短的一段时间采样开关是闭合的。

采样过程可以看作为脉冲调制过程，采样开关可看作调制器。这种脉冲调制过程是将输入的连续模拟信号 $x(t)$ 的波形，转换为宽度非常窄而幅度由输入信号确定的脉冲序列，如图 2-3 所示。

输入信号与输出信号之间的关系可表达为

$$x_S(nT_S) = x(t)\delta_{T_S}(t)$$

或

$$x_S(nT_S) = x(t)\sum_{n=-\infty}^{+\infty}\delta(t-nT_S)$$

式中:$x(t)$ 为采样开关的输入连续模拟信号;$\delta_{T_S}(t)$ 为采样开关控制信号,$\delta_{T_S}(t) = \sum_{n=-\infty}^{+\infty}\delta(t-nT_S)$;$T_S$ 为采样周期;τ 为采样时间。

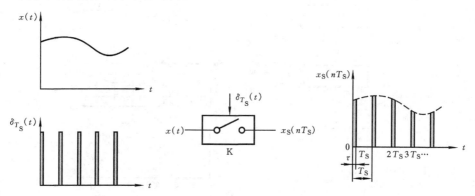

图 2-3　脉冲调制过程

因为 $\tau \ll T_S$,所以可假设采样脉冲为理想脉冲,$x(t)$ 在脉冲出现瞬间 nT_S 取值为 $x(nT_S)$,故上式可改写为

$$x_S(nT_S) = \sum_{n=-\infty}^{+\infty} x(nT_S) \cdot \delta(t-nT_S)$$

考虑到时间为负值无物理意义,上式可改写为

$$x_S(nT_S) = \sum_{n=0}^{+\infty} x(nT_S) \cdot \delta(t-nT_S) \tag{2-1}$$

上式表明,采样开关输出的采样信号 $x_S(nT_S)$,是由一系列脉冲组成的,其数学表达式是两个信号乘积的和式。

2.3　采样定理

采样周期 T_S 决定了采样信号的质量和数量:T_S 太小,会使 $x_S(nT_S)$ 的数量剧增,占用大量的内存单元;T_S 太大,会使模拟信号的某些信息丢失,这样一来,若将采样后的信号恢复成原来的信号,就会出现失真现象,影响数据处理的精度。因此,必须有一个选择采样周期 T_S 的依据,以确保使 $x_S(nT_S)$ 不失真地恢复原信号 $x(t)$。这个依据就是采样定理一。

2.3.1　采样定理一 (Shannon 定理)

采样定理一又称为低通信号采样定理。采样定理一为读者提供了一个选择采样周期 T_S 的原则。同时,也提供了一个由采样信号 $x_S(nT_S)$ 恢复连续信号 $x(t)$ 的关系式。

采样定理一　设有连续信号 $x(t)$,其频谱为 $X(f)$,以采样周期 T_S 采得的采样信号为

$x_s(nT_s)$。如果频谱 $X(f)$ 和采样周期 T_s 满足下列条件：

(1)频谱 $X(f)$ 为有限频谱，即当 $|f| \geqslant f_c$ 时，$X(f) = 0$

(2) $T_s \leqslant \dfrac{1}{2f_c}$ 或 $2f_c \leqslant \dfrac{1}{T_s} = f_s$

则连续信号

$$x(t) = \sum_{n=-\infty}^{+\infty} x_s(nT_s) \frac{\sin \dfrac{\pi}{T_s}(t - nT_s)}{\dfrac{\pi}{T_s}(t - nT_s)} \qquad (2-2)$$

唯一确定。式中：$n = 0, \pm 1, \pm 2, \cdots$。$f_c$ 就是在采样时间间隔内能辨认的信号最高频率，称为截止频率，又称为奈奎斯特频率。

> 采样定理一指出：对一个具有有限频谱 $X(f)$ 的连续信号 $x(t)$ 进行采样，当采样频率为 $f_s \geqslant 2f_c$ 时，由采样后得到的采样信号 $x_s(nT_s)$ 能无失真地恢复为原来信号 $x(t)$。

信号最高频率（截至频率）f_c 与采样周期 T_s 的关系如图 2 - 4 所示。

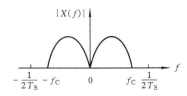

图 2 - 4 f_c 与 T_s 的关系

2.3.2 采样定理一中两个条件的物理意义

采样定理一中的两个条件的物理意义如图 2 - 4 所示。

条件(1)的物理意义是：连续模拟信号 $x(t)$ 的频率范围是有限的，即信号的频率 f 在 $0 \leqslant f < f_c$ 之间。也就是说，连续模拟信号 $x(t)$ 的频谱是有限频谱。

条件(2)的物理意义是：采样周期 T_s 不能大于极小周期 T_c 的一半。

由以上讨论可知，在使用采样定理一时，必须满足条件(1)和条件(2)。如果不满足这两个条件，将产生什么问题？下面对满足采样定理一两个条件的必要性进行讨论。

2.3.3 满足采样定理一两个条件的必要性的讨论

1. 满足条件(1)的必要性

以门函数的频谱为例，说明频谱有限的必要性。门函数的频谱如图 2 - 5 所示。

从图 2 - 5 可知，由于频谱不是有限的，则信号之间相互干扰，无法在后续处理中无失真的还原出门函数。

2. 满足条件(2)的必要性

设函数 $x(t)$，频谱函数为 $X(f)$，$\delta_{T_s}(t)$ 为周期性冲激脉冲，周期为 T_s，在时域中进行采样，此时满足 $f_s \geqslant 2f_c$，采样信号 $x_s(nT_s)$ 的频谱如图 2 - 6 所示。

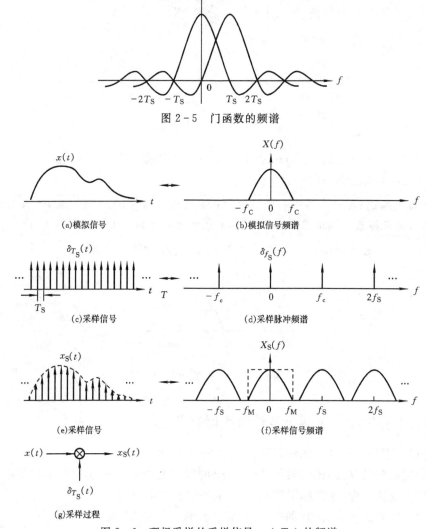

图 2-5　门函数的频谱

图 2-6　理想采样的采样信号 $x_S(nT_S)$ 的频谱

由图 2-6 可知

$$x_S(t) = x(t) \cdot \delta_{T_S}(t) \tag{2-3}$$

$$X_S(f) = \frac{1}{2\pi} X(f) \cdot f_S \sum_{n=-\infty}^{+\infty} \delta(f - nf_S) = \frac{1}{T_S} \sum_{n=-\infty}^{+\infty} X(f - nf_S) \tag{2-4}$$

由此可知,可以无失真的恢复原来信号 $x(t)$。若 $f_S < 2f_C$,则出现如图 2-7 所示的情况,信号频谱有重叠区域,此时不能够无失真的恢复原信号 $x(t)$。

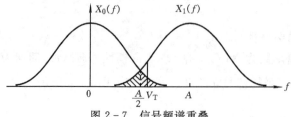

图 2-7　信号频谱重叠

采样定理一为数据采集系统确定采样频率提供了理论依据。只要遵守采样定理一，一般情况下是能够由采样信号 $x_s(nT_s)$ 不失真地恢复出原模拟信号 $x(t)$ 的。然而，有些情况下即使是遵守采样定理一也不一定能不失真地恢复出原模拟信号 $x(t)$，也就是说，采样定理一有其不适用的情况。

2.3.4　采样定理一不适用的情况

一般来说，采样定理一在 $f_c = \dfrac{1}{2T_s}$ 时是不适用的，例如设连续信号为

$$x(t) = A\sin(2\pi f_c t + \varphi), \quad 0 \leqslant \varphi \leqslant 2\pi \tag{2-5}$$

其采样值为

$$x_s(nT_s) = A\sin(2\pi f_c nT_s + \varphi)$$

当 $f_c = \dfrac{1}{2T_s}$ 时，则有

$$\begin{aligned}
x_s(nT_s) &= A\sin\left(2\pi \frac{1}{2T_s} nT_s + \varphi\right) = A\sin(\pi n + \varphi) \\
&= A(\sin\pi n\cos\varphi + \cos\pi n\sin\varphi) = A\cos\pi n\sin\varphi \\
&= A(-1)^n\sin\varphi
\end{aligned}$$

当 $\varphi = 0$ 时，$x_s(nT_s) = 0$，即采样信号为零，无法恢复原模拟信号。

当 $0 < |\sin\varphi| < 1$ 时，$x_s(nT_s)$ 的幅值均小于原模拟信号，即 $x_s(nT_s)$ 没有代表原模拟信号 $x(t)$，出现失真。

当 $|\sin\varphi| = 1$ 时，$x_s(nT_s) = (-1)^n A$，它与原模拟信号的最大幅值是相同的。但必须对采样的起始点作严格的要求，即保证 $\varphi = \dfrac{\pi}{2}$ 的条件。

综上所述，当 $f_c = \dfrac{1}{2T_s}$ 时，只有在采样的起始点严格地控制在 $\varphi = \dfrac{\pi}{2}$ 时，才能由采样信号不失真地恢复出原模拟信号，然而这是难以做到的。因此，采样定理一对于 $f_c = \dfrac{1}{2T_s}$ 时是不适用的。此外，当 $f_c = \dfrac{1}{2T_s}$ 时，还容易产生频率混淆现象（简称频混）。

2.3.5　采样定理二（带通信号采样定理）

采样定理二主要是描述当采样定理一中的两个条件不能满足时，采样信号 $x_s(nT_s)$ 的频谱 $X_s(f)$ 与连续信号 $x(t)$ 的频谱 $X(f)$ 的关系。

1. 采样定理二

采样定理二　设连续信号 $x(t)$ 的频谱 $X(f)$ 不存在截止频率 f_c，或存在截止频率 f_c，但 $T_s \leqslant \dfrac{1}{2f_c}$ 的条件不能满足时，则采样信号 $x_s(nT_s)$ 的频谱 $X_s(f)$ 与连续信号 $x(t)$ 的频谱 $X(f)$ 之间的关系可由式（2-6）表达

$$X_s(f) = \sum_{m=-\infty}^{+\infty} X\left(f + \frac{m}{T_s}\right) \tag{2-6}$$

2. 采样定理二的意义

采样定理二说明,当采样定理一的两个条件不能满足时,采样信号的频谱 $X_s(f)$ 完全由连续信号的频谱 $X(f)$ 确定。由于采样信号的频谱 $X_s(f)$ 是一个以 $\dfrac{1}{T_s}$ 为周期的函数,$X_s(f)$ 的值是由 $(-\infty, +\infty)$ 区间上频谱 $X(f)$ 的值以叠加方式确定。比如求在 $\Big[-\dfrac{1}{2T_s}$,$\dfrac{1}{2T_s}\Big]$ 内 $X_s(f)$ 的值,可以每隔 $\dfrac{1}{T_s}$ 取一段,把 $X(f)$ 分成许多小段,如图 2-8(a) 所示,然后将各段叠加起来,就得到 $X_s(f)$,如图 2-8(b) 所示。

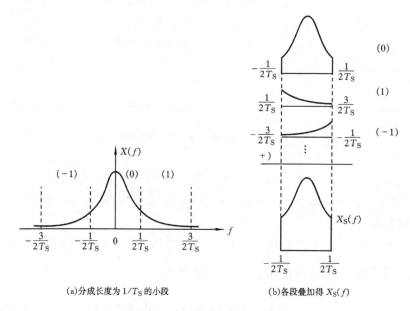

(a)分成长度为$1/T_s$的小段　　　　　　(b)各段叠加得 $X_s(f)$

图 2-8　采样定理二的示意图

采样定理二还说明,当采样定理一的两个条件之一不能得到满足时,采样信号的频谱 $X_s(f)$ 将发生畸变。克服的办法是,尽力选取小的 T_s 值。

2.3.6　采样定理三(重采样定理)

采样定理三是研究对采样信号 $x_s(nT_s)$ 重新采样的问题。这一问题的重要性在于实际工程应用中,常常需要重新采样以减少要处理的数据量,提高数据处理速度。

1. 采样定理三

采样定理三　设原始采样信号 $x_s(nT_s)$ 的频谱 $X_s(f)$,重采样后的采样信号 $x_s(mT_{S1})$ $(T_{S1} = \mu T_s)$ 的频谱 $X_{S1}(f)$,则两个频谱之间的关系为

$$X_{S1}(f) = \sum_{m=-\infty}^{+\infty} \tilde{X}\left(f + \frac{m}{T_{S1}}\right) \tag{2-7}$$

式中　　　　　　　　$$\tilde{X}(f) = \begin{cases} X_s(f), & -\dfrac{1}{2T_s} \leqslant f \leqslant \dfrac{1}{2T_s} \\ 0, & \text{其他} \end{cases} \tag{2-8}$$

2. 采样定理三的意义

由采样定理三中式(2-8)可知，$\tilde{X}(f)$ 在区间 $\left[-\dfrac{1}{2T_s}, \dfrac{1}{2T_s}\right]$ 之外全为 0。设 $x_s(nT_s)$ 的

频谱 $X_s(f)$ 在 $\left[-\dfrac{1}{2T_s}, \dfrac{1}{2T_s}\right]$ 的图形如图 2-9(a)所示。把区间 $\left[-\dfrac{1}{2T_s}, \dfrac{1}{2T_s}\right]$ 以外变为 0，

就得到 $\tilde{X}(f)$，如图 2-9(b)所示。再以区间 $\left[-\dfrac{1}{2T_s}, \dfrac{1}{2T_s}\right]$ 为基础，以 $\dfrac{1}{T_{S1}}$ 为长度进行分段，

除中间三段外其他皆为 0。将这三段相加就得到 $X_{S1}(f)$，如图 2-9(c)所示。

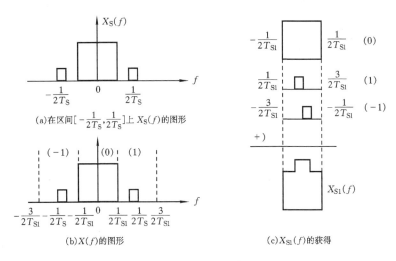

图 2-9　重采样后的频谱 $X_{S1}(f)$

在区间 $\left[-\dfrac{1}{2T_s}, \dfrac{1}{2T_s}\right]$ 上将 $X_s(f)$ 与 $X_{S1}(f)$ 比较，可发现 $X_{S1}(f)$ 图形上方多出一块。

$X_{S1}(f)$ 与 $X_s(f)$ 的这种差异是由重采样造成的。当原始采样信号的频谱 $X_s(f)$ 在区间

$\left[-\dfrac{1}{2T_s}, \dfrac{1}{2T_s}\right]$ 外不为 0 时，这种情况就发生了。

2.4　频混的产生与消除频混的措施

2.4.1　频混的产生

采样定理一严格地规定了采样时间间隔 T_s 的上限，即 $T_s \leqslant \dfrac{1}{2f_C}$。如果 T_s 取得过大，使 $T_s >$

$\dfrac{1}{2f_C}$ 时，将会发生 $x(t)$ 中的高频成分（$|f| > \dfrac{1}{2T_s}$）被叠加到低频成分（$|f| < \dfrac{1}{2T_s}$）上去的现

象，这种现象称为频混。

为了解释频混，先请看一个例子。如某一连续信号 $x(t)$ 中含有频率为 900 Hz、400 Hz 及

100 Hz 的成分，它们分别表示在图 2-10 上。若以 $f_s = 500$ Hz 进行采样（此时 $f_s > 2 \times$

100 Hz，但 $f_s < 2 \times 900$ Hz 及 $f_s < 2 \times 400$ Hz），在图 2-10 中，采样点以"*"表示，并把各

图上的采样点以最低频率的正弦曲线（虚线所示）连接起来。由图 2-10 可见，三种频率的正弦曲线在采样点上，离散值完全相等，因此采样后三者没有区别。对于 100 Hz 的信号，采样后的信号波形能真实反映原信号，而 400 Hz 和 900 Hz 的信号，则采样后完全失真了，也变成了 100 Hz 的信号。于是原来三种不同频率信号的采样值相互混淆了。高频信号（900 Hz 及 400 Hz）的采样值，构成了一个虚假的低频成分折叠到原低频（100 Hz）波形的采样值上，从而使原低频波形的采样值发生失真。这就是频混。

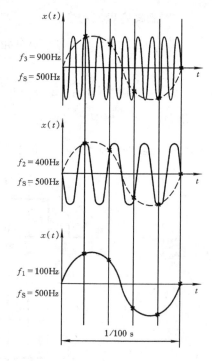

图 2-10　高频与低频混淆

不产生频混现象的临界条件是 $f_s = \dfrac{1}{T_s} = 2f_c$。或者说，当采样间隔一定时，不发生频混的信号最高频率 $f_c = \dfrac{1}{2T_s}$。

信号中能相互混淆的频率为

$$f_1 = \pm f_2 + kf_s \qquad (k = 1, 2, 3, \cdots) \qquad (2-9)$$

式中：f_1，f_2 为能相互混淆的频率。

对于图 2-10 的情况，$f_s = 500$ Hz，$f_2 = 100$ Hz，则能与 f_2 混淆的频率有 400 Hz，600 Hz，900 Hz，1100 Hz，…。因此，信号中含有这样的频率，就会与 100 Hz 低频成分产生混淆。

2.4.2　消除频混的措施

为了减小频混，通常可以采用以下措施。

（1）若对某个连续信号的性质一无所知，可选择几个比较小的采样周期进行试验，如用 T_{Sa}、T_{Sb}（$T_{Sa} > T_{Sb}$）作为采样周期进行采样，然后对这两个采样信号分别作频谱分析。在频率范围 $\left[-\dfrac{1}{2T_{Sa}}, \dfrac{1}{2T_{Sa}}\right]$ 内比较这两个信号的频谱，如果差别不大，则可近似地认为截至频率 $f_c \leqslant \dfrac{1}{2T_{Sa}}$。

（2）若已知某个连续信号包含两种信号成分：有效信号和干扰信号，而有效信号的频率成分在 $\left[-\dfrac{1}{2T_s}, \dfrac{1}{2T_s}\right]$ 之内，可首先去掉假频，即把大于 $\dfrac{1}{2T_s}$ 的高频成分去掉，一般通过滤波器来实现，然后按已知 T_s 进行采样。

（3）对于频域衰减较快的信号用提高采样频率的方法来解决

按采样定理一，使采样频率 $f_s > 2f_c$，亦即减小 T_s。但是，T_s 也不能过小。T_s 过小，不仅增加计算机内存占用量和计算量，还会使频域的频率分辨率下降过多，这可从下述关系中得到证明。

由于 $T_s = \dfrac{1}{f_s}$，设采样点数为 N（N 由数据块的大小决定），则一般数据采集系统在频域的采样点为 $\dfrac{N}{2}$ 个。频域的采样间隔 T_s 即为频率分辨率。然而对于不具有带宽可调的傅里叶

分析功能的数据处理系统,频域的频率总是从 0 Hz 到选定的截止频率 f_C,则

$$\Delta f = \frac{f_C}{N/2} = \frac{f_S}{N} = \frac{1}{NT_S} \tag{2-10}$$

由式(2-10)可知,当数字处理系统中数据块的大小一定时,T_S 越小,Δf 将越大。所以,T_S 的减小将使频域的频率分辨率下降。

(4)对频域衰减较慢的信号用消除频混滤波器来解决

在采样前,用一截止频率为 f_C 的消除频混滤波器,先将信号 $x(t)$ 低通滤波,将不感兴趣或不需要的高频成分滤掉,然后再进行采样和数据处理。这种方法既实用又简单。消除频混滤波器是一个低通滤波器,应有良好的截止特性。比较理想的是多阶有源 RC 巴特沃斯(Butterworth)滤波器。

(5)消除频混滤波器与提高采样频率联合使用

实际上,由于信号频率都不是严格有限的,而且实际使用的滤波器也都不具有理想滤波器在截止频率处的垂直截止特性,故不足以把稍高于截止频率的频率分量衰减掉。所以,在信号分析中,常把上述两种方法联合起来使用。即先经消除频混滤波器滤波后,然后将采样频率提高到 $f_S = (3 \sim 5) f_C$,再对信号进行采样与处理。所选用的采样频率 f_S,具体取 f_C 的几倍,要视选用的消除频混滤波器截止特性的好坏而定。例如,对于有一定精度要求的数字功率谱密度的估算,若用 30 dB/倍频程的消除频混滤波器,采样频率 $f_S = 4 f_C$;若用 60～90 dB/倍频程的消除频混滤波器,采样频率 $f_S = 3 f_C$。

(6)重采样中消除大于 $1/2 T_{S1}$ 的高频成分的步骤

①检查原始信号中有效的频率成分是否被包含在 $\left[-\frac{1}{2 T_{S1}}, \frac{1}{2 T_{S1}} \right]$ 之内。若在,则进行②;若不在,则不能以 T_{S1} 为周期进行重采样。

②检查原始信号 $x_S(nT_S)$ 中是否有大于 $\frac{1}{2 T_{S1}}$ 的高频成分。若没有,则进行③;若有,则要去除大于 $\frac{1}{2 T_{S1}}$ 的高频成分,即把 $x_S(nT_S)$ 中大于 $\frac{1}{2 T_{S1}}$ 的高频成分变为 0,这可通过数字滤波方法来实现。

③以重采样周期 T_{S1} 进行重采样。

例 2.1　在地震勘探数据处理中,地震数据以 $T_S = 2$ ms 采样,为了减少存储的地震数据,提高处理速度,拟以 $T_{S1} = 4 T_S = 8$ ms 重采样,应如何解决这个问题。

解　(1)检查以 $T_{S1} = 8$ ms 采样是否合理? 可计算 $\frac{1}{2 T_{S1}} = 62.5$ Hz。由于地震波的频率成分一般小于 62.5 Hz,故认为 T_{S1}(重采样周期)是合适的。

(2)由于在地面上直接接收到的地震数据总是包含有大于 62.5 Hz 的干扰成分,因此必须检查现有地震数据(以 $T_S = 2$ ms 采样的数据)是否已作过滤波,即把大于 62.5 Hz 的频率成分变为 0,若已作过滤波,则转入(3);若没有作过,则作完这种滤波后再转入(3)。

(3)以 $T_{S1} = 8$ ms 进行重采样。

表 2-1 给出一些物理量的经验采样周期值,这是根据大量的实验总结出来的,可供读者在实际应用中参考。

表 2 – 1　典型物理量的经验采样周期值

被测物理量	采样周期/s
流量	1～2
压力	3～5
液位	6～8
温度	10～15
成分	15～20

2.5　采样技术的讨论

由以上讨论可知,采样定理一是指导确定采样频率的基本原则,只要严格遵守采样定理一设定采样频率,就能在把采样信号恢复成模拟信号时不失真地还原。但是,在高速目标测量或长时间测量的数据采集中,将产生一大批数据,需要很大的数据存储空间。由于计算机的数据存储空间是有限的,必须采取技术手段使之适应存储的需要。本节介绍雷达测速中使用的四种采样技术,可用来解决高速目标测量或长时间测量中数据存储空间不足的问题,并使测速精度在测量过程中近似不变。

1. 常规采样

这是前面介绍过的采样技术,采样连续进行,采样频率由采样定理一决定。

设雷达天线回波中目标的多普勒信号的最高频率为 f_{dmax},根据采样定理一,为使采样后的采样信号能不失真地还原成原来的模拟信号,采样频率必须大于模拟信号的最高频率的 2 倍,若采样频率用 f_S 表示,则

$$f_S = K \cdot f_{dmax} \qquad (K > 2) \qquad (2-11)$$

由于数据采集和数据处理是分开进行的,故需将采样后的数据保存起来,这就需要一个足够大的数据存储空间来保存所有的采样数据。

设测量时间为 t,采样周期为 T_S,则所需的数据存储容量为

$$S = \frac{t}{T_S} = \frac{t}{1/f_S} = f_S \cdot t = K \cdot f_{dmax} \cdot t \qquad (2-12)$$

从式(2-12)可看出,模拟信号的频率越高,测量时间越长,所需的数据存储空间就越大。然而,微型计算机的数据存储空间总是有限的,在高速数据采集或长时间数据采集时,可能出现数据存储空间不足,不能记录下所有采样数据的问题,这将影响数据采集系统的采集范围。为了解决这个问题,可采用间歇采样技术。

2. 间歇采样

间歇采样是指采样是间歇的,采样过程如图 2 – 11 所示。只要合理地调整采样时间段 t_{Si} 与间歇时间段 t_{Gi} 的比例关系,就能记录下所有的采样数据。

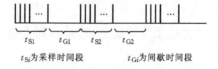

图 2 – 11　间歇采样示意图

例如,设各采样时间段相等,即 $t_{S1} = t_{S2} = \cdots$;各间歇时间段相等,即 $t_{G1} = t_{G2} = \cdots$,采样时间与间歇时间比例为 $\alpha = \dfrac{t_{Gi}}{t_{Si}}$,采集时间为 t ,则所需的数据存储容量为

$$S = \frac{t}{(1+\alpha)T_S} = \frac{1}{1+\alpha}K \cdot f_{dmax} \cdot t \qquad (2-13)$$

在存储容量 S 一定的情况下,总可找到一个 $\alpha(\alpha = K \cdot f_{dmax} \cdot t/S - 1)$,使得所有采样数据都被保存起来。

间歇采样时,在时间段 t_{Gi} 不采样,未记录下模拟信号的任何信息,如用 ε 表示信息的丢失量,则 $\varepsilon = \alpha/(1+\alpha)$ 。 α 越大,信息丢失越多。少量的信息丢失量对速度测量精度和测量结果不产生直接影响,但信息丢失量较大时,将影响数据处理的精度。所以,一般 α 的取值不能太大。

由此可见,间歇采样是以丢失模拟信号的部分信息为代价来解决数据存储空间不足的问题的。但是,可以将采样段数分得尽可能多,使得各采样时间段和间歇时间段都比较小,来达到虽然丢失了间歇段的信息,也不至于影响后期的数据处理的目的。

3. 变频采样

变频采样是指采样过程中采样频率可以变化,它是数据采集过程中为使测速精度近似不变而提出的。为此,首先讨论一下测速精度。

设目标的多普勒信号的最高频率为 f_{dmax} ,采样频率为 f_S ,从采样输出序列 $x(n)$ 中取 N 个连续点作快速傅里叶变换(FFT),其输出用 $X(K)$ 表示,则

$$X(K) = \sum_{n=0}^{N-1} x(n)W_N^{nK}, \quad K = 0,1,\cdots,N-1 \qquad (2-14)$$

式中: $W_N = e^{-j\frac{2\pi}{N}}$

$X(K)$ 的两根相邻谱线间隔为 f_S/N ,若目标的多普勒信号频率 f_d 为频率间隔 f_S/N 的整数倍($f_d = I \cdot f_S/N, 0 \leqslant I \leqslant N-1$),则在 $X(K)$ 中, $K = I$ 时极大;若 f_d 不是频率间隔 f_S/N 的整数倍,而介于 $(I-1)\dfrac{f_S}{N}$ 和 $I\dfrac{f_S}{N}$ 之间,则在 $X(K)$ 中,必有一个或两个极大值,设在 P 处出现极大值,则

$$P = \begin{cases} I-1, & X(I-1) \geqslant X(I) \\ I, & X(I-1) < X(I) \end{cases} \qquad (2-15)$$

把极大值出现的位置作为目标出现的位置,则目标的测量频率为

$$f'_d = P\frac{f_S}{N} \qquad (2-16)$$

这种技术的测量频率误差为

$$\Delta f_d = |f_d - f'_d| \leqslant \frac{f_S}{2N} \qquad (2-17)$$

测速误差

$$\Delta V_d = \frac{\lambda \cdot \Delta f_d}{2} \leqslant \frac{\lambda \cdot f_S}{4N} \qquad (2-18)$$

式中: λ 为发射信号的波长。

定义测速精度为误差与真值之比,用 ΔV_E 表示,则

$$\Delta V_{\mathrm{E}} = \frac{\Delta V_{\mathrm{d}}}{V_{\mathrm{d}}} = \frac{\lambda \cdot f_{\mathrm{s}}}{4 \cdot N \cdot V_{\mathrm{d}}} = \frac{1}{2N} \cdot \frac{f_{\mathrm{S}}}{f_{\mathrm{d}}} \tag{2-19}$$

一般情况下，目标的多普勒信号频率（速度）是随时间增大而减小的，如果采样频率保持不变，从式（2-19）可看出，测速精度随 f_{d} 的减小而变差，这是所不希望的。为使测速精度近似不变，要求采样频率 f_{s} 随 f_{d} 的变化而变化，如图2-12所示。在 $0 \sim t_1$ 段用 f_{S7} 采样，在 $t_1 \sim t_2$ 段用 f_{S6} 采样……

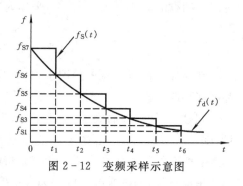

图 2-12　变频采样示意图

从图 2-12 可看出，变频采样实际上是用阶梯曲线 $f_{\mathrm{s}}(t)$ 去逼近光滑曲线 $f_{\mathrm{d}}(t)$，频率变化次数越多，每段时间越短，则逼近的效果就越好，测速精度的保持性也就越好。

当然，实现变频采样的先决条件是，清楚目标多普勒信号频率随时间的变化关系。如设目标多普勒信号频率随时间变化关系为 $f_{\mathrm{d}}(t)$，其中 $0 < t < T$，采样分成 m 段：(t_1, t_2)，(t_2, t_3)，…，(t_m, T)，变频采样序列为 $f_{\mathrm{Si}}(i = 1, 2, \cdots, m)$，则

$$f_{\mathrm{Si}} = K \cdot f_{\mathrm{d}}(t_i), \qquad K > 2 \tag{2-20}$$

4. 下采样

有时目标的多普勒信号频率变化很慢，在整个测量过程中变化不大，这时信号为带通信号，对这种信号的采样可做特殊处理。

设信号 $x_{\mathrm{a}}(t)$ 的频率范围限制在 $\Omega \in I_1 \bigcup I_2$，其中

$$I_1 : \left[\Omega_{\mathrm{C}} - \frac{\delta}{2}, \Omega_{\mathrm{C}} + \frac{\delta}{2}\right]$$

$$I_2 : \left[-\Omega_{\mathrm{C}} - \frac{\delta}{2}, -\Omega_{\mathrm{C}} + \frac{\delta}{2}\right]$$

式中：δ 为信号带宽。

当 $\Omega_{\mathrm{C}} = k \cdot \frac{\delta}{2}$（$k$ 为奇整数）时或者当 $\Omega_{\mathrm{U}} = k' \cdot \delta$（$k'$ 为整数）时，取采样周期 $T_{\mathrm{s}} = \frac{\pi}{\delta}$，也即 $\Omega_{\mathrm{s}} = 2 \cdot \delta$ 时，采样信号的频谱 $X(\mathrm{e}^{\mathrm{j}\Omega T_{\mathrm{s}}})$ 不会发生混叠，如图 2-13(a) 所示。

一般情况下，Ω_{U} 与 δ 并无上述关系，此时可写成 $r \leqslant \frac{\Omega_{\mathrm{U}}}{\delta} \leqslant r+1$，其中 $r = \left[\frac{\Omega_{\mathrm{U}}}{\delta}\right]$ 是包含在 $\frac{\Omega_{\mathrm{U}}}{\delta}$ 中的最大正整数，现定义一个量 δ'，它满足 $\frac{\Omega_{\mathrm{U}}}{\delta'} = r$，显然 $\delta' \geqslant \delta$，根据 δ' 来选采样周期 $T'_{\mathrm{s}} = \frac{T_1}{\delta'}$，即 $S' = \frac{\Omega_{\mathrm{U}}}{r} = \frac{\Omega_{\mathrm{U}}}{[\Omega_{\mathrm{U}}/\delta]}$，则采样信号的频谱 $X(\mathrm{e}^{\mathrm{j}\Omega T'_{\mathrm{s}}})$ 一定不会产生混叠，如图 2-13(b) 所示。

为了使信号不失真地恢复，将 $X(\mathrm{e}^{\mathrm{j}\Omega T'_{\mathrm{s}}})$ 通过一个理想的带通滤波器，其频率特性为 $H(\mathrm{j}\Omega)$，如图 2-13 (b) 所示。

$$H(\mathrm{j}\Omega) = \begin{cases} 1, & \Omega \in I_1 \bigcup I_2 \\ 0, & \Omega \notin I_1 \bigcup I_2 \end{cases} \tag{2-21}$$

在进行数据处理时，称带通信号采样为下采样。当满足最小多普勒信号频率大于最大多

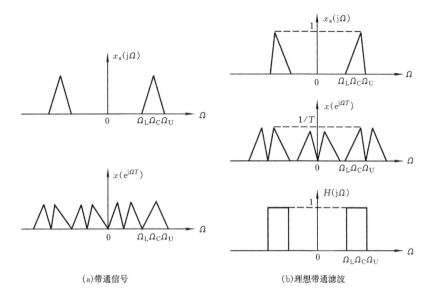

(a)带通信号　　　　　　　　　　　　　　　　(b)理想带通滤波

图 2 - 13　带通信号采样示意图

普勒信号频率的一半时,便可使用下采样,此时采样频率的计算式为

$$f_S = 2 \cdot f'_{dmax} \tag{2-22}$$

f'_{dmax} 由以下方程确定

$$\begin{cases} P \cdot f'_{dmax} = f_{dmin} \\ (P+1)f'_{dmax} > f_{dmax} \end{cases} \tag{2-23}$$

式中:P 称为采样深度,取正整数。

例如,$f_{dmin} = 60\ kHz$, $f_{dmax} = 90\ kHz$,满足 $f_{dmin} > \frac{1}{2}f_{dmax}$,代入式(2-23)得 $P = 1$,$f'_{dmax} = 60\ kHz$。再将结果代入式(2-22)得

$$f_S = 120\ kHz$$

若不使用下采样,K 取 2.5,则

$$f_S = K \cdot f_{dmax} = 2.5 \times 90 = 225\ kHz$$

由此可知,使用下采样时,采样频率比正常情况下的采样频率低。由此产生的第一个好处是精度提高。设下采样情况下采样频率为 f_{S1},测速精度为 ΔV_{E1},正常情况下采样频率为 f_{S2},测速精度为 ΔV_{E2},则根据式(2-19)有

$$\frac{\Delta V_{E1}}{\Delta V_{E2}} = \frac{\frac{1}{2N} \cdot \frac{f_{S1}}{f_d}}{\frac{1}{2N} \cdot \frac{f_{S2}}{f_d}} = \frac{f_{S1}}{f_{S2}} = \frac{2 \cdot f'_{dmax}}{K \cdot f_{dmax}} > \frac{2 \cdot \frac{1}{P+1}f_{dmax}}{K \cdot f_{dmax}} = \frac{2}{(P+1) \cdot K}$$

即

$$\Delta V_{E1} > \frac{2}{K(P+1)}\Delta V_{E2} \tag{2-24}$$

由于 $P \geqslant 1, K > 2$,所以 $\dfrac{2}{K(P+1)} < \dfrac{1}{2}$。因此,使用下采样技术时,测速精度至少提高一倍,且采样深度 P 越大,测速精度提高的就越多。

使用下采样技术的另一个好处是由于采样频率低,与正常情况相比,在相同的测量时间

中,数据量要小;在存储容量一定的情况下,可增加测量时间。

5. 性能比较

表 2-2 列出了实际系统数据处理时四种不同采样技术的性能。设每个数据占用内存 1 个字节,测量时间为 10 s,多普勒信号频率随时间变化的关系为 $f_d = 90 - 3t$;间歇采样 $\alpha = 1$;变频采样分 10 段,每段 1 s;计算精度时 $N = 1024$。

表 2-2　四种采样技术性能比较

采样方式　性能	所需存储空间	1 s 时精度	4 s 时精度	7 s 时精度	10 s 时精度
常规采样	5.0 MB	0.13%	0.14%	0.16%	0.19%
间歇采样	2.5 MB	0.13%	0.14%	0.16%	0.19%
变频采样	4.0 MB	0.13%	0.13%	0.13%	0.13%
下采样	2.4 MB	0.07%	0.08%	0.09%	0.10%

由表 2-2 可见,在四种采样技术中,常规采样所需存储容量最大;间歇采样所需存储容量与 α 有关,α 越大,所需存储容量越小;变频采样所需存储容量略少于常规采样;下采样所需存储容量与 P 有关,P 越大,所需存储容量越小。在这四种采样技术中,只有变频采样精度保持不变,其他三种采样精度随采样时间增加而变差。

2.6　模拟信号的采样控制方式

2.6.1　模拟信号的采样控制方式

模拟信号 $x(t)$ 的采样控制方式有以下四种。

1. 无条件采样

当采样一开始,模拟信号 $x(t)$ 的第一个采样点的数据就被采集。然后,经过一个采样周期,再采集第二个采样点数据,直到将一段时间内的模拟信号的采样点数据全部采完为止。这种方式主要用于某些 A/D 转换器可以随时输出数据的情况。CPU 认为 A/D 转换器总是准备好的,只要 CPU 发出读/写命令,就能采集到数据。CPU 采集数据时,不必查询 A/D 转换器的转换状态,也无需控制信号的介入,只通过取数或存数指令进行数据的读/写操作,其时间完全由程序安排决定。

无条件采样的优点在于:模拟信号一到就被采入系统,因此它适用于采集任何形式的模拟信号,例如重复的或不重复的。又由于所有采样点是按时间顺序排列,因而易于实现信号波形的显示。

无条件采样的缺点在于:每个采样点数据的采集、量化、编码、存储必须在一个采样时间间隔内完成。若对信号的采样时间间隔要求很短时,比如采样时间间隔为几百或几十纳秒,那么每个采样点的数据处理就来不及做了。

无条件采样除了通常使用的"定时采样"(即"等间隔采样")外,还常常使用"变步长采样"

（即"等点采样"）。这种采样方法是无论被测信号频率为多少，一个信号周期内均匀采样的点数总共为 N 个。由于这种采样方法的采样信号周期随被测信号周期变化，故通常称为"变步长采样"。

"变步长采样"既能满足采样精度要求，又能合理地使用计算机内存单元，还能使数据处理软件的设计大为简化。

应该注意，必须在确信 A/D 转换器总处于准备好的情况下才能使用该方式。

2. 条件采样

这种采样过程是受控制的。常用的控制方式有程序查询方式、中断控制方式。

（1）程序查询方式

当采集系统实时性要求不高时，可以采用程序查询方式进行巡回采样。所谓查询，就是 CPU 不断地询问 A/D 转换器的状态，以了解 A/D 转换器是否转换结束。图 2 - 14 是程序查询方式的流程图。

当需要采样时，CPU 发出启动 A/D 转换的命令，等到 A/D 转换结束后，由第一输入通道将结果取出并存入内存，然后 CPU 再向 A/D 转换器发出转换命令，等到 A/D 转换结束后，由第二通道将结果取出并存入内存……，直至所有通道采样完毕。如果 A/D 转换未结束，则 CPU 等待，并在等待中做定时查询，直到 A/D 转换结束为止。

一般每个采样周期都需对每个模拟信号进行多次采样，以保证能获取可靠的采样值（具体方法见第 10 章），程序流程图中的巡回采集遍数就是为此目的而设的。

查询方式的优点是，要求的硬件少，编程也简单。特别是询问与执行程序同步，能确知 A/D 转换所需的时间。这种方式的缺点是，程序查询常常浪费 CPU 的时间，使其利用率不高。为了提高 CPU 的工作效率，可以采用中断控制方式进行数据采集。

（2）中断控制方式

采用中断方式时，CPU 首先发出启动 A/D 转换的命令，然后继续执行主程序。当 A/D 转换结束时，则通过接口向 CPU 发出中断请求，请求 CPU 暂时停止工作来取转换结果。当 CPU 响应 A/D 转换器的请求时，便暂停正在执行的主程序，自动转移到读取转换结果的服务子程序中。在执行完读取转换结果的服务子程序后，CPU 又回到原来被中断的主程序继续执行下去。这就大大提高了 CPU 的效率。

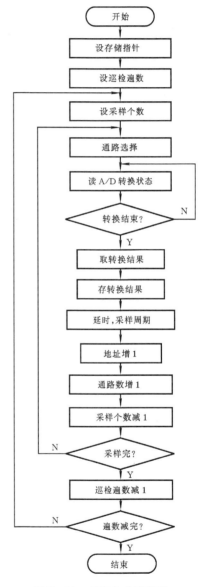

图 2 - 14 查询方式流程图

3. 直接存储器存取(DMA)方式

利用中断控制方式进行数据采集,可以大大提高 CPU 的利用率。但是,中断方式仍是由 CPU 通过程序把采集的数据从 I/O 端口传送至累加器,然后再由累加器送至内存。图 2-15 中实线部分为中断方式传送数据的示意。在此过程中,CPU 的累加器是数据的必经之路。因此数据的最大传送效率不超过 10000 bit/s,从而使数据传输需要一定的时间。如果要高速数据采集,采用中断控制方式显然是不合适的。

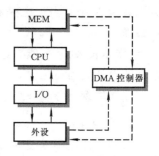

图 2-15　DMA 传送方式示意图

DMA 方式是一种由硬件完成数据传送操作的方式。如图 2-15 中所示,虚线部分表示在 DMA 控制器控制下,数据直接在外部设备和存储器 MEM 之间进行传送,而不通过 CPU 和 I/O,因而可以大大提高数据的采集速率。

图 2-16 给出了采样控制方式的分类。

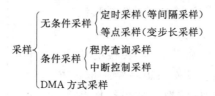

图 2-16　采样控制方式的分类

2.6.2　采样控制方式的选择

以上介绍的采样方式各有利弊,应根据采样速率要求、系统工作特点、模拟信号的数量、计算机的工作任务等方面综合考虑进行选择。

1. 无条件采样

无需控制信号介入,所要求的硬件和软件最简单,但仅适于随时处于准备好状态的 A/D 转换器,且要求 CPU 与 A/D 转换器同时工作,使用时很不方便。

2. 中断方式

具有很强的实时处理能力,可充分发挥 CPU 的效率。但通常这种方式的软件开发和调试比查询方式要困难些,构成一个高效、可靠的中断系统的费用可能比查询方式系统要稍高些。当中断源过多时将造成频繁申请中断,使 CPU 没有时间处理其他运算,在 CPU 效率方面和查询方式没有什么两样了。所以,中断方式通常应用于主程序要同时处理其他任务不宜查询的情况下,以及一个或多个模拟信号源要实时采集而不允许错过的场合。

3. 查询方式

与中断方式比较,查询方式无需保护现场,软件开发和调试比较容易,所需硬件也少。但查询需浪费 CPU 的时间,且当实时系统给定时间限制时,软件编制相对要难些。所以当查询方式能满足系统等待时间要求时,或一个系统专门采集几个模拟信号源的特殊情况下,查询方式是令人满意的。

4. DMA 方式

此方式传送每个字节只需一个存储周期,而中断方式一般不少于 10 个周期,且 DMA 控制器可进行数据块传送,不花费取指令时间,所以,DMA 方式传送数据的速度最快,但其硬件花费较高。因此,一个数据采集系统是否采用 DMA 方式,常需在速度、灵活性与价格之间做出折衷的考虑。DMA 方式常用于高速数据采集系统。

2.7　量化与量化误差

本节将讨论量化和量化过程所引起的量化误差,以及量化误差对系统精度的影响。

2.7.1　量化

由前面章节的讨论可知,来自传感器的连续模拟信号经过采样器采样后,变成了时间上离散的采样信号,但其幅值在采样时间 τ 内是连续的(见图 2 - 1),因此,采样信号仍然是模拟信号。为了能用计算机处理信号,须将采样信号转换成数字信号,也就是将采样信号的幅值用二进制代码来表示。由于二进制代码的位数是有限的,只能代表有限个信号的电平。故在编码之前,首先要对采样信号进行"量化"。

> **量化**就是把采样信号的幅值与某个最小数量单位的一系列整倍数比较,以最接近于采样信号幅值的最小数量单位倍数来代替该幅值。这一过程称为"量化过程",简称"量化"。

最小数量单位称为量化单位。量化单位定义为量化器满量程电压 FSR(Full Scale Range)与 2^n 的比值,用 q 表示,因此有

$$q = \frac{FSR}{2^n} \qquad\qquad (2 - 25)$$

式中:n 为量化器的位数。

　　例 2.2　当 $FSR = 10$ V,$n=8$ 时,$q=39.1$ mV;
　　　　　　当 $FSR = 10$ V,$n=12$ 时,$q=2.44$ mV;
　　　　　　当 $FSR = 10$ V,$n=16$ 时,$q=0.15$ mV。

由此可见,量化器的位数 n 越多,量化单位 q 就越小。

量化后的信号称为量化信号,把量化信号的数值用二进制代码来表示,就称为编码。量化信号经编码后转换为数字信号。完成量化和编码的器件是模/数(A/D)转换器。

2.7.2　量化方法

大家都知道,日常生活中使用的人民币,其最小单位是分,任何货物的价值都是分的整倍数。当计算某个货物的价值时,对不到一分钱的剩余部分,有两种处理方法:忽略不计或四舍五入。

类似地,A/D 转换器也有两种量化方法。

1. "只舍不入"的量化

如图 2 - 17 所示,为了对采样信号的幅值进行量化,将信号幅值轴分成若干层,各层之间的间隔相等,且等于量化单位 q。在"只舍不入"的量化过程中,信号幅值小于量化单位 q 的部分,一律舍去。

在图 2 - 17 中,量化信号用 $x_q(nT_s)$ 来表示。当 $0 \leqslant x_s(nT_s) < q$ 时,$x_q(nT_s) = 0$;当

$q \leqslant x_S(nT_S) < 2q$ 时，$x_q(nT_S) = q$；当 $2q \leqslant x_S(nT_S) < 3q$ 时，$x_q(nT_S) = 2q$；…

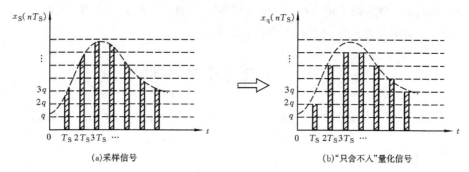

(a)采样信号　　　　　　　　　　　　　　(b)"只舍不入"量化信号

图 2 - 17　"只舍不入"的量化过程

2. "有舍有入"的量化

如图 2 - 18 所示，在"有舍有入"的量化过程中，采样信号幅值中小于 $\dfrac{q}{2}$ 的部分，舍去；大于或等于 $\dfrac{q}{2}$ 的部分，计入。

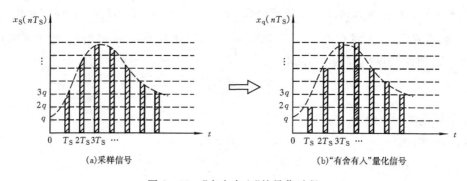

(a)采样信号　　　　　　　　　　　　　　(b)"有舍有入"量化信号

图 2 - 18　"有舍有入"的量化过程

在图 2 - 18 中，量化信号仍用 $x_q(nT_S)$ 来表示，但采样信号 $x_S(nT_S)$ 偏置 $\dfrac{q}{2}$。当 $-\dfrac{q}{2} \leqslant x_S(nT_S) < \dfrac{q}{2}$ 时，$x_q(nT_S) = 0$；当 $\dfrac{q}{2} \leqslant x_S(nT_S) < \dfrac{3q}{2}$ 时，$x_q(nT_S) = q$；…。

为了使读者容易地理解量化概念，下面举一例子说明。

例 2.3　设来自传感器的模拟信号 $x(t)$ 的电压是在 $0 \sim 5$ V 范围内变化，如图 2 - 19(a) 中曲线所示。现用 1 V、2 V、3 V、4 V、5 V(即量化单位 $q = 1$ V)五个电平近似取代 $0 \sim 5$ V 范围内变化的采样信号。

解　经采样后，连续的模拟信号变成了时间离散而电压幅值在各自范围内是连续的采样信号。采用"有舍有入"的方法对采样信号进行量化。量化时按以下规律处理采样信号：

(1)电压值处于 $0.5 \sim 1.4$ V 范围内的采样信号，都认为电压值是 1 V；

(2)电压值处于 $1.5 \sim 2.4$ V 范围内的采样信号，则认为是 2 V；

(3)其他依次类推。

这样，经过量化之后，把原来幅值连续变化的采样模拟信号，变成了幅值为有限序列的量化信号,如图 2 - 19(b)所示。

经过量化后的信号,其精度取决于所选的量化单位 q。很显然,量化单位越小,信号精度越高。但任何量化都会引起误差,这是因为量化是用近似值代替信号精确值的缘故。

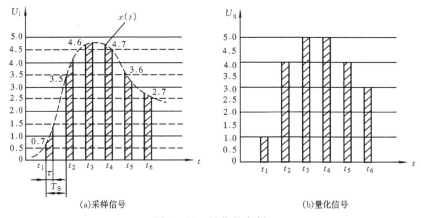

(a)采样信号　　　　　　　　　　(b)量化信号

图 2 - 19　量化的实例

2.7.3　量化误差

由量化引起的误差叫做量化误差(也常称作量化噪声,因它常与噪声有相同影响),记为 e,则

$$e = x_S(nT_S) - x_q(nT_S) \qquad (2-26)$$

式中：$x_S(nT_S)$ 为采样信号；$x_q(nT_S)$ 为量化信号。

量化误差 e 的大小与所采用的量化方法有关,下面分别讨论不同的量化方法引起的量化误差。

1. "只舍不入"法引起的量化误差

量化特性曲线与量化误差如图 2 - 20 所示。

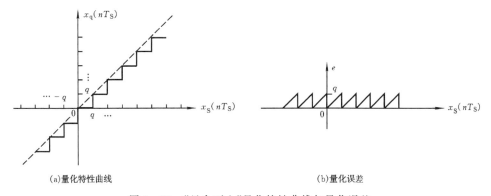

(a)量化特性曲线　　　　　　　　　　(b)量化误差

图 2 - 20　"只舍不入"量化特性曲线与量化误差

由图可知,量化误差 e 只能是正误差,它可以取 $0 \sim q$ 之间的任意值,而且机会均等,因而它是在 $[0, q]$ 上均匀分布的随机变量。

平均误差(或误差的数学期望)为

$$\bar{e} = \int_{-\infty}^{+\infty} e p(e) \mathrm{d}e = \int_0^q \frac{1}{q} e \mathrm{d}e = \frac{q}{2} \tag{2-27}$$

式中：$p(e)$ 为概率密度函数，其概率分布如图 2-21(a)所示。由于平均误差 $\bar{e}$ 不等于零，故称为有偏的。最大量化误差为

$$e_{\max} = q \tag{2-28}$$

量化误差的方差为

$$\sigma_e^2 = \int_{-\infty}^{+\infty} (e - \bar{e})^2 p(e) \mathrm{d}e = \int_0^q \left(e - \frac{q}{2}\right)^2 \frac{1}{q} \mathrm{d}e = \frac{q^2}{12}$$

这表明：即使模拟信号 $x(t)$ 为无噪声信号，经过量化器量化后，量化信号 $x_q(nT_S)$ 将包含噪声 $\frac{q^2}{12}$。量化误差的标准差为

$$\sigma_e = \frac{q}{2\sqrt{3}} \approx 0.29q \tag{2-29}$$

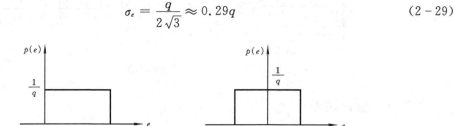

(a)"只舍不入"概率密度函数　　　　　(b)"有舍有入"概率密度函数

图 2-21　量化误差概率分布

2."有舍有入"法引起的量化误差

量化特性曲线与量化误差如图 2-22 所示。由图可知，量化误差 e 有正有负，它可以取 $-\frac{q}{2} \sim \frac{q}{2}$ 之间的任意值，而且机会均等，因而是在 $\left[-\frac{q}{2}, \frac{q}{2}\right]$ 上均匀分布的随机变量。

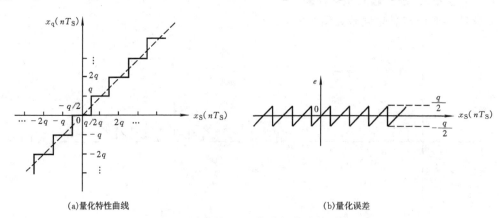

(a)量化特性曲线　　　　　　　　　(b)量化误差

图 2-22　"有舍有入"量化特性曲线与量化误差

平均误差(或误差的数学期望)为

$$\bar{e} = \int_{-\infty}^{+\infty} e p(e) \mathrm{d}e = \int_{-\frac{q}{2}}^{\frac{q}{2}} \frac{1}{q} e \mathrm{d}e = 0 \tag{2-30}$$

式中：$p(e)$ 为概率密度函数，其概率分布见图 2-21(b)。

由于平均误差 $\bar{e}$ 等于零,故称为无偏的。最大量化误差为

$$|e_{\max}| = \frac{q}{2} \qquad (2-31)$$

量化误差的方差为

$$\sigma_e^2 = \int_{-\infty}^{+\infty} (e - \bar{e})^2 \, p(e) \mathrm{d}e = \int_{-\frac{q}{2}}^{\frac{q}{2}} e^2 \, \frac{1}{q} \mathrm{d}e = \frac{q^2}{12}$$

因此,量化误差的标准差与"只舍不入"的情况相同,即

$$\sigma_e = \frac{q}{2\sqrt{3}} \approx 0.29q \qquad (2-32)$$

> 由以上分析可得出结论:量化误差是一种原理性误差,它只能减小而无法完全消除。

由图 2-20 和图 2-22 可知,量化特性曲线具有非线性的性质,因此,量化过程是一个非线性的变换过程。

比较两种量化方法可以看出,"有舍有入"的方法较好,这是因为"有舍有入"法的最大量化误差只有"只舍不入"法的 $\frac{1}{2}$。因此,目前大部分 A/D 转换器都是采用"有舍有入"的量化方法。但也有少数价格低廉的 A/D 转换器,采用"只舍不入"的方法。对于这种情况,可以通过计算机软件使之改造成"有舍有入"的量化方法。

3. 量化误差对数据采集系统动态平滑性的影响

不考虑采样过程,只专注于研究模拟信号 $x(t)$ 经过量化后的情况。如图 2-23 所示,其量化信号将呈阶梯形状。显然,量化误差 e 取决于量化单位 q 和模拟信号 $x(t)$ 的电平。当量化单位 q 与模拟信号幅值相比足够小时,量化误差的影响可作为噪声考虑,称为量化噪声。模拟信号 $x(t)$ 经过量化后,变成阶梯状的信号 $x_q(nT_S)$,量化噪声

$$e = x(t) - x_q(nT_S) \qquad (2-33)$$

是跳跃状的,其峰-峰值为 q。它夹杂在有用信号之中,一起传送到计算机中。

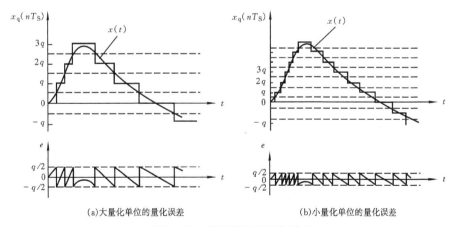

(a)大量化单位的量化误差   (b)小量化单位的量化误差

图 2-23 模拟信号的量化噪声

比较图 2-23 中的(a)、(b)两种情况,可以发现,对于相同的模拟信号 $x(t)$,当 A/D 转换器位数较少,而量化单位 q 较大时,噪声 e 峰-峰值较大,变化的频率较低。相反,当 A/D 转换器位数较多,而量化单位 q 较小时,则产生高频、小振幅的量化噪声。另一方面,对相同的量化

单位 q,信号变化越缓慢,量化噪声的变化频率越低;信号变化越迅速,量化噪声的变化频率越高。

总结以上情况,可得出以下结论:

(1)模拟信号经过量化后,产生了跳跃状的量化噪声;

(2)量化噪声的峰-峰值等于量化单位 q;

(3)量化噪声的变化频率取决于量化单位 q 和模拟信号 $x(t)$ 的变化情况,q 越大,$x(t)$ 变化越缓慢,噪声的频率也越低。

这种跳跃的量化噪声夹杂在量化信号中传送至计算机,并经计算程序处理后传送到系统输出端,使系统的输出信号中也含有跳跃状的噪声分量。如果拿这种跳跃状的输出信号去控制被控对象,就会使系统的动态平滑性不好。

可以采用低通滤波器滤除频率较高的噪声。但是,如果 A/D 转换器位数不够,使量化单位 q 较大,并且当模拟信号又很缓慢时,这时量化噪声不仅振幅大,而且频率低。由于低通滤波器难以抑制低频、大振幅的噪声,因此将较严重地影响系统输出的平滑性。实践表明,量化噪声对系统的平滑性的影响不容忽视。为此,在选择 A/D 转换器位数时,要从系统动态平滑性的角度进行考虑。

4. 量化误差(噪声)与量化器(A/D 转换器)位数的关系

由图 2-23 可知,量化噪声的频率与信号 $x(t)$ 曲线的斜率有关,相应于 $x(t)$ 最大斜率的噪声频率取决于模拟信号 $x(t)$ 的最高频率。当量化单位与模拟信号幅值相比足够小时,量化信号的每个台阶都很小,因而与模拟信号非常接近。作为一次近似,量化噪声的静态分布可以认为是均匀的。量化误差可按一系列在 $\pm \dfrac{q}{2}$ 之间的斜率不同的线性段处理,如图 2-24 所示。

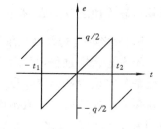

图 2-24　量化误差的线性段处理

设 α 为时间间隔 $-t_1 \sim t_2$ 内直线段的斜率,即

$$\alpha = \frac{-\dfrac{q}{2}}{-t_1} = \frac{\dfrac{q}{2}}{t_2}$$

或

$$-t_1 = -\frac{q}{2\alpha}, \quad t_2 = \frac{q}{2\alpha}$$

误差 $e = \alpha t$,则其方差为

$$e^2 = \frac{\alpha}{q} \int_{-t_1}^{t_2} (\alpha t)^2 \,\mathrm{d}t = \frac{q^2}{12}$$

设模拟信号 $x(t)$ 的信号功率为 FSR,则相应的量化信噪比为

$$\left(\frac{S}{N}\right) = \frac{FSR^2}{e^2} = \frac{FSR^2}{q^2/12} = 12 \left(\frac{FSR}{q}\right)^2 \tag{2-34}$$

因为

$$q = \frac{FSR}{2^n}$$

所以

$$\left(\frac{S}{N}\right) = 12 \times 2^{2n}$$

若以分贝数表示,则有

$$\left(\frac{S}{N}\right)_{\text{dB}} = 10\lg 12 \times 2^{2n}$$
$$= 10(\lg 12 + 2n\lg 2)$$
$$= 10.79 + 6.02n \tag{2-35}$$

式中:n 为 A/D 转换器的位数。

式(2-35)表示了 A/D 转换器位数与信噪比的关系。由该式可看出,位数 n 每增加一位,信噪比将增加 6 dB,也就意味着量化误差减小,所以增加 A/D 转换器的位数 n 能减小量化误差。

2.8　编　码

模/数转换过程的最后阶段是编码。编码是指将量化信号的电平用数字代码来表示,编码有多种形式,最常用的是二进制编码。

如同十进制数,二进制的数码由多个位组成。数码的最左端的位叫做最高有效位,简称最高位,以符号 MSB 表示;数码的最右端的位叫做最低有效位,简称最低位,以符号 LSB 表示。二进制数码的每一位有两个可能状态:"0"表示这一位没有贡献;"1"表示这一位有贡献。二进制数码的每一位的贡献为其右边一位贡献的 2 倍。数码作为一个数,代表一个量化信号量值,只有当码制和码制间的相互关系被定义之后,数码才具体代表该量化信号的某一个量值。因此,所谓二进制编码,就是用 1 和 0 所组成的 n 位数码来代表量化电平。

在数据采集中,被采集的模拟信号是存在着极性的,例如单极性信号,电压从 0～+10 V变化;双极性信号,电压从 -5～+5 V 变化。因此,二进制码也分成两大组:单极性二进制码和双极性二进制码,在应用时,可根据被采集信号的极性来选择编码形式。

2.8.1　单极性编码

单极性编码的方式有以下几种。

1. 二进制码

二进制码是单极性码中使用最普遍的一种码制。在数据转换中,经常使用的是二进制分数码。在这种码制中,一个(十进制)数 D 的量化电平可表示为

$$D = \sum_{i=1}^{n} a_i 2^{-i} = \frac{a_1}{2} + \frac{a_2}{2^2} + \cdots + \frac{a_n}{2^n} \tag{2-36}$$

由式(2-36)可以看出,第 1 位(MSB)的权是 $\frac{1}{2}$,第 2 位的权是 $\frac{1}{4}$,…,第 n 位(LSB)的权是 $\frac{1}{2^n}$。a_i 或为 0 或为 1,n 是位数。数 D 的值就是所有非 0 位的值与它的权的积累加的和(在二进制中,由于非 0 位的 a_i 均等于 1,故数 D 的值就是所有非 0 位的权的和)。

当式(2-36)的所有各位($a_1, a_2, \cdots, a_n$)均为"1"时(n 一定时,此时 D 取最大值),$D = 1 - \frac{1}{2^n}$,也就是说在二进制分数码中,数 D 的值是一个小数。

一个模拟输出电压 U_{OUT},若用二进制分数码表示,则为

$$U_{\text{OUT}} = FSR \sum_{i=1}^{n} \frac{a_i}{2^i} = FSR\left(\frac{a_1}{2} + \frac{a_2}{2^2} + \cdots + \frac{a_n}{2^n}\right) \qquad (2-37)$$

式中：U_{OUT} 为对应于二进制数码 $a_n a_{n-1} \cdots a_2 a_1$ 的转换器模拟输出电压；FSR 为满量程电压。

在式（2-37）中，最低有效位的值 $LSB = \dfrac{FSR}{2^n}$，根据量化单位 q 的定义可知：$LSB = q$。LSB 代表 n 位二进制分数码所能分辨的最小模拟量值。

例 2.4　设有一个 D/A 转换器，输入二进制数码为：110101，基准电压 $U_{\text{REF}} = FSR = 10\text{ V}$，求 $U_{\text{OUT}} = ?$

解　D/A 转换器是一种译码电路，二进制数码 110101 中，其最高位代码的权为 $\dfrac{1}{2}$，代码"1"表示这一位有数。次高位代码的权为 $\dfrac{1}{4}$，代码"1"表示这一位也有数。次次高位代码的权为 $\dfrac{1}{8}$，代码"0"表示这一位没有数。依次类推。根据式（2-36）可得

$$D = \left(1 \times \frac{1}{2} + 1 \times \frac{1}{4} + 0 \times \frac{1}{8} + 1 \times \frac{1}{16} + 0 \times \frac{1}{32} + 1 \times \frac{1}{64}\right) = 0.828125$$

则　　　　　　　　　$U_{\text{OUT}} = U_{\text{REF}} \cdot D = 10 \times 0.828125 = 8.28125\text{ V}$

注意：由于二进制数码的位数 n 是有限的，即使二进制数码的各位 $a_i = 1$（$i = 1, 2, \cdots, n$），最大输出电压 $U_{\max}$ 也不与 FSR 相等，而是差一个量化单位 q，可用下式确定

$$U_{\max} = FSR\left(1 - \frac{1}{2^n}\right) \qquad (2-38)$$

例如，对于一个工作电压是 $0 \sim +10\text{ V}$ 的 12 位单极性转换器而言，有

$$U_{\max} = 111\quad 111\quad 111\quad 111 = +9.9976\text{ V}$$
$$U_{\min} = 000\quad 000\quad 000\quad 000 = 0.0000\text{ V}$$

表 2-3 为 8 位单极性二进制码与满量程电压的关系。

表 2-3　8 位单极性二进制码与满量程的关系

标　度	满量程电压（+10 V）	二进制数码	
		高 4 位	低 4 位
$+FSR-1LSB$	$+9.96$	1111	1111
$+3/4\ FSR$	$+7.50$	1100	0000
$+1/2 FSR$	$+5.00$	1000	0000
$+1/4\ FSR$	$+2.50$	0100	0000
$+1LSB$	$+0.04$	0000	0001
0	0.00	0000	0000

2. 二-十进制（BCD）编码

尽管二进制原码是普遍使用的一种码制，但是在系统的接口中，经常使用另一些码制，以满足特殊的需要。例如，在数字电压表、光栅数显表中，数字总是以十进制形式显示出来，以便于人们读数。在这种情况下，二-十进制码就有它的优越性了。

BCD 编码中，是用一组四位二进制码来表示一位 $0 \sim 9$ 的十进制数字。例如，一个电压按 8421（即 $2^3 2^2 2^1 2^0$）进行 BCD 编码，则有

$$U_{\text{OUT}} = \frac{FSR}{10}(8a_1 + 4a_2 + 2a_3 + a_4)$$

$$+ \frac{FSR}{100}(8b_1 + 4b_2 + 2b_3 + b_4) + \cdots \tag{2-39}$$

使用 BCD 编码,主要是因为 BCD 码的每一组(四位二进制)码代表一位十进制码,每一组码可以相对独立地解码去驱动显示器,从而使数字电压表等仪器可以采用更简单的译码器。

在 BCD 编码的 A/D 转换器中,其 3 位十进制数字的 BCD 编码如表 2-4 所示。

表 2-4　3 位十进制数字的 BCD 编码表

标　度	电压（V）	BCD 码		
$+FSR-1LSB$	$+9.99$	1001	1001	1001
$+3/4\,FSR$	$+7.50$	0111	0101	0000
$+1/2\,FSR$	$+5.00$	0101	0000	0000
$+1/4\,FSR$	$+2.50$	0010	0101	0000
$+1/8\,FSR$	$+1.25$	0001	0010	0101
$+1LSB$	$+0.01$	0000	0000	0001
0	$+0.00$	0000	0000	0000

BCD 编码常使用超量程附加位。这样对 A/D 转换器来说,量程需增加一倍。如十进制满量程值为 9.99,使用附加位时,满量程值即为 19.99 。在这种情况下,最大输出编码为 1　1001　1001　1001,附加量程也称做半位,这样 A/D 转换器的分辨率为 $3\frac{1}{2}$ 位。

3. 格雷码

格雷码又称反射二进制码。这种编码的优点是从一个数到下一个相邻的数只需改变一位,这样中间错误的变化就可以避免。

在气象风向传感器中,把风向的转角作为输入参数,在风向传感器的转轴上安装一个码盘,用电刷或光电方法取得相应转角下的格雷码送入数据采集系统。在这种情况下使用格雷码是很方便的。但格雷码不便于计算机处理,所以往往还需要将它转换为二进制码。

二进码转换成格雷码的规律是:从二进制码的最低两位开始,按异或规律定下格雷码的最低位,然后再用二进制码末前二位按异或规律定下格雷码的末前一位,如此往前推,最后可以定下全部格雷码。

所谓异或规律,即相邻两数相同时为"0",不相同时为"1"。

为了理解这一问题,举例说明之。

例 2.5　将十进制数 13 转换为格雷码。

解　先将十进制数转换成二进制码

$$(13)_{10} = (1101)_2$$

然后,按图 2-25 所示将此二进制码用异或规律求得格雷码。

由于转换后的格雷码的位数应与二进制码的位数相同,因此在二进制码的最高位应补充"0",所以最后转换结果为

$$(13)_{10} = (1011)_{格雷}$$

按上述规律,任意 n 位字长的二进制码 $B_n B_{n-1} \cdots B_i \cdots B_1 B_0$ 都可以转换为相应的 n 位

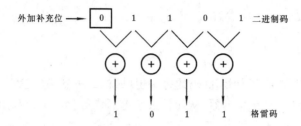

图 2 - 25　二进制码转换为格雷码

格雷码 $G_n G_{n-1} \cdots G_i \cdots G_1 G_0$，两者之间的逻辑关系如下：

$$G_n \quad = B_n$$
$$G_{n-1} = B_n \oplus B_{n-1}$$
$$\vdots$$
$$G_i \quad = B_{i+1} \oplus B_i$$
$$\vdots$$
$$G_0 \quad = B_1 \oplus B_0$$

n 位二进制码转换为格雷码的逻辑图如图 2 - 26 所示。

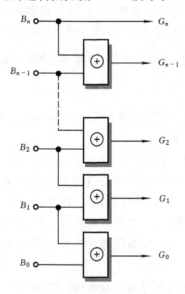

图 2 - 26　n 位二进制码转换为相应格雷码的逻辑图

从格雷码转换为二进制码时正好相反，即从最高位开始比较到最低位，具体规律如下。

$$G_n = 1 \to B_n = 1$$
$$G_n = 0 \to B_n = 0$$

$$\left.\begin{array}{c} G_n \\ G_{n-1} \end{array}\right\rangle \oplus \to B_{n-1}$$

$$\left.\begin{array}{c} B_{n-1} \\ G_{n-2} \end{array}\right\rangle \oplus \to B_{n-2}$$

$$\begin{matrix} B_{n-2} \\ G_{n-3} \end{matrix} \rangle \oplus \to B_{n-3}$$

...

n 位格雷码转换为二进制码的逻辑图如图 2 - 27 所示。

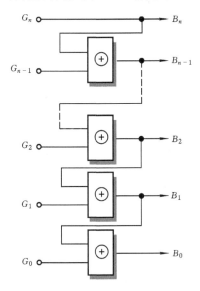

图 2 - 27　n 位格雷码转换为相应二进制码的逻辑图

十进制数与二进制码、二-十进制(BCD)码以及格雷玛的对应关系见表 2 - 5。

表 2 - 5　十进制数与二进制码、二-十进制码以及格雷码的对应关系

十进制数	二进制码	二-十进制码 8 - 4 - 2 - 1		格雷码
15	1111	0001	0101	1000
14	1110	0001	0100	1001
13	1101	0001	0011	1011
12	1100	0001	0010	1010
11	1011	0001	0001	1110
10	1010	0001	0000	1111
9	1001		1001	1101
8	1000		1000	1100
7	0111		0111	0100
6	0110		0110	0101
5	0101		0101	0111
4	0100		0100	0110
3	0011		0011	0010
2	0010		0010	0011
1	0001		0001	0001
0	0000		0000	0000

2.8.2　双极性编码

在很多情况下,模拟信号是双极性的,即有时是正值,有时为负值。为了区别两个幅值相等而符号相反的信号,就需要采用双极性编码。双极性编码也有多种形式,最常见的有符号-

数值码、偏移二进制码和 2 的补码。

1. 符号-数值码

在这种码制中,最高位为符号位("0"表示正,"1"表示负),其他各位是数值位。这种码制与其他双极性码制比较,其优点是信号在零的附近变动 $1LSB$ 时,数值码只有最低位改变,这意味着不会产生严重的瞬态效应。其他双极性码,从表 2-6 可以看出,在零点附近都会发生主码跃迁,即数值码的所有位全都发生变化,因而可能产生严重的瞬态效应和误差。其缺点是有两个码表示零,0^+ 为 0000,0^- 为 1000。因此从数据转换角度来看,符号-数值码的转换器电路比其他双极性码复杂,其造价也较昂贵。

2. 偏移二进制码

偏移二进制码是转换器最容易实现的双极性码制。由表 2-6 可以看出,一个模拟输出量 U_{OUT},当用偏移二进制码表示时,其代码完全按照二进制码的方式变化,不同之处是代码简单地用满量程值加以偏移。以 4 位二进制码为例,代码的偏移情况如下:

- 代码为"0000"时,表示模拟负满量程值,即 $-FSR$;
- 代码为"1000"时,表示模拟零,即模拟零电压对应于 2^{n-1} 数;
- 代码为"1111"时,表示模拟正满量程值减 $1LSB$,即 $FSR - \dfrac{FSR}{2^{n-1}}$。

对应于 0000～1111 的输入码,A/D 转换器输出范围从 $-FSR$ 到 $+\dfrac{7}{8}FSR$。

表 2-6　三种编码与十进制的对应关系

十进制(分数)	符号-数值码	偏移二进制码	2 的补码
+ 7/8	0111	1111	0111
+ 6/8	0110	1110	0110
+ 5/8	0101	1101	0101
+ 4/8	0100	1100	0100
+ 3/8	0011	1011	0011
+ 2/8	0010	1010	0010
+ 1/8	0001	1001	0001
0+	0000	1000	0000
0-	1000	1000	0000
-1/8	1001	0111	1111
-2/8	1010	0110	1110
-3/8	1011	0101	1101
-4/8	1100	0100	1100
-5/8	1101	0011	1011
-6/8	1110	0010	1010
-7/8	1111	0001	1001
-8/8		0000	1000

以上偏移情况可以用表达式概括如下:

$$U_{OUT} = FSR \left[\sum_{i=1}^{n} \frac{a_i}{2^{i-1}} - 1 \right] \qquad (2-40)$$

$$U_{max}(正) = FSR \left[1 - \frac{1}{2^{n-1}} \right] \qquad (2-41)$$

$$U_{min}(负) = -FSR \qquad (2-42)$$

对于一个满量程电压是 $-10 \sim +10$ V 的 12 位偏移二进制转换器而言,有

$$U_{max}(正) = 111 \quad 111 \quad 111 \quad 111 = +9.9951 \text{ V}$$

$$U_{\text{mid}} \qquad = 100 \quad 000 \quad 000 \quad 000 = 0.0000 \text{ V}$$

$$U_{\text{min}}(\text{负}) = 000 \quad 000 \quad 000 \quad 000 = -10.0000 \text{ V}$$

偏移二进制码的优点是,除了容易实现外,还很容易变换成 2 的二进制补码。它的缺点是在零点附近发生主码跃迁。

3. 2 的补码

从表 2-6 可以看出,2 的补码符号位与偏移二进制码的符号位相反,而数值部分则相同。

构成 2 的补码的另一方法是:

• 正数 2 的补码就是二进制码;

• 负数 2 的补码是先把相应正数的二进制码所有位凡"0"皆换成"1",凡"1"皆换成"0",然后,在最低位加 1。

例如,

$$+\frac{3}{8} = (0011)_2 \ , \ -\frac{3}{8} = (1100 + 1)_2 = (1101)_2 \ .$$

2 的补码对于数字的代数运算是十分方便的,因为减法可以用加法代替。例如:

$$\frac{4}{8} - \frac{3}{8} = (0100 + 1101)_2 = (0001)_2 \ (\text{不考虑进位})$$

$$\frac{5}{8} - \frac{5}{8} = (0101 + 1011)_2 = (0000)_2 \ (\text{不考虑进位})$$

2 的补码的缺点与偏移二进制码相同。

上述三种编码与十进制的对应关系见表 2-6。

习题与思考题

1. 什么叫采样? 采样频率如何确定?

2. 试说明,为什么在实际采样中,不能完全满足采样定理一所规定的不失真条件?

3. 对某种模拟信号 $x(t)$,采样时间间隔 T_S 分别为 4 ms、8 ms、16 ms,试求出这种模拟信号的截止频率 f_c 分别为多少?

4. 采样周期与哪些因素有关? 如何选择采样周期?

5. 什么叫做量化?

6. 对采样信号进行量化的最小数量单位是多少? 它与 FSR 和 A/D 转换器的位数 n 之间有何关系?

7. 绝对误差 $0LSB$ 是否绝对无误差,其意义如何? 绝对误差为 $\frac{1}{8}LSB$,其意义如何?

8. 什么叫做编码?

9. 把十进制数 256 转换成相应的 BCD 码。

10. 用 2 的补码计算表达式"16−5"的值。

第3章　模拟多路开关

3.1　概　述

模拟多路开关(简称多路开关)是一种重要器件,在多路被测信号共用一路 A/D 转换器的数据采集系统中(见图 1－31),通常用来将多路被测信号分别传送到 A/D 转换器进行转换,以便计算机能对多路被测信号进行处理。

多路开关可分为两类:一类是机电式,如舌簧继电器;另一类是电子式。前者主要用于大电流、高电压、低速切换场所;后者主要用于小电流、低电压、高速切换场所。电子多路开关由于是一种集成化无触点开关,不仅寿命长、体积小,而且对系统的干扰小,因而在数据采集系统中得到广泛应用。

电子多路开关根据其结构可分为双极型晶体管开关、场效应晶体管开关、集成电路开关三种类型。

(1)双极型晶体管开关工作速度快,导通电阻大,它为电流控制器件,功耗大,集成度低,且只能沿一个方向传递信号电流。

(2)场效应晶体管开关又分为结型和绝缘栅型两种。结型场效应管可以两个方向对信号进行开关控制,接通时间可做到 10～100 ns 以内,导通电阻为 5～100 Ω;结型场效应管为分立器件,需要专门的电平转换电路来驱动,使用时不方便。

(3)绝缘栅场效应管分为 PMOS、NMOS、CMOS 三种类型。最常用的是 CMOS 型场效应管,其导通电阻 R_{ON} 随信号电压变化时波动小,如图 3－1 所示。导通电阻 R_{ON} 一般可以小于 100 Ω,而且开关接通时间短,可以小于 100 ns,易于和驱动电路集成。

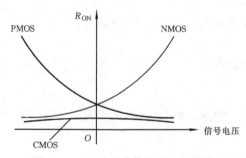

图 3－1　MOS 开关管导通电阻特性

集成电路开关是将场效应管多路开关、地址计数器、译码器及控制电路等集成制造在一块芯片上而构成的器件,除了具有场效应管的特性外,还具有体积小、使用方便等优点。

在现代数据采集系统中,主要使用电子式多路开关。本章将以电子式多路开关为对象,讨论多路开关的工作原理、技术指标、集成芯片、电路特性、配置及应用等内容。

3.2　多路开关的工作原理及主要技术指标

3.2.1　多路开关工作原理

1. 双极型晶体管开关

图 3-2 所示为双极型晶体管开关电路。它可以实现 8 路模拟信号切换，其工作原理如下。

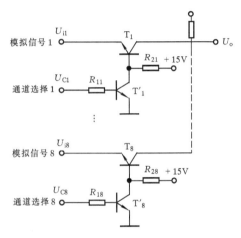

图 3-2　双极型晶体管开关电路

如果要选择第 1 路模拟信号，则令通道控制信号 $U_{C1}=0$(低电平)，晶体管 T'_1 截止，集电极输出为高电平，晶体管 T_1 导通，输入信号电压 U_{i1} 被选中。如果忽略 T_1 的饱和管压降则 $U_{o}=U_{i1}$。同理，当令通道控制信号 $U_{C2}=0$ 时，则选中第 2 路模拟信号，$U_{o}=U_{i2}$。

注意：在控制信号 $U_{C1} \sim U_{C8}$ 中不能同时有两个或两个以上为零。

双极型晶体管的开关速度快，但它的漏电流大，开路电阻小，而导通电阻大。另外，双极型晶体管为电流控制器件，基极控制电流会流入信号源。如果信号源的内阻比较大，就会使信号电压发生变化，影响转换精度。

2. 场效应管开关

场效应管为电压控制器件，不会发生上述双极型晶体管遇到的问题。下面分别介绍结型场效应晶体管开关和绝缘栅场效应晶体管开关的工作原理。

(1)结型场效应晶体管开关

图 3-3 所示为 8 路 P 沟道结型场效应管多路开关，其中 T'_1、T'_2、…、T'_8 是开关控制管，T_1、T_2、…、T_8 为场效应开关晶体管。它的工作原理如下：

当控制信号 $U_{C1}=1$ 时，开关控制管 T'_1 导通，集电极输出低电平，场效应管 T_1 导通，$U_{o}=U_{i1}$，选中第 1 路信号。当 $U_{C1}=0$ 时，T'_1 截止，T_1 也截止，第 1 路输入信号被切断，其他各路与第 1 路相同。

(2)绝缘栅场效应管开关

图 3-4 为 8 路 N 沟道绝缘栅场效应管多路开关，它的工作原理与结型场效应管多路开

关类似,在此不再赘述。在使用绝缘栅场效应晶体管时,应注意衬底不能开路,要加一定的保护电压,P 沟道加正电压,N 沟道加负电压。

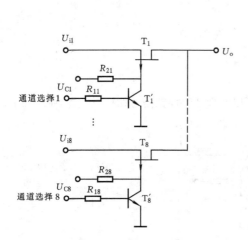 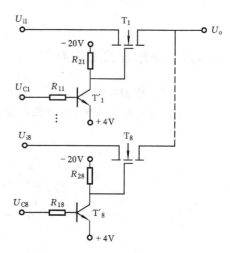

图 3-3　结型场效应管多路开关　　　　　　　图 3-4　绝缘栅场效应管多路开关

3. 集成多路开关

前面介绍的几种多路开关都必须与地址计数器和译码器配合使用,才能在计算机的控制下分别选通各路模拟信号。若将多路开关、计数器、译码器及控制电路全部制造在一块芯片上,这就构成集成多路开关。

图 3-5 为一个 16 路的集成多路开关,模拟量输入部分由 16 个漏极连在一起的场效应管开关所组成,开关驱动部分包括一个四位计数器和一个四-十六线译码器,其工作原理如下。

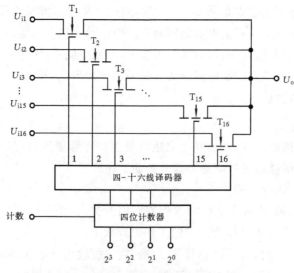

图 3-5　集成电路多路开关

由计算机送出四位二进制数,如要选择第 1 路输入信号,则把计数器置成 0001 状态,经四-十六线译码器后,第 1 根线输出高电平,场效应管 T_1 导通,$U_o = U_{i1}$,选中第 1 路信号。如果要连续选通第 1 路到第 3 路的信号,可以在计数器加入计数脉冲,每加入一次脉冲,计数器加 1,状态依次变为 0001,0010,0011。

3.2.2　多路开关的主要指标

多路开关的主要技术指标可综述如下:

- R_{ON}:导通电阻;
- R_{ONVS}:导通电阻温度漂移;
- I_C:开关接通电流;
- I_S:开关断开时的泄漏电流;
- C_S:开关断开时,开关对地电容;
- C_{OUT}:开关断开时,输出端对地电容;
- t_{ON}:选通信号 EN 达到 50% 这一点时到开关接通时的延迟时间;
- t_{OFF}:选通信号 EN 达到 50% 这一点时到开关断开时的延迟时间;
- t_{OPEN}:开关切换时间,即当两个通道均为断开时,开关从一个通道的接通状态转到另一个通道的接通状态并达到稳定所用的时间。

3.3　多路开关集成芯片

3.3.1　无译码器的多路开关

无译码器的多路开关有 TL182C、AD7510、AD7511、AD7512 等。AD7510 芯片外观如图 3 - 6 所示,AD7510 芯片结构如图 3 - 7 所示。AD7510 芯片为 16 脚双列直插式封装。芯片中无译码器,四个通道开关都有各自的控制端,所以这种芯片中每一个开关都可程控逐个顺序通断,也可程控多个开关同时通断,使用方式比较灵活,但由于引脚较多,使得片内所集成的开关较少,当巡回检测点较多时,控制复杂。

图 3 - 6　AD7510 芯片

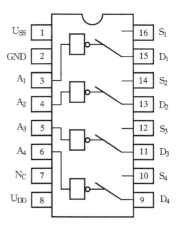

图 3 - 7　AD7510 芯片结构

3.3.2　有译码器的多路开关

1. AD7501(AD7503)

AD7501芯片外观如图3-8所示。图3-9所示为AD7501 (AD7503)芯片内部结构及引脚功能。由图3-9可见,AD7501 采用16脚双列直插式封装,脚14和脚15分别接±15V电源,脚 2(GND)接地。

图3-8　AD7501芯片

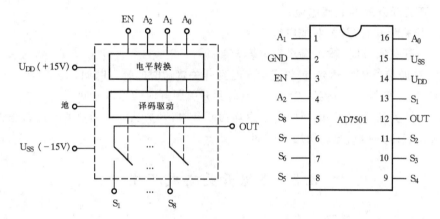

图3-9　AD7501（AD7503）芯片结构及引脚功能

AD7501是具有8个输入通道($S_1 \sim S_8$)、一个输出通道(OUT)的多路CMOS开关。由 三个地址线(A_0、A_1、A_2)及使能端EN的状态来选择8个输入通道之一与输出端导通。片上 所有逻辑输入与TTL/DTL及CMOS电路兼容。

AD7501的真值表见表3-1。

表3-1　AD7501真值表

A_2	A_1	A_0	EN	导通
0	0	0	1	1
0	0	1	1	2
0	1	0	1	3
0	1	1	1	4
1	0	0	1	5
1	0	1	1	6
1	1	0	1	7
1	1	1	1	8
×	×	×	0	无

AD7503除EN端的控制逻辑电平相反外,其他与AD7501相同。

2. AD7502

AD7502芯片外观如图3-10所示。图3-11所示为AD7502 芯片结构及引脚功能图。由图3-11可见,AD7502采用16脚双列 直插式封装,脚14和脚15分别接±15V电源,脚2(GND)接地。 脚12为1~4输入通道的输出(OUT)端。脚4为5~8输入通道的

图3-10　AD7502芯片

输出(OUT)端。

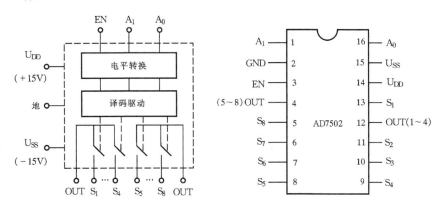

图 3 - 11　AD7502 芯片结构及引脚功能

AD7502 是一种双 4 通道多路开关芯片,依据两位二进制地址线(A_0,A_1)及选通端(EN)的状态来选择 8 路输入的两路,分别与两个输出端相接通。表 3 - 2 是 AD7502 的真值表。

注意:AD7501、AD7502、AD7503 芯片都是单向多到一的多路开关,即信号只允许从多个(8 个)输入端向一个输出端传送。

表 3 - 2　　AD7502 真值表

A_1	A_0	EN	接通通道
0	0	1	1 和 5
0	1	1	2 和 6
1	0	1	3 和 7
1	1	1	4 和 8
×	×	0	无

3. CD4051

CD4051 芯片外观如图 3 - 12 所示。

图 3 - 13 所示为 CD4051 芯片结构及引脚功能图。它采用 16 脚双列直插式封装。CD4051 为 8 通道单刀结构形式,它允许双向使用,既可用于多到一的切换输出,也可用于一到多的输出切换。CD4051 由三根地址线 A、B、C 及控制线 $\overline{\text{INH}}$ 的状态来选择 8 路中的一路,$\overline{\text{INH}}$ =0(低电平),芯片使能,其真值表见表 3 - 3。

图 3 - 12　CD4051 芯片

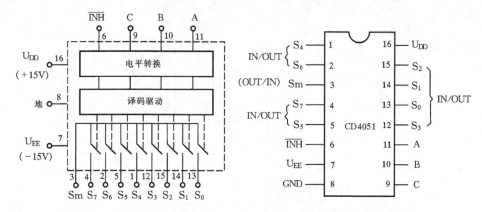

图 3 - 13　CD4051 芯片结构及引脚功能

表 3 - 3　CD4051 真值表

$\overline{INH}$	C	B	A	接通通道
0	0	0	0	S_0
0	0	0	1	S_1
0	0	1	0	S_2
0	0	1	1	S_3
0	1	0	0	S_4
0	1	0	1	S_5
0	1	1	0	S_6
0	1	1	1	S_7
1	×	×	×	无

4. CD4052

　　CD4052 芯片外观如图 3 - 14 所示。图 3 - 15 所示为 CD4052 芯片结构及引脚功能图。CD4052 采用 16 脚双列直插式封装,该芯片为 4 通道双刀结构形式,因此可以同时驱动两个通道。另外,CD4052 允许双向使用,既可用于多到一的切换,也可用于一到多的切换,CD4052 由 2 根地址线 A、B 及控制线 $\overline{INH}$ 的状态来选择 4 组中的一组,$\overline{INH} = 0$(低电平),芯片使能,其真值表见表 3 - 4。

图 3 - 14　CD4052 芯片

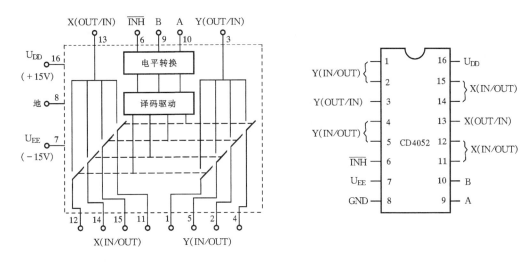

图 3 - 15 CD4052 芯片结构及引脚功能

表 3 - 4 CD4052 真值表

输	入		接通	通道
$\overline{INH}$	A	B	X	Y
0	0	0	0	0
0	0	1	1	1
0	1	0	2	2
0	1	1	3	3
1	×	×	不通	不通

表 3 - 5 列出了部分多路开关的性能参数,供使用时参考。

表 3 - 5 部分多路开关性能参数

特性 型号	R_{ON} /Ω	R_{ONVS} /℃	I_S /nA	I_{OUT} /nA	t_{ON} /μs	t_{OFF} /μs	C_S /pF	C_{OUT} /pF	逻辑电平 /V	电源	输入 方式	输入 电流、电压
AD7501	170	0.5%	0.2	1～5	0.8	0.8	5	30	0.8～3 J	±15 V	8 路	35 mA
AD7503	～300		～2						2.4 ks	800 μA	两开关	
AD7502	同上	同上	同上	0.6～5	同上	同上	同上	15			双 4 路	间电压
AD7506	400	同上	0.05	0.03	同上	同上	同上	40	0.8～3 J	±15 V	16 路	25 V
CD4051	270			±0.08					5 V 电源	1 mA	双向	
									1.5～3.5 V	+5～+15 V		

3.4 多路开关的电路特性

要想用好模拟多路开关,只了解它的结构及引脚功能是不够的,还需要进一步了解它的电路特性。

为了便于讨论,模拟多路开关中的一个开关用图 3 - 16 所示的等效电路来表示。其中,R_S 为信号源 U_S 的内阻,C_I 为开关的输入电容(包括输入电路的电容),R_{ON} 是开关的导通电阻,R_{OFF} 是开关断开时的电阻,C_{IO} 是跨接在开关输入与输出端上的电容,C_O 是输出电容,R_L 和 C_L 为负载的电阻和电容。本节将根据该等效电路讨论影响多路开关使用的问题。

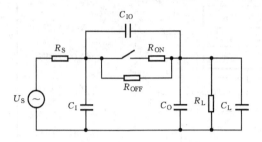

图 3-16　模拟多路开关中一个开关的等效电路

1. 漏电流

漏电流是指通过断开的模拟开关的电流。在 n 个模拟开关的并联组合中,当一个开关导通时,其他 $n-1$ 个开关是断开的,它们的漏电流将通过导通的开关流经信号源,如图 3-17 所示。这样,将在输出端形成一个误差电压 U_{OE} 。一般情况下有

$$R_L \gg R_{ON} + R_S$$

因而　　　　　　$U_{OE} = (n-1)I_S(R_S + R_{ON})$　　　　(3-1)

式中:n 为并联的模拟开关数;I_S 为单个开关断开时的漏电流。

举例来说,如用两个AD7503构成16路输入通道。由表 3-5 可知,AD7503 每个通道断开时的漏电流 $I_S = 2$ nA (25℃),其导通内阻 $R_{ON} = 300\ \Omega$,设 $R_S = 1000\ \Omega$,则由式 (3-1) 可以算出漏电流引起的输出误差电压为

$$U_{OE} = 15 \times (2 \times 10^{-9}) \times (1.3 \times 10^3) = 39 \times 10^{-6}\ \text{V}$$

设该系统的满量程输入电压为 100 mV,采用 12 位 A/D 转换器,每个量化级是 24.4 μV,则误差电压大于系统的量化单位。

如果通道数增加或信号源内阻很大时,情况还要严重。改进的方法是采用分级结合电路。图 3-18 所示为将 $3n$ 个通道分成 3 组,再用 3 个第二级的开关接到输出端。这样将使流到输出端的漏电流由 $(3n-1)I_S$ 降到 $(n-1)I_S$,差不多减至 $\dfrac{1}{3}$ 。

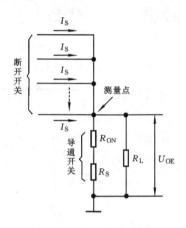

图 3-17　漏电流电路

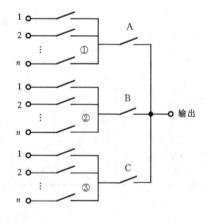

图 3-18　多路开关的分级组合

2. 动态响应

在多路开关的应用中,与其动态响应有关的参数有两个:一个是开关的切换时间,另一个是开关闭合以后系统的带宽。

多路开关动态响应的等效电路如图 3-19 所示。其中 C_T 表示连到测试点的所有开关输

出电容 C_{OT} 与负载电容 C_L 之和（$C_T = C_{OT} + C_L$）。图 3-19 所示的等效电路虽然不是很精确，但可以用来进行估算，如果估算出的值是实际需要值的 2～5 倍，则相应系统多数能满足需要。反之，如果估算出来的值比需要的值差 1～2 倍，那就必须做更详细的分析。

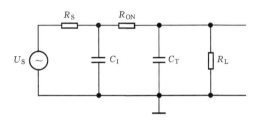

图 3-19 动态响应的等效电路

先来研究设定时间问题。设 $C_I \ll C_T$，则化简图 3-19 的电路，可以得到时间常数 T_C 为

$$T_C = (R_S + R_{ON}) \cdot C_T \tag{3-2}$$

不难证明，对时间常数为 T_C 的 RC 电路，其设定时间 t_S 为

$$t_S = T_C \ln \frac{100}{误差} \tag{3-3}$$

例 3.1 设 $R_{ON} = 100\ \Omega$，$C_{OT} = 100\ \mathrm{pF}$，$C_L = 20\ \mathrm{pF}$，$R_L = 10\ \mathrm{M\Omega}$，$C_I = 5\ \mathrm{pF}$，精度为 0.1%，求设定时间 t_S。

解 当 $R_S = 0$ 时，有

$$t_S = (R_S + R_{ON}) \cdot C_T \cdot \ln \frac{100}{误差} = 100 \times 120 \times 10^{-12} \times \ln \frac{100}{0.1}$$

$$= 1.20 \times 10^{-8} \times \ln 1000$$

$$= 8.29 \times 10^{-8}$$

$$= 82.9\ \mathrm{ns}$$

当 $R_S = 2000\ \Omega$ 时，有

$$t_S = 2100 \times 120 \times 10^{-12} \times \ln \frac{100}{0.1} = 25.2 \times 10^{-8} \times \ln 1000 = 174.1 \times 10^{-8} = 1.74\ \mu s$$

从以上计算可以清楚地看到，信号源的内阻对多路开关的切换时间有重要的影响，阻值越小，开关的动作就越快。因此，对于高内阻的信号源，可用阻抗变换器（如跟随器）将阻抗变低后再接多路开关。

另外，采用图 3-18 所示的多路开关分级组合结构，将使输出总电容 C_{OT} 由 $3nC_{OT}$ 降至 $(n+3)C_{OT}$，有利于提高开关的切换速度。

对于开关闭合时的带宽，也可用图 3-19 的电路来研究。设 $C_I \ll C_T$，则该电路的带宽表达式为

$$f_{3dB} = \frac{1}{2\pi(R_S + R_{ON})C_T} \tag{3-4}$$

3. 源负载效应误差

源负载效应误差是指，由信号源电阻 R_S 和开关导通电阻 R_{ON} 与多路开关所接器件的等效电阻 R_L 分压而引起的误差。计算此误差的等效电路如图 3-20 所示。

由于负载效应是一种分压作用，它使输出到 R_L 上的信号减小，因此应合理地设计，使开关

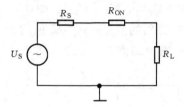

图 3 - 20　源负载效应的等效电路

所接器件的 $R_L \gg (R_S + R_{ON})$。另外,可根据 R_S、R_{ON}、R_L 计算出负载效应引起的衰减,然后用提高下级增益的方法加以补偿。但若各通道的 R_S、R_{ON} 的值分散性很大或温度变化很大时,补偿就很困难。

例 3.2　设某通道 $R_S = 300\Omega$, $R_{ON} = 250\Omega$, $R_L = 5\,\mathrm{M}\Omega$,求负载效应引起的误差。

解　负载效应引起的误差为

$$误差 = \frac{R_S + R_{ON}}{R_S + R_{ON} + R_L} \times 100\%$$

$$= \frac{300 + 250}{300 + 250 + 5 \times 10^6} \times 100\%$$

$$= 0.011\%$$

本例所计算的是直流(静态)误差,交流(动态)频率可用式(3-4)估算。

4. 串扰

串扰是指断开通道的信号电压耦合到接收通道而引起的干扰。在多路开关系统中,串扰是通过断开开关之间的分布电容进入的。图 3-21 是分析串扰的等效电路。在一定条件下,可以把图 3-21(a)的电路简化为图 3-21(b)或图 3-21(c)。但是,即使这样它仍不是一个单时间常数的电路,计算比较复杂。另外,一个接通的通道会受到接在同一输出点的所有其他断开通道的串扰,因而在计算误差电压 U_{OE} 时,必须分别计算各个断开通道的串扰,然后把它们相加。

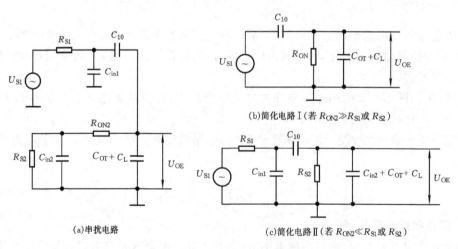

图 3 - 21　计算串扰的等效电路

由图 3-21 可见,减小导通通道的信号源内阻 R_{S2} 和开关的导通电阻 R_{ON} 有利于减小串扰。加大 C_L 也能减小串扰,但不利于动态特性。

5. 其他特性与问题

使用模拟多路开关时还应考虑以下问题。

(1)了解所给出的导通电阻值

通常手册中给出的导通电阻值是对应某一温度的值,而导通电阻值是随温度变化的。另外, R_{ON} 的值也随导通程度不同而不同。

(2)开关是否有死区

某些 CMOS 器件在输入范围的中间有一个传送中断点(开关断开),一般发生在栅极电压不够高的情况下。

(3)开关动作是否"先断后合"

多路开关在做通道转换时,正确的动作应是先断开导通的通道,然后再接通待接通的通道,即"先断后合"。如果是"先合后断",就会发生两个通道短接,严重时会损坏信号源或开关本身。

(4)开关速度与功耗的关系

许多多路开关的功耗是其速度的函数,功耗须按开关工作频率估算。

(5)噪声

应该了解开关噪声(热噪声或 $\frac{1}{f}$ 噪声)的情况,因为能够采集到的最低信号电平受噪声大小的限制。

3.5　多路开关的配置

模拟多路开关将多路输入信号切换到公共采样/保持器或 A/D 转换器的方法有以下两种。

1. 单端接法

单端接法是把所有输入信号源一端接至同一个信号地,然后再将信号地与 A/D 转换器的模拟地相接,输入信号源另一端接至多路开关输入端,如图 3-22 所示。其中,图 3-22(a)的接法可保证系统的共模抑制能力,而无需减少一半通道数。这种接法仅适用于所有输入信号均参考一个公共电位,而且各信号源均置于同样的噪声环境,否则要引入附加的差模干扰,所以这种方法应用范围较窄。

图 3-22(b)的接法应用在所有输入信号相对于系统模拟公共地的测量上,而且信号电平显著大于出现在系统中的共模电压 U_{cm} ,此时系统的共模抑制能力基本未发挥,但系统可以得到最大的通道数。

2. 双端接法

双端接法是把所有输入信号源的两端各自分别接至多路开关的输入端,如图 3-23 所示。

当信号源的信噪比较小时,必须使用此接法。这种接法抗共模干扰能力强,适用于采集低电平信号,但实际通道数只有单端接法的一半。

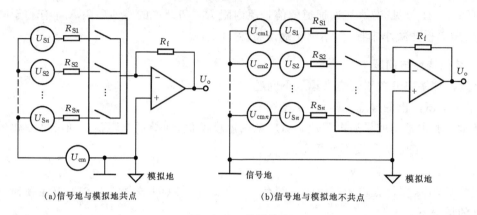

(a)信号地与模拟地共点　　　　　　　　　　(b)信号地与模拟地不共点

图 3 - 22　单端接法

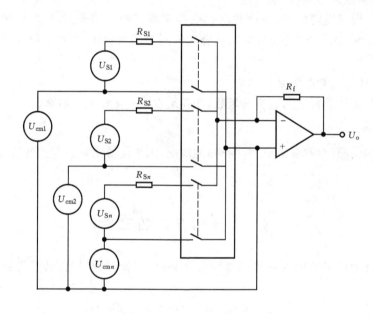

图 3 - 23　双端接法

> **应该指出**：多路开关从一个通道切换到另一个通道时会发生瞬变现象，使输出产生短暂的尖峰电压，如果此时采集多路开关输出的信号，就会引入误差。

为了消除多路开关在做通道切换时产生的误差，可用软件延时的方法等待一段时间，待多路开关稳定下来之后再采样。

例 3.3　设计一个数据采集传输通道，要求单端接法时能提供 32 条通道，双端接法时能提供 16 条通道。

解　能满足上述要求的通道方案如图 3 - 24 所示。在图中，多路开关 $U_1 \sim U_4$(CD4051)提供了 32 条(单端)通路($CH_0 \sim CH_{31}$)。CPU 输出一字节控制码存入 D 寄存器(74LS273)，其中 D_0、D_1、D_2 位分别作为多路开关的地址线 A、B 和 C，$D_3 \sim D_6$ 位分别作为 $U_1 \sim U_4$ 的控制信号 $\overline{INH}$。单端和双端输入的选择方法如下。

(1)如果选单端输入，可把图中短接柱 KA 的 1 - 2、3 - 4 短接；再把短接柱 KB 的 2 - 3、

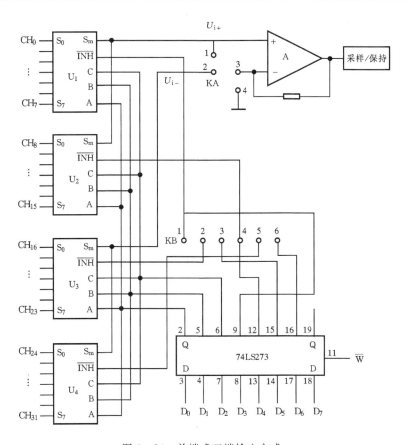

图 3 - 24 单端或双端输入方式

5 - 6短接,则可提供 32 路输入信号的通道(CH$_0 \sim$ CH$_{31}$)。

(2)如果选双端输入,则可输入 16 路信号,每路信号占两个端子开关,其中 CH$_0 \sim$ CH$_{15}$ 为信号正端 U$_{i+}$, CH$_{16} \sim$ CH$_{31}$ 为信号负端 U$_{i-}$,为此可把短接柱 KA 的 2 - 3 短接,再把短接柱 KB 的 1 - 2、4 - 5 短接。此时控制码的 D$_3$ 位作为 U$_1$ 和 U$_3$ 的控制信号 $\overline{\text{INH}}$,而 D$_4$ 位作为 U$_2$ 和 U$_4$ 的控制信号 $\overline{\text{INH}}$ 。这样,就提供了 16 路双端输入信号的通路。

3.6 模拟多路开关的应用

3.6.1 通道的扩展方法

在数据采集系统中,实际采样点可多达几十个甚至几百个,而一片模拟多路开关的通道数最多是 8 路。因此应对通道加以扩展,才能满足需要。通道数一般为 2^N 个,例如当 $N = 3$ 、4、5、6、7 时,通道数依次为 8、16、32、64、128。将多个多路开关加以组合,可构成较多个通道,但受接线电阻、漏电、开关速度等诸因素的限制,通道也不可能无限制的扩展。

CD4051 为 8 路模拟开关,如果使用的通道数超过 8 个,就需要进行扩展。扩展通道的方法大致有以下三种。

(1)将 N 片 CD4051 加以组合,用门电路(例如或门、反相器等)组成地址译码器,产生 N 个选址信号(相当于片选信号,低电平有效),分别接各片 CD4051 的禁止端,即可把通道数扩展为 $8N$ 个。

(2)将 N 片 CD4051 加以组合,采用集成的地址译码器产生 N 个选址信号。

(3)将 N 片 CD4051 加以组合,另外使用一片 CD4051 完成地址译码功能。

图 3-25 是 32 路选 1 电路,从 0～31 共 32 个通道。

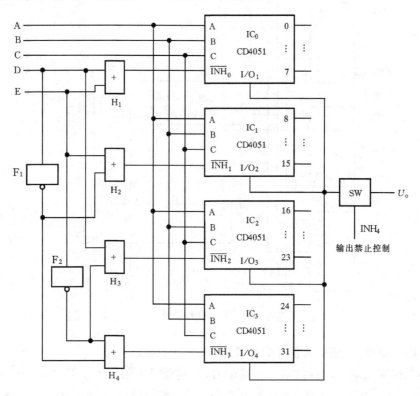

图 3-25　32 路单端输入时 CD4051 的连接方法

电路中使用 4 片 CD4051:$IC_0 \sim IC_3$。利用或门 $H_1 \sim H_4$ 和反相器 F_1、F_2,将原来的三位地址(A、B、C)扩展成五位地址(A、B、C、D、E)。高位地址 E 和 D 分别控制 $IC_0 \sim IC_3$ 的禁止端,逻辑关系是:

$$\overline{INH_0} = \overline{D} + \overline{E}$$

$$\overline{INH_1} = D + \overline{E}$$

$$\overline{INH_2} = \overline{D} + E$$

$$\overline{INH_3} = D + E$$

具体情况参见表 3-6。例如当 E＝D＝0 时,$\overline{INH_0}$＝0,而其他禁止端均为 1,IC_0 就被选中,构成 0～7 通道。其余通道的情况可以类推。图 3-25 中 SW 是外接模拟开关,利用它的禁止端 INH_4 作为总的输出控制端。

利用上述原理,还可以扩展成 64 通道、128 通道。

表 3 - 6 高位地址与禁止端的逻辑关系

E	D	$\overline{\text{INH}_0}$	$\overline{\text{INH}_1}$	$\overline{\text{INH}_2}$	$\overline{\text{INH}_3}$	选中的片子	构成的通道
0	0	0	1	1	1	IC_0	0～7
0	1	1	0	1	1	IC_1	8～15
1	0	1	1	0	1	IC_2	16～23
1	1	1	1	1	0	IC_3	24～31

3.6.2 组成增益可程控的电压运算放大器

图 3 - 26 为读者所熟悉的典型同相电压运放,其增益为

$$K \approx \frac{R_2}{R_1} \qquad (3-5)$$

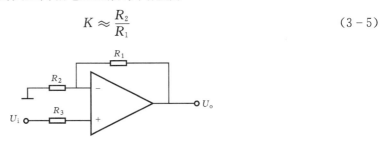

图 3 - 26 同相电压运放

应使运算放大器两输入端的等效输入电阻相等,即

$$R_3 = R_1 // R_2 \qquad (3-6)$$

式中: R_3 应包含输入信号源内阻。

由式(3-6)知,要实现运放增益的程控,只需程控 R_1 或 R_2 ,而在改变 R_1 或 R_2 的同时,也必须相应调节 R_3 的大小。这可选用双刀多路开关来实现。图 3 - 27 为用 CD4052 多路开关

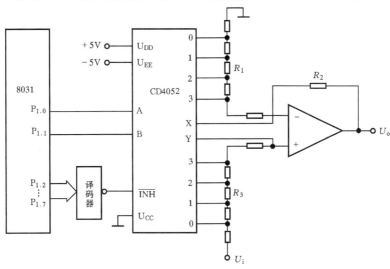

图 3 - 27 CD4052 与 8031 单片机组成程控运放增益

组成的 4 级增益程控运算放大器,运放的增益通过改变电阻 R_1 来实现,有利于接口的简化,这样 U_{DD} 和 U_{EE} 的大小只需根据 U_i 值来确定。由于图中 $U_{DD} = +5$ V, $U_{EE} = -5$ V,所以 U_i 的大小应满足 $-5V \leqslant U_i \leqslant +5$ V。$U_{DD} = +5V$,单片机不需经电平转换器直接对 CD4052 通道寻址。多路开关芯片的选通利用 8031 单片机 P_1 口 $P_{1 \cdot 2} \sim P_{1 \cdot 7}$ 端线输出代码经译码器进行,这样有利于单片机寻址范围扩充。而 $P_{1 \cdot 0} \sim P_{1 \cdot 1}$ 直接与多路开关芯片的 A、B 引脚相接,作为选通信号的通道。

习题与思考题

1. 模拟多路开关的接通电阻 R_{ON} 比一般的电子开关更大还是更小?

2. 模拟多路开关输入端一般是几个端子? 输出端为几个端子的通道选择器?

3. 某数据采集系统具有 8 个模拟通道。各通道输入信号的频率可达 5 kHz,而且至少要用每个采样周期 10 个采样点的速度进行采样。问:

(1)多路开关的切换速率应是多少?

(2)可选用什么类型的多路开关?

4. 某数据采集系统要求有 20 路模拟开关通道。信号电平范围为 100 mV,并要求开关的导通电阻不到 1 Ω。各通道信号的频率为 2.5 Hz,要求每个采样周期至少采 5 个样点。问:

(1)开关切换率是多少?

(2)采用什么样的多路开关是合适的?

第4章 测量放大器

4.1 概 述

在数据采集系统中,被检测的物理量经过传感器变换成模拟电信号,往往是很微弱的微伏级信号(例如热电偶的输出信号),需要用放大器加以放大。现在市场可以采购到各种放大器(如通用运算放大器、测量放大器等),由于通用运算放大器一般都具有毫伏级的失调电压和每度数微伏的温漂,因此通用运算放大器不能直接用于放大微弱信号,而测量放大器则能较好地实现此功能。

测量放大器是一种带有精密差动电压增益的器件,由于它具有高输入阻抗、低输出阻抗、强抗共模干扰能力、低温漂、低失调电压和高稳定增益等特点,使其在检测微弱信号的系统中被广泛用作前置放大器。

4.2 测量放大器的电路原理

测量放大器的电路原理如图 4-1 所示。由图可见,测量放大器是由三个运放构成,并分为二级:第一级是两个同相放大器 A_1、A_2,因此输入阻抗高;第二级是普通的差动放大器,把双端输入变为对地的单端输出。下面以图 4-1 所示的测量放大器电路原理为例,讨论两个问题:测量放大器的增益和抗共模干扰能力。

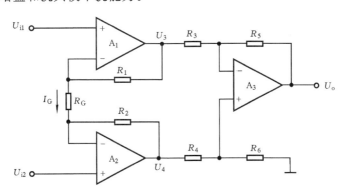

图 4-1 测量放大器原理电路

1. 测量放大器的增益

测量放大器的增益可用以下公式确定

$$K = \frac{U_o}{U_{i1} - U_{i2}} = \frac{(U_3 - U_4)U_o}{(U_{i1} - U_{i2})(U_3 - U_4)} \qquad (4-1)$$

因为
$$U_3 = U_{i1} + I_G R_1 \tag{4-2}$$
$$U_4 = U_{i2} - I_G R_2 \tag{4-3}$$
$$I_G = \frac{U_{i1} - U_{i2}}{R_G} \tag{4-4}$$

所以
$$\frac{U_3 - U_4}{U_{i1} - U_{i2}} = \frac{R_G + R_1 + R_2}{R_G}$$

而测量放大器输出电压为
$$U_o = U_4 \left[\frac{R_6}{R_4 + R_6} \left(1 + \frac{R_5}{R_3} \right) \right] - U_3 \frac{R_5}{R_3} \tag{4-5}$$

为提高共模抑制比和降低温漂影响,测量放大器采用对称结构,即取 $R_1 = R_2$,$R_3 = R_4$,$R_5 = R_6$,联立解式(4-1)~式(4-5)并整理得
$$K = \frac{U_o}{U_{i1} - U_{i2}} = - \left(1 + \frac{2R_1}{R_G} \right) \frac{R_5}{R_3} \tag{4-6}$$

所以,通过调节外接电阻 R_G 的大小可以很方便地改变测量放大器的增益。

2. 抗共模干扰能力

由图 4-1 可知,对于直流共模信号,由于 $I_G = 0$,当 $R_3 = R_4 = R_5 = R_6$ 时,$U_o = 0$,所以测量放大器对直流共模信号的抑制比为无穷大。但对于交流共模信号,情况就不一样了,因为输入信号的传输线存在线阻 R_{i1}、R_{i2} 和分布电容 C_1、C_2,如图 4-2 所示。显然,$R_{i1} C_1$ 和 $R_{i2} C_2$ 可分别对地构成回路,当 $R_{i1} C_1 \neq R_{i2} C_2$ 时,交流共模信号在两运放输入端产生分压,其电压分别为 U_{i1} 和 U_{i2},且 $U_{i1} \neq U_{i2}$,所以 $I_G \neq 0$,对输入信号产生干扰。

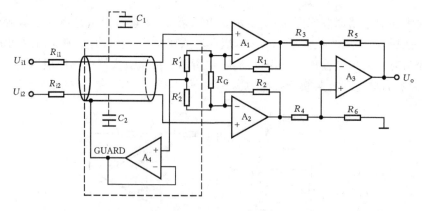

图 4-2　交流共模干扰影响及抑止方法

要抑制交流共模信号的干扰,可在其输入端加接一个输入保护电路(如图 4-2 中的虚线框部分)和把信号线屏蔽起来,这就是所谓的"输入保护"。当 $R'_1 = R'_2$ 时,由于屏蔽层和信号线间对交流共模信号是等电位的,因此 C_1 和 C_2 的分压作用就不存在,从而大大降低了共模交流信号的影响(因为正常使用的情况下,$C_1 \gg C_2$)。

虽然目前市场也有高精、低漂移的运算放大器(如 OP07,AD517 等),但在弱信号、强干扰的环境中应用,仍代替不了测量放大器,这是因为:

(1)为了提高抗共模干扰能力和抑止漂移影响,通常要求运放的两个输入电阻对称。这样,一则运放的输入阻抗受反馈电阻影响不可能做得很高,因此不适于作为多点检测的前置放

大器(因为信号源内阻不同,放大器增益也不同);二则调节增益不方便,因为要保证两输入端电阻对称,必须在改变反馈量(调节增益)的同时,相应调节另一输入端等效输入电阻。

(2)抗共模干扰的能力低于测量放大器,尤其是对交流共模信号,原因是它无法接入"输入保护"电路。

4.3 测量放大器的主要技术指标

测量放大器的主要技术指标有以下几个。

1. 非线性度

它是指放大器实际输出输入关系曲线与理想直线的偏差。当增益为 1 时,如果一个 12 位 A/D 转换器有 ±0.025% 的非线性偏差,当增益为 500 时,非线性偏差可达到 ±0.1%,相当于把 12 位 A/D 转换器变成 10 位以下转换器,故在选择测量放大器时,一定要选择非线性度偏差小于 0.024% 的测量放大器。

2. 温漂

温漂是指测量放大器输出电压随温度变化而变化的程度。通常测量放大器的输出电压会随温度的变化而发生 $1 \sim 50~\mu V/℃$ 的变化,这也与测量放大器的增益有关。例如,一个温漂 $2\mu V/℃$ 的测量放大器,当其增益为 1000 时,测量放大器的输出电压产生约 20 mV 的变化。这个数字相当于 12 位 A/D 转换器在满量程为 10 V 的 8 个 LSB 值。所以在选择测量放大器时,要根据所选 A/D 转换器的绝对精度尽量选择温漂小的测量放大器。

3. 建立时间

建立时间是指从阶跃信号驱动瞬间至测量放大器输出电压达到并保持在给定误差范围内所需的时间。

测量放大器的建立时间随其增益的增加而上升。当增益>200 时,为达到误差范围 ±0.01%,往往要求建立时间为 $50 \sim 100~\mu s$,有时甚至要求高达 350 μs 的建立时间。可在更宽增益区间采用程序编程的放大器,以满足精度的要求。

4. 恢复时间

恢复时间是指放大器撤除驱动信号瞬间至放大器由饱和状态恢复到最终值所需的时间。显然,放大器的建立时间和恢复时间直接影响数据采集系统的采样速率。

5. 电源引起的失调

电源引起的失调是指电源电压每变化 1%,引起放大器的漂移电压值。测量放大器一般用作数据采集系统的前置放大器,对于共电源系统,该指标则是设计系统稳压电源的主要依据之一。

6. 共模抑制比

当放大器两个输入端具有等量电压变化值 U_{in} 时,在放大器输出端测量出电压变化值 U_{cm},则共模抑制比 $CMRR$ 可用下式计算

$$CMRR = 20\log \frac{U_{cm}}{U_{in}}$$

　　$CMRR$ 也是放大器增益的函数,它随增益的增加而增大,这是因为测量放大器具有一个不放大共模的前端结构,这个前端结构对差动信号有增益,对共模信号没有增益,但 $CMRR$ 的计算却是折合到放大器输出端,这样就使 $CMRR$ 随增益的增加而增大。

4.4　测量放大器集成芯片

　　现在市场销售的集成放大器芯片有多种型号,其中美国 Analog Devices 公司提供的 AD521 和 AD522 型放大器,就是按照上述原理设计的单片集成测量放大器。其他型号的测量放大器在电路上虽然有所差别,但它们的外部性能都是基本一样的。下面介绍这两种集成测量放大器。

4.4.1　AD521

　　AD521 芯片外观如图 4-3 所示。

　　AD521 是集成测量放大器,采用 14 脚双列直插式封装,其引脚功能如图 4-4 所示。

图 4-3　AD521 芯片

　　引脚 OFFSET(4,6)用于调整放大器零点,调整线路是芯片 4、6 端接到 10 kΩ 电位器的两个固定端,电位器滑动端接负电源 U^-(脚 5),AD521 基本连接如图 4-5 所示。

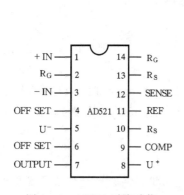

图 4-4　AD521 引脚功能

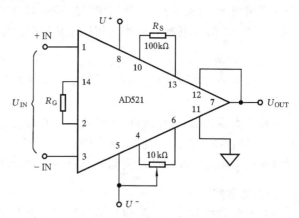

图 4-5　AD521 基本连接方法

　　引脚 R_G(2,14)用于外接电阻 R_G,电阻 R_G 用于调整放大倍数。

　　测量放大器的放大倍数按如下公式计算

$$G = \frac{U_{OUT}}{U_{IN}} = \frac{R_S}{R_G}$$

其放大倍数可在 1~1000 的范围内调整。

　　引脚 R_S(10,13)用于外接电阻 R_S,电阻 R_S 用于对放大倍数进行微调。选用 $R_S = 100$ kΩ ± 15% 时,可以得到比较稳定的放大倍数。

　　AD521 的技术指标见表 4-1。

表 4 - 1　AD521 技术指标

参　　数	AD521J	AD521K	AD521L	AD521S	说　　明
放大倍数 $G=\dfrac{R_{\mathrm{S}}}{R_{\mathrm{G}}}$ 可调范围 温度稳定度	$1\sim1000$ $\pm(3\pm0.05G)$ $\times10^{-6}/℃$	＊ ＊	＊ ＊	＊ $\pm(15\pm0.4G)$ $\times10^{-6}/℃$	＊与 J 档相同
动态特性 小信号带宽 $G=1$ $G=10$ $G=100$ $G=1000$ 上升率 $(1\leqslant G\leqslant1000)$	$>2\mathrm{MHz}$ $300\mathrm{kHz}$ $200\mathrm{kHz}$ $40\mathrm{kHz}$ $10\mathrm{V}/\mu\mathrm{s}$	＊ ＊ ＊ ＊ ＊	＊ ＊ ＊ ＊ ＊	＊ ＊ ＊ ＊ ＊	下降 3dB
失调电压 温漂系数 电源引起的失调	$2\ \mathrm{mV}$ $7\mu\mathrm{V}/℃$ $3\mu\mathrm{V}/\%$	$0.5\mathrm{mV}$ $1.5\mu\mathrm{V}/℃$ ＊	$0.5\mathrm{mV}$ $2\mu\mathrm{V}/℃$ ＊	＊＊ ＊ ＊	＊＊与 K 档相同 电源每变化 1% 引起 $3\mu\mathrm{V}$ 失调电压
偏置电流	$80\ \mathrm{nA}$	$40\ \mathrm{nA}$			
输入阻抗 差模输入 共模输入	$3\times10^{9}\,\Omega$ $6\times10^{9}\,\Omega$	＊ ＊	＊ ＊	＊ ＊	
共模抑制比 $G=1$ $G=10$ $G=100$ $G=1000$	$74\mathrm{dB}$ $94\mathrm{dB}$ $104\mathrm{dB}$ $110\mathrm{dB}$	$80\mathrm{dB}$ $100\mathrm{dB}$ $114\mathrm{dB}$ $120\mathrm{dB}$	＊＊ ＊＊ ＊＊ ＊＊	＊＊ ＊＊ ＊＊ ＊＊	
电源	$\pm(5\sim18)\mathrm{V}$	＊	＊	＊	正常供电 $\pm15\mathrm{V}$
工作温度范围	$-25℃\sim+85℃$	＊	＊	$-55℃\sim+125℃$	

4.4.2　AD522

AD522 芯片外观如图 4 - 6 所示。

AD522 是集成精密测量放大器,它的非线性度为 $0.005\%(G=100$ 时),在 $0.1\sim100$ Hz 频带内噪声的峰-峰值为 1.5 $\mathrm{mV_{q\text{-}q}}$,其共模抑制比 $CMRR>100$ dB$(G=100)$。AD522 采用 14 脚双列直插式封装,它的引脚功能如图 4 - 7 所示。

引脚 OFFSET$(4,6)$ 用于调整放大器零点,调整线路类似 AD521。AD522 的基本连接如图 4 - 8 所示。

引脚 2 和 14 连接调整放大倍数的电阻 R_{G}。

引脚 13 用于连接信号传输导线的屏蔽网,以减少外电场对输入信号的干扰。

图 4 - 6　AD522 芯片

AD522 的技术指标见表 4-2。

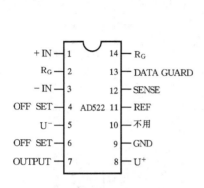

图 4-7　AD522 引脚功能　　　　　图 4-8　AD522 的基本连接

表 4-2　AD522 技术指标

参　数	AD522A	AD522B	AD522S	说　明
放大倍数范围	1～1000	*	*	* 与 A 档相同
最大非线性度				
G=1	0.005%	0.001%	* *	* * 与 B 档相同
G=1000	0.1%	0.005%	* *	
动态特性				
小信号				
G=1	300kHz	*	*	
G=100	3kHz	*	*	
满功率输出	1.5kHz	*	*	
上升率	0.1V/μs	*	*	
失调电压				
G=1	±400 μV	±200 μV	±200 μV	
温漂系数				
G=1	±10 μV/℃	±5 μV/℃	±10 μV/℃	
G=100	±6 μV/℃	±2 μV/℃	±6 μV/℃	
电源引起的漂移				
G=1	20 μV/%	*	*	
G=100	±0.2 μV/%	*	*	
输入偏置电流	±25 nA	±15 nA	±25 nA	
输入阻抗				
差动输入	$10^9\,\Omega$	*	*	
共模输入	$10^9\,\Omega$	*	*	
G=1	90 dB	100 dB	90 dB	U_{CM} =± 10 V
G=100	120 dB	>120 dB	>120 dB	R_L = 1 kΩ
工作温度范围	−55℃～+125℃	*	*	
电源电压	±(5～8) V	*	*	正常±15 V
电流	±10 mA	±8 mA	±8 mA	

4.5　测量放大器的使用

4.5.1　AD521 芯片的使用示例

AD521 与变压器信号、热电偶信号和交流耦合信号的连接如图 4-9 所示。

在使用 AD521(或任何其他测量放大器)时,要特别注意为偏置电流提供回路。如果没有回路,偏置电流就会对杂散电容充电,使输出电压漂移得不可控制。因此,当用测量放大器处理来自热电偶、变压器或交流耦合源的输入信号时,必须使输入端对地有一条通路。为此,AD521 输入端(1 或 3)直接或通过电阻与电源的地线构成回路。

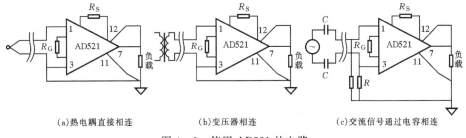

(a)热电耦直接相连　　　　　(b)变压器相连　　　　　(c)交流信号通过电容相连

图 4-9　使用 AD521 的电路

4.5.2　AD522 芯片的使用示例

图 4-10 示出 AD522 用于测量电桥的连接。图中的信号地与电源地连接,为放大器的偏置电流构成回路,同样参考端 11 接地,使负载电流流回电源地。另外,AD522 的引脚 13 为数据护卫输出端(DATA　Guard)可以提供输入信号的共模分量,此共模分量传给屏蔽电缆的屏蔽体,从而提高了交流 CMRR。不用时,此脚应空着。数据护卫端的作用是对输入端进行护卫,以提高系统的共模抑制能力。

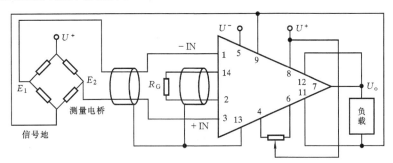

图 4-10　AD522 用于测量电桥的电路

4.6　隔离放大器

隔离放大器主要用于要求共模抑制比高的模拟信号的传输过程中,例如输入数据采集系统的信号是微弱的模拟信号,而测试现场的干扰比较大,对信号的传递精度要求又高,这时可以考虑在模拟信号进入系统之前用隔离放大器进行隔离,以保证系统的可靠性。

为了能正确地使用隔离放大器,下面以一种典型的隔离放大器为例,介绍其结构组成和应用。

4.6.1　隔离放大器的结构

隔离放大器是一种既有一般通用运放的特性,又在其输入端与输出端之间(包括它们所使用的电源之间)无直接耦合通路的放大器,其信息传送通过磁路来实现。

隔离放大器一般由以下五部分组成:①高性能的输入运算放大器;②调制器和解调器;③信号耦合变压器;④输出运算放大器;⑤电源。

图 4 - 11 为美国 AD 公司生产的 Model 277 隔离放大器的内部结构框图。由图 4 - 11 可知,Model 277 隔离放大器也含有上述五个部分,但它分为两个各自屏蔽的模块。

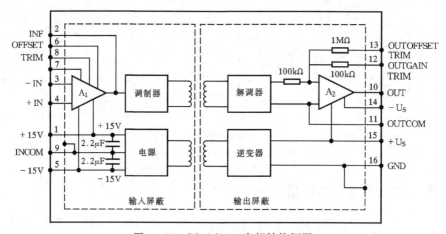

图 4 - 11　Model 277 内部结构框图

1. 输入模块

输入模块由输入运放、调制器和电源组成。其中,运算放大器 A_1 和调制器将输入的模拟直流信号放大后,再变成频率一定的交流信号输出。电源由 DC/AC 逆变器提供高频交流电压,交流电压用于调制器,整流后的直流电压一方面供给输入运算放大器,另一方面还可输出 ±15 V 的直流电(经脚 1、脚 9 和脚 5),最大电流可到 15 mA。图中 6、8、7 引脚为运算放大器 A_1 的调零端。

2. 输出模块

输出模块由运算放大器 A_2、解调器和逆变器组成。其中,解调器将来自输入模块和输出模块间的耦合变压器的次级交流信号变换成直流信号,经运算放大器 A_2 放大后输出。逆变器将来自 15、16 引脚的直流电源变成高频电源后,一方面送解调器,以保证解调器能与调制器同步工作;另一方面经耦合变压器向输入端电源提供高频交流电压。图中 13 引脚经 1 MΩ 电阻与运算放大器 A_2 同相端相连可作为输出调零端。如不用时,应接地以避免由此引入干扰。在 12 和 10 引脚间接入不同电阻可得到不同的闭环增益,如果直接相连则增益为 1。11 引脚必须与外接电源地的 16 引脚形成通路,通常将 11 引脚直接接地或经一电阻接地。

由于隔离放大器输入电路和输出电路间的隔离电阻高达 10^{12} Ω,因此,共模信号在输入回路中所产生的电流很小,从而提高了放大器共模抑制比(Model 277 芯片共模抑制比高达 100 dB)。

Model 277 隔离放大器的一些主要参数如下:

输入回路

  开环增益： > 106 dB；

  失调电压： $\pm 1.5\ \mu$V；

  温漂系数： $\pm 3\ \mu$V/℃；

  偏置电流： ± 60 nA；

  差动输入阻抗： 4 MΩ；

  共模输入阻抗： 100 MΩ。

输出回路

  隔离电阻： 10^{12} Ω；

  小信号带宽：   2.5 kHz；

  满功率带宽：   1.5 kHz。

供电电源电压： $\pm 14\sim \pm 16$ V。

供电电源电流： $+35$ mA，-5 mA。

工作温度范围： -25℃$\sim +85$℃。

4.6.2　隔离放大器的应用

1. 构成同相比例放大器

图 4-12 为 Model 277 芯片用作同相比例放大器时的电路图。运算放大器 A_1 作同相放大。该隔离放大器的增益 K 约等于输出回路增益 K_2 和输入回路增益 K_1 的乘积，即

$$K = K_1 \cdot K_2 \tag{4-7}$$

因为

$$K_1 = 1 + \frac{R_f}{R_1}, \quad K_2 = 1$$

所以

$$K = 1 + \frac{R_f}{R_1} \tag{4-8}$$

  运算放大器 A_1 作跟随器用，接在引脚 6、7、8 上的 20 kΩ 电位器用于运算放大器 A_1 的调零；接在引脚 13、14、15 上的 100 kΩ 电位器用于运算放大器 A_2 的调零。

  如果将图 4-12 中的 R_1 换成可变电阻，其电阻由模拟开关 CD4051 芯片控制，即可实现程控隔离放大器增益的目的。当然，如果将程控电阻跨接在引脚 12 和 10 之间也能达到此目的，但是，模拟开关提供的电源和地线的连接必须随之改变。也就是说，若程控 A_1 运放增益，则模拟开关电源必须由浮置电源提供，电源地和输入信号地一致。若程控 A_2 运放增益，则电源由外电源提供，电源地和输出信号地一致。否则就会失去"隔离"的效果。

2. 构成程控隔离放大器

图 4-13 为同时程控运放 A_1 和运放 A_2 来实现程控隔离放大增益。图中用两片 8 位模拟开关分别程控运放 A_1 和运放 A_2 的反馈系数，因此该电路增益可调的档级为 64 级。为了确保不降低系统指标，反馈电阻网络的稳定度至少不得低于隔离放大器的稳定度。其次，从隔离角度来看，CPU 的电源既可由浮置电源提供，也可由外电源提供。如由浮置电源提供，则 CPU 与所有总线信息（CPU 与隔离放大器输入回路间的信号传送线除外）都得经光电耦合器隔离，这势必增加硬件开支。所以，通常 CPU 的电源取自外电源，这样只需隔离输入到隔离放大器输入端的几条信号线即可。

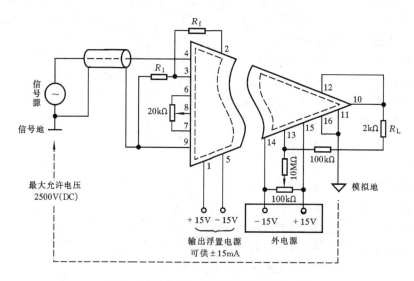

图 4 - 12　Model 277 构成的同相放大器

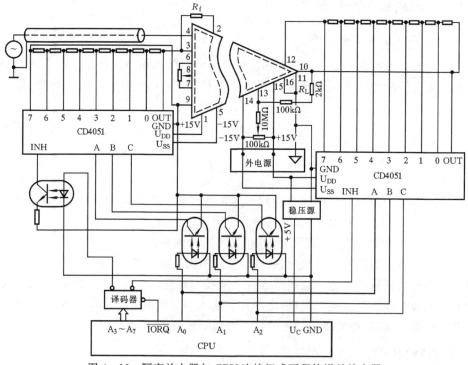

图 4 - 13　隔离放大器与 CPU 连接组成可程控增益放大器

习题与思考题

1. 为什么要在数据采集系统中使用测量放大器?

2. 设一数据采集系统有测量放大器,已知 $R_1 = R_2 = 5\ \text{k}\Omega$,$R_G = 100\ \Omega$,$R_4 = 10\ \text{k}\Omega$,$R_5 = 20\ \text{k}\Omega$,若 R_4 和 R_5 的精度为 0.1%,试求此放大器的增益及 $CMRR$。

3. 设 AD521 测量放大器的增益为 100,试画出其接线原理图,算出外接电阻值的大小。

4. 试分析图 4-2 测量放大器输入级两运放的输入失调电压大小对测量放大器性能指标的影响。要提高测量放大器的性能,对其三个运放的性能有什么特殊要求?

5. 设计一个由 8031 单片机程控隔离放大器增益的接口电路。已知输入信号小于 10 mV,要求当输入信号小于 1 mV 时,增益为 1000,而输入信号每增加 1 mV 时,其增益自动减至原来的 1/2。

第5章 采样/保持器

5.1 概 述

模拟信号进行 A/D 转换时,从启动,转换结束到输出数字量,需要一定的转换时间。在这个转换时间内,模拟信号要基本保持不变。否则转换精度没有保证,特别当输入信号频率较高时,会造成很大的转换误差。要防止这种误差的产生,必须在 A/D 转换开始时将输入信号的电平保持住,而在 A/D 转换结束后又能跟踪输入信号的变化。能完成这种功能的器件叫采样/保持器。从以上的论述可知,采样/保持器在保持阶段相当于一个"模拟信号存储器"。

5.2 采样/保持器的工作原理

采样/保持器是一种具有信号输入、信号输出以及由外部指令控制的模拟门电路。它主要由模拟开关 K、电容 C_H 和缓冲放大器 A 组成,一般结构形式如图 5-1 所示。

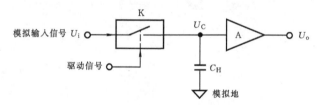

图 5-1 采样/保持器的一般结构形式

采样/保持器工作原理如图 5-2 所示。其工作原理如下。

在 t_1 时刻前,控制电路的驱动信号为高电平时,模拟开关 K 闭合,模拟输入信号 U_i 通过模拟开关 K 加到电容 C_H 上,使得电容 C_H 端电压 U_C 跟随模拟输入信号 U_i 变化而变化,这个时期称为跟踪(或采样)期。在 t_1 时刻,驱动信号为低电平,模拟开关 K 断开,此时电容 C_H 上的电压 U_C 保持模拟开关断开瞬间的 U_i 值不变,并等待 A/D 转换器转换,这个时期称为保持期。而在 t_2 时刻,保持结束,新一个跟踪(采样)时刻到来,此时驱动信号又为高电平,模拟开关 K 重新闭合,电容 C_H 端电压 U_C 又跟随模拟输入信号 U_i 变化而变化,直到 t_3 时刻驱动信号为低电平时,模拟开关 K 断开,……

从以上讨论可知,采样/保持器是一种用逻辑电平控制其工作状态的器件,它具有两个稳定的工作状态。

(1)跟踪(或采样)状态 在此期间它尽可能快地接收模拟输入信号,并精确地跟踪模拟输入信号的变化,一直到接到保持指令为止。

(2)保持状态 对接收到保持指令前一瞬间的模拟输入信号进行保持。

因此,采样/保持器是在"保持"命令发出的瞬间进行保持,而在"跟踪"命令发出时,采样/保持器跟踪模拟输入量为下次保持做准备。

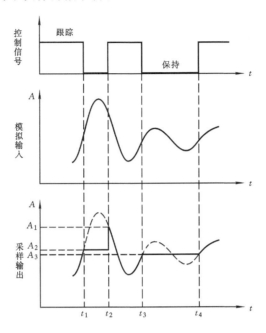

图 5-2　采样/保持器工作原理示意图

在数据采集系统中,采样/保持器主要起以下两种作用。

(1)"稳定"快速变化的输入信号,以利于模/数转换器把模拟信号转换成数字信号,以减少采样误差。

(2)用来储存模拟多路开关输出的模拟信号,这样可使模拟多路开关继续切换下一个待转换的信号。

从以上采样/保持器的工作原理可知,电容 C_H 对采样/保持器的精度有很大的影响。如果电容值过大,则其时间常数大,当模拟信号频率高时,由于电容充放电时间长,将会影响电容对输入信号的跟踪特性,而且在跟踪的瞬间,电容两端的电压会与输入信号电压有一定的误差。而当处于保持状态时,如果电容的漏电流太大,负载的内阻太小,都会引起保持信号电平的变化。

为使采样/保持器有足够的精度,一般在其输入端和输出端均采用缓冲器,以减少信号源的输出阻抗,增加负载的输入阻抗。在选择电容时,容量大小要适宜,以保证其时间常数适中,并选用泄漏小的电容。

5.3　采样/保持器的类型和主要性能参数

5.3.1　采样/保持器的类型

采样/保持器可用通用的元件来组合,也可以使用集成式芯片,目前多使用集成采样/保持器芯片。

采样/保持器按结构可分为两种类型：串联型和反馈型。

1. 串联型采样/保持器

串联型采样/保持器的结构原理如图 5-3 所示。图中 A₁ 和 A₂ 分别是输入和输出缓冲放大器,用以提高采样/保持器的输入阻抗,减小输出阻抗以便与信号源和负载连接；K 是模拟开关,它由控制信号电压 U_K 控制其断开或闭合；C_H 是保持电容器。

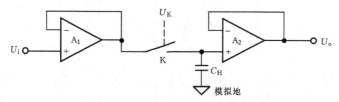

图 5-3　串联型采样/保持器的结构

当开关 K 闭合时,采样/保持器为跟踪状态。由于 A₁ 是高增益放大器,其输出电阻和开关 K 的导通电阻 R_{ON} 都很小,输入信号 U_i 通过 A₁ 对 C_H 的充电速度很快,C_H 的电压将跟踪 U_i 的变化。当 K 断开时,采样/保持器从跟踪状态变为保持状态,这时 C_H 没有充放电回路,在理想情况下,C_H 的电压将一直保持在 K 断开瞬间 U_i 的最终值上。

串联型采样/保持器的优点是结构简单。

串联型采样/保持器的缺点是：它的失调电压为两个运放失调电压之和,因此比较大,影响到采样/保持器的精度。另外,它的跟踪速度也较低。

2. 反馈型采样/保持器

反馈型采样/保持器的结构如图 5-4 所示。其输出电压 U_o 反馈到输入端,使 A₁ 和 A₂ 共同组成一个跟随器。

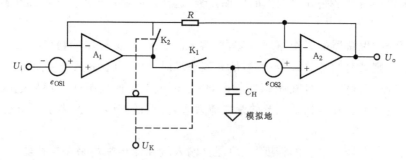

图 5-4　反馈型采样/保持器的结构

开关 K₁ 和 K₂ 有互补的关系,即当 K₁ 闭合时,K₂ 断开；K₂ 闭合时,K₁ 断开。当 K₁ 闭合,K₂ 断开时,两块运放 A₁ 和 A₂ 共同组成一个跟随器,采样/保持器工作于跟踪状态。此时,保持电容 C_H 的端电压 U_C 为

$$U_C \approx U_i + e_{OS1} - e_{OS2} \tag{5-1}$$

式中：e_{OS1} 和 e_{OS2} 分别为运放 A₁、A₂ 的失调电压。

当 K₁ 断开,K₂ 闭合时,采样/保持器工作于保持状态。此时,保持电容 C_H 的端电压 U_C 保持在 K₁ 断开瞬间的 U_i 值上,使 U_o 也保持在这个值上,即

$$U_。 \approx U_C + e_{OS2} = U_i + e_{OS1} \tag{5-2}$$

由此可知,在保持状态,影响输出电压精度的因素是保持状态前瞬间 A_1 运放的失调电压。所以,这种类型的采样/保持器的精度要高于串联型。

> **注意:** 在保持状态,由于 K_2 是闭合的,放大器 A_1 的输出仍在跟踪输入,避免了 A_1 开环而进入饱和,使得当采样/保持器再次转入跟踪状态时,A_1 能立即跟踪 U_i。

另外,反馈型采样/保持器的跟踪速度也较快,因为它是全反馈,直接把输出 $U_。$ 与输入 U_i 比较,如果 $U_。 \neq U_i$,则其差被 A_1 放大,迅速对 C_H 充电。

5.3.2　采样/保持器的主要性能参数

1. 孔径时间 t_{AP}

孔径时间 t_{AP} 是指保持指令给出瞬间到模拟开关有效切断所经历的时间,如图 5-5 所示。

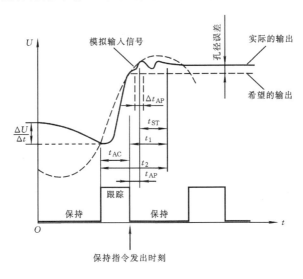

图 5-5　采样/保持全过程
t_1—保持状态建立时间;t_2—采集到输出时间

在采样/保持器中,由于模拟开关从闭合到完全断开需要一定时间,当接到保持指令时,采样/保持器的输出并不保持在指令发出瞬时的输入值上,而会跟着输入变化一段时间。

由于孔径时间的存在,采样/保持器实际保持的输出值与希望的输出值之间存在一定误差,该误差称为孔径误差。如果保持指令与 A/D 转换命令同时发出,则因有孔径时间的存在,所转换的值将不是保持值,而是在 t_{AP} 时间内一个变化着的信号,这将影响转换精度。由图 5-5 可知,在 t_{AP} 后的输出还有一段波动,经过一定时间 t_{ST} 后才保持稳定。为了量化的准确,最好在发出保持指令后延迟一段时间,等采样/保持器的输出稳定后再启动 A/D 转换。

2. 孔径不定 Δt_{AP}

孔径不定 Δt_{AP} 是指孔径时间的变化范围。孔径时间只是使采样时刻延迟,如果每次采样的延迟时间都相同,则对总的采样结果的精确性不会有影响。但若孔径时间在变化,则对精度就会有影响。如果改变保持指令发出的时间,可将孔径时间消除。因此,仅需考虑 Δt_{AP} 对精度及采样频率的影响。

3. 捕捉时间 t_{AC}

捕捉时间 t_{AC} 是指当采样/保持器从保持状态转到跟踪状态时，采样/保持器的输出从保持状态的值变到当前的输入值所需的时间。它包括逻辑输入开关的动作时间、保持电容的充电时间、放大器的设定时间等，如图 5－5 所示。

捕捉时间不影响采样精度，但对采样频率的提高有影响。如果采样/保持器在保持状态时的输出为 $-FSR$，而在保持状态结束时输入已变至 $+FSR$，则以保持状态转至跟踪状态采样/保持器所需的捕捉时间最长，产品手册上给出的 t_{AC} 就是指这种状态的值。

4. 保持电压的下降

当采样/保持器处在保持状态时，由于保持电容器 C_H 的漏电流使保持电压值下降，下降值随保持时间增大而增加，所以，往往用保持电压的下降率来表示，即

$$\frac{\Delta U}{\Delta t}(\text{V/s}) = \frac{I(\text{pA})}{C_H(\text{pF})} \tag{5-3}$$

式中：I 为保持电容 C_H 的漏电流。

为了使保持状态的保持电压的变化率不超过允许的范围，须选用泄漏小的电容 C_H。增加 C_H 的值可使保持电压的变化率不大，但将使 C_H 跟踪 U_i 的速度下降。

5. 馈送

在采样/保持器处于保持状态时，保持电容器 C_H 上的电压应与输入电压 U_i 变化无关。但实际上，由于断开的模拟开关 K 存在着寄生电容 C_S，如图 5－6 所示。因此，输入电压 U_i 的交流分量将通过 C_S 加到 C_H 上，使得输入电压 U_i 的变化也将引起输出电压 U_o 的微小变化，这就是馈送。显然，

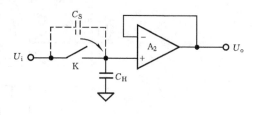

图 5－6　馈送的通路

增大保持电容 C_H 有利于减小馈送，但却不利于采样频率的提高。

6. 跟踪到保持的偏差

跟踪到保持的偏差是指跟踪最终值与建立保持时的保持值之间的偏差电压，这种偏差是电荷转换误差补偿以后剩余的误差。该误差与输入信号有关，是一个不可预估的误差。

7. 电荷转移偏差

采样/保持器的开关为场效应管，栅、漏极间存在寄生电容。在保持指令发出时，栅极电位有一个大的变化 ΔU_g，使一个显著的电荷通过寄生电容转移到保持电容器上，可通过加大保持电容器容量来克服。不过当增大保持电容时，也增大了采样/保持器的响应时间。

以上介绍了采样/保持器主要性能参数，可以看出，采样/保持器的性能在很大程度上取决于保持电容器 C_H 的质量。因此，对于外接保持电容器的采样/保持器，选择优质电容器是至关重要的。在选择保持电容器 C_H 时，重点考虑的是电容器的绝缘电阻和介质吸收性能。那么，什么是保持电容器的介质吸收呢？它对保持电压有什么影响呢？请看下面的讨论。

如果对一个电容器充电到一定电压 U_e，然后对它短路放电一定时间后再开路，电容器上的电压将从零往 U_e 方向缓变。电容器表现出来的"电压记忆"特性称为电容器的介质吸收。

此特性将对保持电压产生误差。图 5-7 是电容器介质吸收造成误差的一个例子。设保持电容原先的保持电压为 +5 V,当由保持状态转为跟踪状态时,采样/保持器输入电压为 -5V。

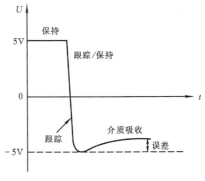

图 5-7　电容器的介质吸收

经过一段时间跟踪,电容器电压变为 -5 V,然后又转为保持状态。这时,电容器电压会逐渐向 +5 V 方向变动,使保持电压发生变动,从而产生误差(为了清楚起见,图中对介质吸收造成的电压变动做了夸大)。因此,需要注意介质吸收性能对保持电压的影响。表 5-1 给出一些符合高精度要求的电容器,供读者在应用时参考。

表 5-1　保持电容器的性能

类　　型	工作温度范围 /℃	25 ℃时绝缘电阻 /M Ω・μF	125 ℃时绝缘电阻 /M Ω・μF	介质吸收 /%
聚碳酸酯	-55～+125	5×10^5	1.5×10^4	0.05
金属化聚碳酸酯	-55～+125	3×10^5	4×10^3	0.05
聚丙烯	-55～+105	7×10^5	5×10^3(105℃)	0.03
金属化聚丙烯	-55～+105	7×10^5	5×10^3(105℃)	0.03
聚苯乙烯	-55～+85	1×10^6	7×10^4(85℃)	0.02
聚四氟乙烯	-55～+200	1×10^6	1×10^5	0.01
金属化聚四氟乙烯	-55～+200	5×10^5	2.5×10^4	0.02

5.4　系统采集速率与采样/保持器的关系

由前所述可知,在数据采集系统中,采样/保持器用来对输入 A/D 转换器的模拟信号进行采集和保持,以确保 A/D 转换的精度。要保证 A/D 转换的精度,就必须确保 A/D 转换过程中输入的模拟信号的变化量不得大于 $\frac{1}{2}LSB$。显然,在数据采集系统中,如果模拟信号不经过采样/保持器而直接输入 A/D 转换器,那么系统允许该模拟信号的变化率就得降低。为了便于理解这个问题,现在就来讨论不用采样/保持器,而直接用 A/D 转换器对模拟信号进行转换的情况。

在数据采集系统中,直接用 A/D 转换器对模拟信号进行转换时,应该考虑到任何一种 A/D 转换器都需要一定转换时间来完成量化和编码等过程。A/D 转换器的转换时间取决于转换器的位数、转换的方法、采用的器件等因素。如果在转换时间 t_{CONV} 内,输入的模拟信号仍在变化,此时进行量化显然会产生一定的误差。如图 5-8 所示,对正弦信号 $U_i = \frac{1}{2}U_m\sin\omega t$ 采样,在 $\Delta t = t_{CONV}$ 内,

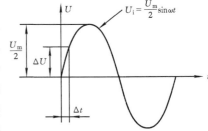

图 5-8　正弦信号的最大变化率

模拟信号电压的最大变化率发生在正弦信号过零时,则

$$\frac{\mathrm{d}U_i}{\mathrm{d}t}\bigg|_{\max} = \frac{1}{2}U_m\omega\cos\omega t\,\bigg|_{\text{在过零处}}$$

由于在正弦信号过零时 $\omega t = \pm n\pi$,$|\cos(\pm n\pi)| = 1$,而且 $\omega = 2\pi f$(f 为正弦信号的频率),所以

$$\frac{\mathrm{d}U_i}{\mathrm{d}t}\bigg|_{\max} = \frac{1}{2}U_m \cdot \omega = \pi \cdot f \cdot U_m$$

而在转换时间 t_{CONV} 内,输入的模拟信号电压最大变化可能为

$$\Delta U_i = t_{\mathrm{CONV}} \cdot \frac{\mathrm{d}U_i}{\mathrm{d}t}\bigg|_{\max}$$

由此可得出

$$\frac{\Delta U_i}{U_m} = \pi \cdot f \cdot t_{\mathrm{CONV}}$$

由前所述可知,一个 n 位的 A/D 转换器能表示的最大数字是 2^n,设它的满量程电压为 FSR,则它的"量化单位"或最小有效位 LSB 所代表的电压 $\Delta U_i = \dfrac{FSR}{2^n}$。如果在转换时间 t_{CONV} 内,正弦信号电压的最大变化不超过 $1LSB$ 所代表的电压,则在 $U_m = FSR$ 条件下,数据采集系统可采集的最高信号频率为

$$f_{\max} = \frac{1}{2^n \pi t_{\mathrm{CONV}}} \ (\mathrm{Hz}) \tag{5-4}$$

式(5-4)是根据在 A/D 转换时间 t_{CONV} 内,允许正弦信号变化一个最低有效位 LSB 推出的,如果允许正弦信号变化为 $\dfrac{1}{2}LSB$,则系统可采集的最高信号频率为

$$f_{\max} = \frac{1}{2^{n+1} \pi t_{\mathrm{CONV}}} \ (\mathrm{Hz}) \tag{5-5}$$

由式(5-4)、式(5-5)可看出,系统可采集的信号频率受 A/D 转换器的位数和转换时间的限制。

例 5.1 已知 A/D 转换器的型号为 ADC0804,其转换时间 $t_{\mathrm{CONV}} = 100\ \mu s$(时钟频率为 640 kHz),位数 $n = 8$,允许信号变化为 $\dfrac{1}{2}LSB$,计算系统可采集的最高信号频率。

解 由式(5-5)知

$$f_{\max} = \frac{1}{2^{n+1} \pi t_{\mathrm{CONV}}} = \frac{1}{2^{8+1} \times 3.14 \times 100 \times 10^{-6}} = 6.22\ \mathrm{Hz}$$

此例说明无采样/保持器的系统只能对频率低于 6.22 Hz 的信号进行采样。

如果在 A/D 转换器的前面加一个采样/保持器(它的任务是把要转换的信号快速采样后保持一段时间,以备转换用),这样就变成在 $\Delta t = t_{\mathrm{AP}}$ 内,即在采样/保持器的孔径时间内讨论系统可采集模拟信号的最高频率。仍考虑对正弦信号采样,如果正弦信号电压的最大变化不超过 $1LSB$ 所代表的电压,则在 n 位 A/D 转换器前加上采样/保持器后,系统可采集的信号最高频率为

$$f_{\max} = \frac{1}{2^n \pi t_{\mathrm{AP}}} \tag{5-6}$$

如果允许正弦信号电压的最大变化为 $\frac{1}{2}LSB$,则系统可采集的最高信号频率为

$$f_{\max} = \frac{1}{2^{n+1}\pi t_{AP}} \qquad (5-7)$$

因为孔径时间 t_{AP} 一般远远小于 A/D 转换器的转换时间 t_{CONV},所以,加上采样/保持器后的系统可采集的信号最高频率要大于未加采样/保持器的系统。

例 5.2 用采样/保持器芯片 AD582 和 A/D 转换器芯片 ADC0804 组成一个采集系统。已知 AD582 的孔径时间 $t_{AP} = 50$ ns,ADC0804 的转换时间 $t_{CONV} = 100$ μs(时钟频率为 640 kHz),计算系统可采集的最高信号频率。

解 由式(5-7)知

$$f_{\max} = \frac{1}{2^{n+1}\pi t_{AP}} = \frac{1}{2^{8+1} \times 3.14 \times 50 \times 10^{-9}} = 12440.3 \text{ Hz} = 12.44 \text{ kHz}$$

由上例可见,使用采样/保持器后,系统能对频率不高于 12.44 kHz 的信号进行采样,使系统可采集的信号频率提高了许多倍,大大改善了系统的采样速率。

应该指出,由第 2 章中讨论的采样定理一可知,一个有限带宽的模拟信号是可以在某个采样频率下重新恢复而不丧失任何信息的,该采样频率至少应 2 倍于最高信号频率。这意味着带采样/保持器的数据采集系统必须在速率至少为 2 倍的信号频率下采样、转换,并采集下一个点。因此,系统可处理的最高输入信号频率应为

$$f_{\max} = \frac{1}{2(t_{AC} + t_{CONV} + t_{AP})} \qquad (5-8)$$

式中:t_{AC} 为采样/保持器的捕捉时间;t_{AP} 为采样/保持器的最大孔径时间(包括抖动时间);t_{CONV} 为 A/D 转换器的转换时间。

例 5.3 用采样/保持器芯片 AD582 和 A/D 转换器芯片 ADC0804 组成一个采集系统。已知 AD582 的捕捉时间 $t_{AC} = 6$ μs,孔径时间 $t_{AP} = 50$ ns,ADC0804 的转换时间 $t_{CONV} = 100$ μs(时钟频率为 640 kHz),计算系统可采集的最高输入信号频率。

解 t_{AP} 与 t_{AC} 和 t_{CONV} 相比,可以忽略。根据式(5-8)可知

$$f_{\max} = \frac{1}{2(t_{AC} + t_{CONV})} = \frac{1}{2(6 \times 10^{-3} + 100 \times 10^{-3})} = 4.72 \text{ kHz}$$

5.5 采样/保持器集成芯片

目前,采样/保持器大多数是集成在一块芯片上,芯片内不包含保持电容器,保持电容器是由用户根据需要自选并外接在芯片上的。

常用的集成采样/保持器有多种,因篇幅的关系,下面只介绍其中的两种。

5.5.1 AD582

AD582 是美国 Analog Devices 公司生产的通用型采样/保持器(国产型号 5G582),其外观如图 5-9 所示。

AD582 由一个高性能的运算放大器、低漏电阻的模拟开关和一个由结型场效应管集成的放大器组成,采用 14 脚双列直插式封装,其引脚及结构示意如图 5-10 所示。其中脚 1 是同

相输入端,脚 9 是反相输入端,保持电容 C_H 接在脚 6 与脚 8 之间,脚 10 和脚 5 是正负电源,脚 11 和脚 12 是逻辑控制端,脚 3 和脚 4 接直流调零电位器,脚 2、7、13、14 为空脚(NC)。

图 5-9　AD582 芯片

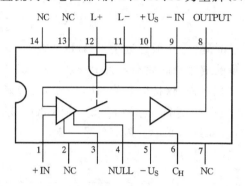

图 5-10　AD582 引脚及结构示意

AD 582 的特性如下。

(1)有较短的信号捕捉时间,最短达 6 μs,该时间与所选择的保持电容有关,电容值越大, 捕捉时间越长,故它影响采样频率。

(2)有较高的采样/保持电流比,可达 10^7。该值是保持电容器充电电流与保持模式时电容漏电流之间的比值,是表征采样/保持器质量的标志。

(3)在采样和保持模式时有较高的输入阻抗,约 30 MΩ。

(4)输入信号电平可达电源电压 $\pm U_s$,可适用于 12 位 A/D 转换器。

(5)具有相互隔离的模拟地、数字地,从而提高了抗干扰能力。

(6)具有差动的逻辑输入端,L_+ 相对 L_- 的输入电压在 $-6\sim0.8$ V 时,AD582 处于跟踪状态,L_+ 相对 L_- 的输入电压在 $+2V\sim+U_s-3V$ 之间时,AD582 处于保持状态,跟踪与保持将受控于差动逻辑输入的绝对电压值,任一个逻辑输入端的电压范围是从 $-U_s\sim U_s-3$ V。利用差动的逻辑输入端 L_+ 和 L_-,可以由任意的逻辑电平控制其开关,例如高压 CMOS 的逻辑电平为 0 V 和 $+9$ V 时,L_- 接入 $+5$ V 后,则 0 V 输入(在 L_+ 端)使芯片处于跟踪状态,$+9$ V 输入时芯片工作在保持状态下。

(7)AD582 可与任何独立的运算放大器连接,以控制增益或频率响应,以及提供反相信号等。

图 5-11、图 5-12 是 AD582 的两种实用电路。

由图 5-11 可知,AD582 是反馈型采样/保持器,不过保持电容接在运放 A_2 的输出端(脚 8)与反相输入端(脚 6)之间。根据"密勒效应",这样的接法相当于在 A_2 的输入端接有电容 $C'_H=(1+G_2)C_H$(G_2 为运算放大器 A_2 的放大倍数)。所以 AD582 外接较小的电容可获得较高的采样速率。当精度要求不太高($\pm0.1\%$)而速度要求较高时,可选 $C_H=100$ pF,这时的捕捉时间 $t_{AC}\leqslant6\mu s$。当精度要求较高($\pm0.01\%$)时,为减小馈送的影响和减缓保持电压的下降,应取 $C_H=1000$ pF。

图 5-11 是增益为 1,输出不反相的连接电路。在此电路中只需外接电容器 C_H 和电流的旁路电容,一般可增加调零电位器(10 kΩ)。图 5-12 是输出不反相电路,电路增益可由外接电阻来选择,增益 $K=(1+\dfrac{R_F}{R_1})$。

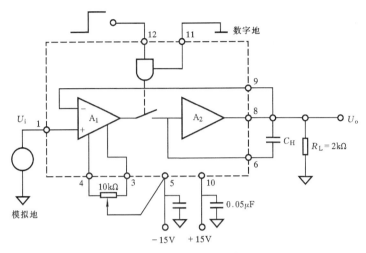

图 5-11 AD582 实用电路(一)

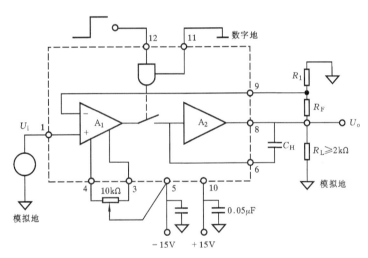

图 5-12 AD582 实用电路(二)

5.5.2 LF198

LF198 是美国 National Semiconductor 公司生产(与 LF298、LF398 电路相同,仅某些特性参数有区别)的采样/保持器,其外观如图 5-13 所示。

LF198 由 A_1 和 A_2 两个运算放大器、模拟开关和开关驱动电路、二极管 D_1 和 D_2 构成的保护电路等组成,采用 8 脚双列直插或金属管壳式封装。其内部结构及外部接线如图 5-14 所示。

图 5-13 LF198 芯片

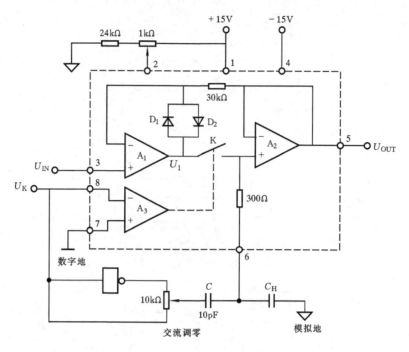

图 5 - 14　LF198 芯片结构

从图 5 - 14 可见,LF198 也是反馈型采样/保持器,它与图 5 - 4 所示结构图的区别是用二极管 D_1 和 D_2 代替了模拟开关 K_2。当 LF198 处于跟踪状态时,$U_1 = U_{OUT}$,因而 D_1、D_2 均不导通,相当于 K_2 开路。当处于保持状态时,D_1 或 D_2 之一导通(视 U_{IN} 为正或负而定),使 A_1 的输出 U_1 与 U_{IN} 之差为二极管的压降。此外,LF198 可外接电位器作直流和交流的调零。直流调零是补偿运放的失调电压,与一般运放的调零相同。交流调零方法是把模拟开关的控制电压 U_K 加到一反相器上,在反相器的输入与输出间接一个 $10\ k\Omega$ 的电位器,电位器的中心抽头经 $10\ pF$ 小电容与保持电容 C_H 端连接,这是用以补偿 U_{OUT} 跳变时加到 C_H 上的脉冲。LF198 的供电电压为 5～18V。控制电压 U_K(控制端 8 和 7 之间的电压)为 TTL 电平,7 端接数字地,当 8 端为高电平($U_K > 1.4V$)时,LF198 处于跟踪状态,当 U_K 负跳变(从"1"变为"0")时,LF198 转向保持状态。

LF198 与 AD582 的性能基本相同,只是采样/保持所需的控制电平二者相反,AD582 在 L_+="1"及 L_-="0"时是保持状态,除此之外的任何时候,芯片都处于跟踪状态。对于 LF198 来说,在端 8="0"及端 7="0"时处于保持状态,只有当端 7 不变、端 8 变到"1"时,才唯一地转换到跟踪状态。仅由保持状态转换到跟踪状态这一点来看,AD582 为使用提供了更多的方便。

5.6　采样/保持器使用中应注意的问题

5.6.1　采样/保持器选用时应注意的问题

采样/保持器在数据采集系统中,常用来为 A/D 转换器提供恒定的采样值,它位于模拟信号源与 A/D 转换器之间。每一次数据采集过程都包括一次采样和一次 A/D 转换,所以采样/保持器和 A/D 转换器各完成一次动作所需时间之和应小于采样周期 T_S。设 A/D 转换的时间为 t_{CONV},则应有

$$t_{AC} + t_{ST} + t_{CONV} < T_S$$

或

$$f_s = \frac{1}{T_S} < \frac{1}{t_{AC} + t_{ST} + t_{CONV}} \tag{5-9}$$

式中:t_{AC} 为采样/保持器的捕捉时间;t_{ST} 为采样/保持器的设定时间。在精度不高的数据采集系统中,使采样/保持器由采样转入保持的指令同时又是启动 A/D 转换的指令,这时 t_{ST} 可以不考虑。

这里应注意,采样/保持器的捕捉时间 t_{AC} 是指一定的阶跃输入(通常为 10 V)下,其输出进入其稳态值附近某一定误差范围内所需的时间。因而 t_{AC} 与规定误差范围有关,也与采样/保持器所选保持电容 C_H 的大小有关。例如,AD582 的捕捉时间在 $C_H = 100$ pF,精度为 0.1% 时为 6 μs;而在 $C_H = 1000$ pF,精度为 0.01% 时为 25 μs。采样/保持器捕捉时间的大小应与 A/D 转换器的分辨率配合。例如,8 位 A/D 转换器的相对分辨率等于 $2^{-8}\% = \frac{1}{256}\% = 0.39\%$,所以与之相配的采样/保持器的误差带可取为 0.2%(±0.1%)。如果 A/D 转换器是 12 位的,则应取采样/保持器的误差带为 0.01%(±0.005%)。

采样/保持器的保持电压下降率决定了在 A/D 转换期间加到 A/D 转换器输入端的电压的稳定程度。为了保证数据采集精度,应使在 A/D 转换时间 t_{CONV} 内,采样/保持器的保持电压下降不超过 $\frac{1}{2} LSB$,即要使采样/保持器的保持电压下降率为

$$\frac{dU}{dt} < \frac{1}{2} \frac{LSB}{t_{CONV}} \tag{5-10}$$

当 $\frac{dU}{dt}$ 根据 LSB 定出后,可按式(5-3)校核 C_H 的值是否合适。

另外,还应根据信号的最大变化率和要求的精度选择采样/保持器的孔径时间 t_{AP}。若设输入信号的最大变化率为 $\left(\frac{dU_i}{dt}\right)_{max}$,允许的孔径误差小于 $\frac{1}{2} LSB$,则所选采样/保持器的孔径时间 t_{AP} 应满足

$$\left(\frac{dU_i}{dt}\right)_{max} \cdot t_{AP} < \frac{1}{2} LSB \tag{5-11}$$

或

$$t_{AP} < \frac{\frac{1}{2} LSB}{\left(\frac{dU_i}{dt}\right)_{max}}$$

5.6.2　电路设计中应注意的问题

1. 接地

采样/保持器是一种由模拟电路与数字电路混合而成的集成电路,这种类型的芯片一般都备有分离的模拟地和数字地引脚。在接线时应将模拟地与数字地分别用引线接到模拟电源和数字电源的参考点上,以避免数字电路的突变电流对模拟电路产生影响(参阅第 14 章)。

2. 漏电耦合的影响

采样/保持器是由逻辑输入信号(或逻辑控制信号)控制芯片从跟踪状态进入保持状态的,如图 5-15 所示。当第 14 脚输入一个快速上升的逻辑输入信号时,如果不采取其他相应措施,则将引起保持误差,特别是对于高阻抗的信号源,保持误差尤其突出。产生保持误差的原因,是由于采样/保持器进入保持状态的同时,逻辑输入信号通过印刷电路板布线间的漏电流耦合到模拟输入端而引起的。为了减小该误差,印刷电路板布线时,应使逻辑输入端的走线与模拟输入端尽可能距离远些,或者将模拟信号输入端用地线包围起来,以隔断漏电流的通路。也可通过降低逻辑输入信号的幅值(例如从 5 V 降低到 2.5 V)来达到减小保持误差的目的。

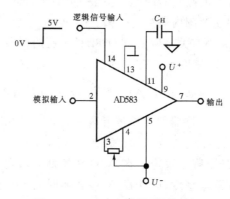

图 5-15　AD583 采样/保持逻辑

3. 寄生电容的影响

采样/保持器的保持电容一般是外接的,在逻辑信号输入端与保持电容器之间存在寄生电容,当在逻辑信号输入端加一跳变的控制信号时,由于寄生电容的耦合作用,也将引起采样/保持器的输出误差。例如,采样/保持器 AD583 的保持电容是 0.01 μF,如果有 1 pF 的寄生电容,当逻辑信号输入端加一个 5 V 的跳变信号,使采样/保持器从跟踪状态变到保持状态时,则在模拟输入端相当于增加了 1 mV 的输入信号。应采取措施防止寄生电容的影响。常规的办法是在印刷电路板上做一与采样/保持器输出端相连接的短路环,把保持电容 C_H 的非接地脚包围起来,形成一条等电位的屏蔽层,如图 5-16 所示,以减少寄生电容的影响。

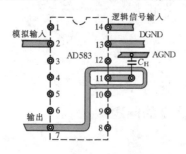

图 5-16　减少寄生电容影响的措施

习题与思考题

1. 采样/保持器在模拟输入信号频率很低时,是否有必要使用? 在模拟信号频率很高时呢,为什么?

2. 采样频率 f_s 高时,保持电容应取大些还是小些?

3. 采样/保持器是否具有放大功能? 其放大值由什么决定?

4. 孔径时间 t_{AP} 影响 A/D 转换的什么参数?

5. 捕捉时间 t_{AC} 影响 A/D 转换的什么参数?

6. 设在某数据采集系统中,采样/保持器的孔径时间 $t_{AP} = 10$ ns,A/D 转换器的位数为 12 位,求:

(1)采样精度能达到 $\frac{1}{2} LSB$ 的最高信号频率 f_{max} 是多少?

(2)若采样/保持器的孔径不定 $\Delta t_{AP} = 1$ ns,则最高信号频率 f_{max} 是多少?

7. 一个数据采集系统的孔径时间 $t_{AP} = 2$ ns,试问一个 10 kHz 信号在其变化率最大点被采样时所能达到的分辨率是多少?

8. 设一数据采集系统的输入满量程电压为 +10 V,模拟输入信号的最高频率是 1 kHz,采样频率为 10 kHz,A/D 转换器的转换时间为 10 μs,采样/保持器的孔径时间 $t_{AP} = 20$ ns,保持电压的下降率为 100 μV/s,捕捉时间为 50 μs。问

(1)如果允许的孔径误差和下降误差都是 0.02%,所选的采样/保持器能否满足要求?

(2)捕捉时间能否满足要求?

9. 设一采样/保持器在保持阶段,保持电容 C_H 的漏电流 $I_D = 10$ nA,保持时间为 10 ns。如果希望在保持时间内采样/保持器的输出电压 U_o 下降小于 0.1%,试选择合适的 C_H 值。

第6章 模/数转换器

模/数转换器是把采集到的采样模拟信号量化和编码后,转换成数字信号并输出的一种器件。因此在将模拟量转换成数字量的过程中,模/数转换器是一核心器件,简称为 A/D 或 ADC(Analog to Digital Converter)。

现在,A/D 转换电路已集成在一块芯片上,一般用户无需了解其内部电路的细节,但应掌握芯片的外特性和使用方法。

6.1 A/D 转换器的分类

A/D 转换器的品种很多,其分类方法也很多,例如按速度分、按精度分、按位数分等等。近年来较常用的是按工作原理分类。

若从"量化是一种比较过程"这个基本概念出发,则无论 A/D 转换器怎么多种多样,按"怎样比较"来看工作原理,归根结底只有两种类型。

1. 直接比较型

将输入的采样模拟量直接与作为标准的基准电压相比较,得到可按数字编码的离散量或直接得到数字量。

这种类型包括连续比较、逐次逼近、斜波(或阶梯波)电压比较等,其中最常用的是逐次逼近型。

这类转换是瞬时比较,抗干扰能力差,但转换速度较快。

2. 间接比较型

输入的采样模拟量不是直接与基准电压比较,而是将二者都变成中间物理量再进行比较,然后将比较得到的时间(t)或频率(f)进行数字编码。由于间接比较是"先转换后比较",因而形式更加多样。例如有双斜式、脉冲调宽型、积分型、三斜率型、自动校准积分型等。

这类转换为平均值响应,抗干扰能力较强,但速度较慢。

6.2 A/D 转换器的主要技术指标

A/D 转换器的主要技术指标有以下几个。

1. 分辨率

分辨率是指 A/D 转换器所能分辨模拟输入信号的最小变化量。设 A/D 转换器的位数为 n,满量程电压为 FSR,则 A/D 转换器的分辨率定义为

$$分辨率 = \frac{FSR}{2^n}$$

(6 - 1)

例如,一个满量程电压为 10 V 的 12 位 A/D 转换器,能够分辨模拟输入电压变化的最小值为 2.44 mV。将式(6-1)与第 2 章所讨论的量化单位 q 的表达式相比较可知,量化单位就是 A/D 转换器的分辨率。

另外,也可以用百分数来表示分辨率,此时的分辨率称为相对分辨率。相对分辨率定义为

$$相对分辨率 = \frac{分辨率}{FSR} \times 100\% = \frac{1}{2^n} \times 100\% \qquad (6-2)$$

A/D 转换器的位数 n 一般有 8 位、10 位、12 位、14 位、16 位等。则由式(6-1)和式(6-2),可得出 A/D 转换器分辨率与位数之间的关系,如表 6-1 所示。

表 6-1　A/D 转换器分辨率与位数之间的关系(满量程电压为 10 V)

位　数	级　数	相对分辨率/1LSB	分辨率/1LSB
8	256	0.391%	39.1 mV
10	1024	0.0977%	9.77 mV
12	4096	0.0244%	2.44 mV
14	16384	0.0061%	0.61 mV
16	65536	0.0015%	0.15 mV

由表 6-1 可以清楚地看出,A/D 转换器分辨率的高低取决于位数的多少。因此,目前一般都简单地用 A/D 转换器的位数 n 来间接代表分辨率。

2. 量程

量程是指 A/D 转换器所能转换模拟信号的电压范围,如 0~5V,-5~+5V,0~10V,-10~+10V 等。

3. 精度

A/D 转换器的精度分为绝对精度和相对精度两种。

(1)绝对精度

绝对精度定义为对应于输出数码的实际模拟输入电压与理想模拟输入电压之差。

在 A/D 转换时,量化带内的任意模拟输入电压都能产生同一输出数码,上述定义则限定为量化带中点对应的模拟输入电压值。例如,一个 12 位的 A/D 转换器,理论上模拟输入电压为 5 V±1.2 mV 时,对应的输出数码为 100000000000。如果(实际上是)4.997~4.999 V 范围内的模拟输入电压都产生这一输出数码,则

$$绝对精度(误差) = \frac{1}{2}(4.997 + 4.999) - 5 = -0.002 V = 2 mV$$

绝对误差一般在 $\pm \frac{1}{2} LSB$ 范围内。绝对误差包括增益误差、偏移误差、非线性误差,也包括量化误差。

(2)相对精度

相对精度定义为绝对精度与满量程电压值之比的百分数。即

$$相对精度 = \frac{绝对精度}{FSR} \times 100\%$$

所谓相对就是相对于满量程电压值,而满量程电压值是经过校准的。相对精度(或相对误差)用百分比或 LSB 的分数值来表示。

注意:精度和分辨率是两个不同的概念。精度是指转换后所得结果相对于实际值的准确度;分辨率是指转换器所能分辨的模拟信号的最小变化值。

由此可知,分辨率很高的 A/D 转换器,可能因为温度漂移、线性不良等原因,并不一定具有很高的精度。

4. 转换时间和转换速率

(1)转换时间

转换时间是指按照规定的精度将模拟信号转换为数字信号并输出所需要的时间。一般用微秒(μs)或毫秒(ms)来表示。

通常转换时间是根据模拟输入电压值来规定的。但对某些转换器来说,例如逐次逼近型 A/D 转换器,其转换时间与模拟输入电压大小无关,只取决于转换器的位数,因此转换时间是恒定的。对另一些转换器来说,其转换时间则与待转换信号的值有关。

(2)转换速率

转换速率是指能够重复进行数据转换的速度,即每秒钟转换的次数。

对于瞬时值响应的 A/D 转换器来说,所需的转换速率取决于所要求的转换精度和被转换信号的频率。

下面以图 6-1 所示的正弦信号 $U(t) = \dfrac{1}{2}U_m\sin\omega t = \dfrac{1}{2}U_m\sin 2\pi ft$ 为例,分析转换时间对 $t = t_0$ 时转换结果的影响。设转换一次所需的时间为 t_{CONV},转换终了的时间为 t_1,与采样模拟量相当的数字量值的最大误差为 ΔU,由于

$$\frac{\mathrm{d}U(t)}{\mathrm{d}t} = \frac{1}{2}U_m\omega\cos\omega t = \pi fU_m\cos 2\pi ft$$

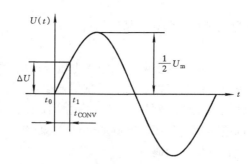

图 6-1 转换时间对信号转换的影响

在过零点上有最大值

$$\frac{\Delta U}{\Delta t} = \pi \cdot f \cdot U_m$$

故在过零点上对应转换一次所需的时间 t_{CONV} 所造成的最大电压误差为

$$\Delta U = \pi \cdot f \cdot U_m \cdot \Delta t = \pi \cdot f \cdot U_m \cdot t_{CONV} \tag{6-3}$$

即电压误差是信号频率和转换一次的时间 t_{CONV} 的函数。可见当精度一定时,信号频率越高,要求的转换时间也就越短;若信号频率一定,转换时间越长,误差越小。

对于平均值响应的转换器,被转换的采样模拟量是直流(或缓慢变化)电压,而干扰则是交

变的,因此转换一次的时间 t_{CONV} 越长,其抑制干扰的能力就越强。换言之,平均值响应的转换器是在牺牲转换时间的情况下提高转换精度的。

5. 偏移误差

偏移误差是指使最低有效位成"1"状态时的实际输入电压与理论输入电压之差。这一差值电压称做偏移电压。一般以满量程电压值的百分数表示。

由于偏移电压的存在,如图 6-2(a)所示,A/D 转换器的传输特性曲线在横轴方向有一个相应的位移,而误差特性曲线则有一个纵向位移,如图 6-2(b)所示。在一定温度下,偏移电压是可以通过外电路予以抵消的。但当温度变化时,偏移电压又将出现,这主要是输入失调电压及温漂造成的。一般来说,在温度变化范围很大时,要补偿这一误差是困难的。

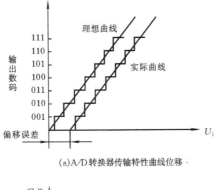

(a)A/D 转换器传输特性曲线位移

(b)误差特性曲线位移

图 6-2　偏移误差

6. 增益误差

增益误差是指满量程输出数码时,实际模拟输入电压与理想模拟输入电压之差。它使传输特性曲线绕坐标原点偏离理想特性曲线一定的角度,如图 6-3 所示。一般用满量程电压的百分数表示。

A/D 转换器的理想传输函数的关系式为

$$U_n = U_{\text{REF}}(a_1 2^{-1} + a_2 2^{-2} + \cdots + a_n 2^{-n}) \quad (6-4)$$

式中: U_n 是没有量化误差时的标准模拟电压。由于存在增益误差,式（6-4）将变为

$$U_n = K U_{\text{REF}}(a_1 2^{-1} + a_2 2^{-2} + \cdots + a_n 2^{-n})$$

$$(6-5)$$

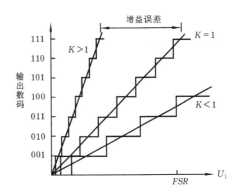

图 6-3　增益误差

式中: K 为增益误差因子。当 $K=1$ 时,没有增益误差;当 $K>1$ 时,传输特性的台阶变窄,在输入模拟信号达到满量程值之前,数字输出就已"饱和"(即全"1"状态);当 $K<1$ 时,传输特性台阶变宽,当模拟输入信号已超满量程时,数字输出还未达到全"1"状态输出。

在一定温度下,可通过外部电路的调整使 $K=1$,从而消除增益误差。但当温度变化时,增益误差又将出现。

7. 线性误差

线性误差是指在没有增益误差和偏移误差的条件下,实际传输特性曲线与理想特性曲线之差,如图 6-4 所示。线性误差通常不大于 $\pm\frac{1}{2}LSB$。因为线性误差是由 A/D 转换器特性随模拟输入信号幅值变化而引起的,因此线性误差是不能进行补偿的。

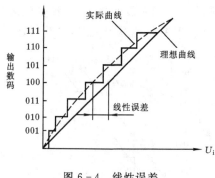

图 6-4　线性误差

注意:线性误差不包括量化误差、偏移误差和增益误差。

---

8. 输出电平

输出电平多数是与 TTL 电平配合。在考虑数字量输出与计算机数据总线的连接时,应注意是否要用三态逻辑输出、是否要对数据进行锁存等。

9. 工作温度

工作温度会对运算放大器和电阻网络产生影响,只有在一定温度范围内,才能保证额定的精度指标。较合适的转换器工作温度为 $-40\sim+85\ ℃$,一般为 $0\sim+70\ ℃$。

10. 对基准电源的要求

基准电源的精度将对整个系统的精度产生影响,在选用时应考虑是否要外加精密参考电源。

下面对目前应用较多的几种 A/D 转换器的工作原理进行分析,并讨论它们的特点和使用。

6.3　逐次逼近式 A/D 转换器

6.3.1　工作原理

逐次逼近式 A/D 转换器的结构如图 6-5 所示。它主要由逐次逼近寄存器 SAR、D/A 转换器、比较器、基准电源、时序与逻辑控制电路等部分组成。

设定在 SAR 中的数字量经 D/A 转换器转换成跃增反馈电压 U_f,SAR 顺次逐位加码控制 U_f 的变化,U_f 与等待转换的模拟量 U_i 进行比较,大则弃,小则留,逐渐累积,逐次逼近,最终留在 SAR 的数据寄存器中的数码作为数字量输出。

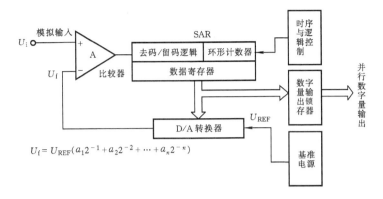

图 6 - 5　逐次逼近式 A/D 转换器结构图

6.3.2　工作过程

下面举例讨论逐次逼近式 A/D 转换器的工作过程。设逐次逼近寄存器 SAR 是 8 位,基准电压 $U_{REF} = 10.24\ V$, 模拟量电压 $U_i = 8.3\ V$, 转换成二进制数码。其工作过程如下。

(1)转换开始之前,先将逐次逼近寄存器 SAR 清零。

(2)转换开始,第一个时钟脉冲到来时,SAR 状态置为 10000000,经 D/A 转换器转换成相应的反馈电压 $U_f = \dfrac{1}{2}U_{REF} = 5.12\ V$, 反馈到比较器与 U_i 比较。之后,去/留码逻辑电路对比较结果作出去留码的判断与操作。因为 $U_i > U_f$, 说明此位置"1"是对的,予以保留。

(3)第二个时钟脉冲到来时,SAR 次高位置"1",建立 11000000 码,经过 D/A 转换器产生反馈电压 $U_f = 5.12 + \dfrac{10.24}{2^2} = 7.68\ V$, 因 $U_i > U_f$, 故保留此位"1"。

(4)第三个时钟脉冲到来时,SAR 状态置为 11100000,经 D/A 转换器产生反馈电压 $U_f = 7.68 + \dfrac{10.24}{2^3} = 8.96\ V$, 因 $U_i < U_f$, SAR 此位置应置"0"。即 SAR 状态改为 11000000。

(5)第四个时钟脉冲到来时,SAR 状态又置为 11010000,……。

如此由高位到低位逐位比较逼近,一直到最低位完成时为止。逼近过程的时序如图 6 - 6 所示。逐次逼近式 A/D 转换的过程可用表 6 - 2 说明。由表 6 - 2 可见,反馈电压 U_f 一次比一次逼近 U_i, 经过 8 次比较之后,SAR 的数据寄存器中所建立的数码 11001111 即为转换结果,此数码对应的反馈电压 $U_f = 8.28\ V$, 它与输入的模拟电压 $U_i = 8.30\ V$ 相差 $0.02\ V$, 不过两者的差值已小于 $1LSB$ 所对应的量化电压 $0.04\ V$。逐次逼近式 A/D 转换器的转换结果通过数字量输出锁存器并行输出。

注意:

(1)这种 A/D 转换器对输入信号上叠加的噪声电压十分敏感,在实际应用中,通常需要对输入的模拟信号先进行滤波,然后才能输入 A/D 转换器。

(2)这种转换器在转换过程中,只能根据本次比较的结果,对该位数据进行修正,而对以前的各位数据不能变更。为避免输入信号在转换过程中不断变化,造成错误的逼近,这种 A/D 转换器必须配合采样/保持器使用。

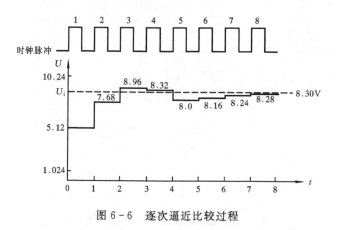

图 6 - 6　逐次逼近比较过程

表 6 - 2　8 位逐次逼近 A/D 转换过程

次数	SAR 中的数码	D/A 产生的 U_f /V	去/留码判断	本次操作后 SAR 中的数码
1	10000000	5.12	$U_f < U_i$，留 1	10000000
2	11000000	7.68	$U_f < U_i$，留 1	11000000
3	11100000	8.96	$U_f > U_i$，留 0	11000000
4	11010000	8.32	$U_f > U_i$，留 0	11000000
5	11001000	8.0	$U_f < U_i$，留 1	11001000
6	11001100	8.16	$U_f < U_i$，留 1	11001100
7	11001110	8.24	$U_f < U_i$，留 1	11001110
8	11001111	8.28	$U_f < U_i$，留 1	11001111

6.4　双斜积分式 A/D 转换器

6.4.1　工作原理

双斜积分式 A/D 转换器是一种间接比较型 A/D 转换器,其结构如图 6 - 7 所示。它主要由积分器、电压比较器、计数器、时钟发生器和控制逻辑等部分组成。

首先利用两次积分将输入的模拟电压转换成脉冲宽度,然后再以数字测时的方法,将此脉冲宽度转换成数码输出。

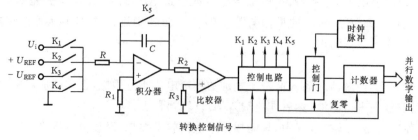

图 6 - 7　双斜积分式 A/D 转换器结构图

6.4.2　工作过程

1. 预备阶段

开始工作前,控制电路令开关 K_4 和开关 K_5 闭合,使电容 C 放掉电荷,积分器输出为零,同时使计数器复零。

2. 采样阶段

控制电路将开关 K_1 接通,模拟信号 U_i 接入 A/D 电路,被积分器积分,同时打开控制门,让计数器计数。当被采样信号电压为直流电压或变化缓慢的电压时,积分器将输出一斜变电压,其方向取决于 U_i 的极性,这里 U_i 为负,则积分器输出波形是向上斜变的,如图 6-8 所示。经过一个固定时间 t_1 后,计数器达到其满量限 N_1 值,计数器复零而送出一个溢出脉冲。此溢出脉冲使控制电路发出信号,将 K_2 接通,接入基准电压 $+U_{REF}$(若 U_i 为正,则接通 K_3),至此采样阶段结束。

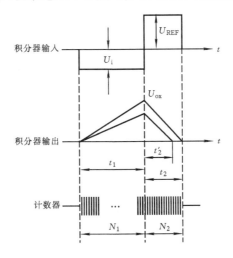

图 6-8　积分器输出波形

当 $t = t_1$ 时,积分器输出电压为

$$U_{ox} = -\frac{1}{RC}\int_0^{t_1} U_i \mathrm{d}t$$

U_i 在 t_1 期间的平均值为

$$\overline{U}_i = \frac{1}{t_1}\int_0^{t_1} U_i \mathrm{d}t$$

所以

$$U_{ox} = -\frac{t_1}{RC}\overline{U}_i \tag{6-6}$$

3. 编码阶段

当开关 K_2 接通(模拟开关总是接向与 U_i 极性相反的基准电压),$+U_{REF}$ 接入电路,积分器向相反方向积分,即积分器输出由原来的 U_{ox} 值向零电平方向斜变,斜率恒定,如图 6-8 所示,与此同时,计数器又从零开始计数。当积分器输出电平为零时,比较器有信号输出,控制电路收到比较器信号后发出关门信号,积分器停止积分,计数器停止计数,并发出记忆指令,将此阶段计得数字 N_2 记忆下来并输出。这一阶段被积分的电压是固定的基准电压 U_{REF},所以积

分器输出电压的斜率不变,与所计数字 N_2 对应的 t_2 称为反向积分时间。这个阶段常称定值积分阶段,定值积分结束时得到数字 N_2 便是转换结果,积分器最终输出为

$$-\frac{t_1}{RC}\,\overline{U}_i + \frac{1}{RC}\int_0^{t_2} U_{REF}\,dt = 0$$

由于 U_{REF} 为常数,因此

$$\frac{t_1}{RC}\,\overline{U}_i = \frac{t_2}{RC} U_{REF}$$

$$\overline{U}_i = \frac{t_2}{t_1} U_{REF} \tag{6-7}$$

或

$$t_2 = \frac{t_1}{U_{REF}}\,\overline{U}_i \tag{6-8}$$

式(6-8)表明,反向积分时间 t_2 与模拟电压的平均值 $\overline{U}_i$ 成正比。

设用周期为 T_C 的时钟脉冲计数来测量 t_1 和 t_2,由计数器按一定码制记得脉冲个数 N_1 和 N_2,则

$$N_2 T_C = \frac{N_1 T_C}{U_{REF}}\,\overline{U}_i$$

$$N_2 = \frac{N_1}{U_{REF}}\,\overline{U}_i \tag{6-9}$$

式(6-9)表明,计数器输出的数字 N_2 正比于采样模拟信号电压的平均值 $\overline{U}_i$。

注意:

(1)双斜式转换本质上是积分过程,故是平均值转换,所以对叠加在信号上的随机和周期性噪声干扰有较好的抑制能力。

(2)双斜积分转换速度较慢,一般不高于 20 次/s。

(3)对采样模拟信号而言,双斜积分转换器是断续工作的。

6.5　单片集成 A/D 转换器

目前,A/D 转换器已做成单片集成电路芯片。A/D 转换器的品种很多,既有转换速度快、慢之分,又有位数为 8、10、12、14、16 位之分。限于篇幅,下面仅介绍三种常用的 A/D 转换器芯片 ADC0809、AD574A 和 AD678,读者只要掌握这三种芯片的外特性和引脚功能,就能正确地使用市面上的大多数产品。

6.5.1　8 位 A/D 转换器芯片 ADC0809

1. 特点

ADC0809A/D 转换器芯片外观如图 6-9 所示。

ADC0809 为逐次逼近式 A/D 转换器,它具有 8 个模拟量输入通道。它能与微型计算机的大部分总线兼容,可在程序的控制下选择 8 个模入通道之一进行 A/D 转换,然后把得到的 8 位二进制数据送到微机的数据总线,供 CPU 进行处理。

图 6-9　ADC0809 芯片

2. 芯片结构组成

ADC0809 内部结构如图 6 - 10 所示,它包括转换器、多路开关、三态输出数据锁存器等部分。各部分的作用如下。

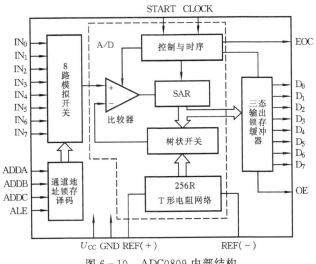

图 6 - 10　ADC0809 内部结构

(1)转换器是 ADC0809 的核心部分,它由 D/A 转换、逐次逼近寄存器(SAR)、比较器等部分组成。其中,D/A 转换电路采用了 256R T 型电阻网络(即 2^n 个电阻分压器,此处 $n=8$)。它在启动脉冲的上升沿来到时被复位,在启动脉冲的下降沿开始 A/D 转换。如果在转换过程中接收到新的启动转换脉冲,则中止转换。转换结束信号 EOC 在 A/D 转换完成时为"1"。

(2)比较器用斩波比较式,把直流输入信号转换成交流信号,经高增益交流放大器放大后,再恢复为直流电平,这样大大降低了放大器的漂移,提高整个 A/D 转换器的精度。

(3)多路开关包括一个 8 通道单端(单极性)模拟输入多路开关和地址译码器,用 3 位地址码,经锁存器与译码器后,去控制选通某一输入通道,如表 6 - 3 所示。当地址锁存允许信号 ALE 的上升沿到来时,地址信号被锁入译码器内。

(4)三态输出锁存由允许输出信号 OE 控制,当 OE ＝ 1 时,数据输出线 $D_0 \sim D_7$ 脱离高阻态,A/D 转换结果被送到微机总线。

表 6 - 3　模拟量输入通道与地址关系

被选通模拟通道	地址选择信号线		
	ADDC	ADDB	ADDA
IN_0	0	0	0
IN_1	0	0	1
IN_2	0	1	0
IN_3	0	1	1
IN_4	1	0	0
IN_5	1	0	1
IN_6	1	1	0
IN_7	1	1	1

3. 芯片引脚功能

ADC0809 采用 28 脚双列直插式封装,引脚布置如图 6 - 11 所示。

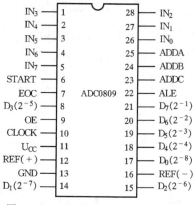

图 6 - 11　ADC0809 芯片引脚布置

芯片引脚说明:

• $IN_0 \sim IN_7$:模拟电压输入端,可分别接入 8 路单端(单极性)模拟量电压信号。

• REF(+)、REF(−):基准电压的正极和负极,由此施加基准电压。

• ADDA、ADDB、ADDC:模拟量输入通道地址选择线,通道号与选择线关系见表 6 - 3。

• ALE:地址锁存允许输入信号,低电平向高电平的正跳变有效,此时锁存上述地址选择线状态,从而选通相应的模拟信号输入通道,以便进行 A/D 转换。

• START:启动转换输入信号。为了启动 A/D 转换过程,应在此引脚施加一个正脉冲,脉冲的上升沿将所有内部寄存器清零,在其下降沿开始 A/D 转换过程。

• EOC:转换完毕输出信号,高电平有效。在 START 信号上升沿之后 0∼8 个时钟脉冲周期内,EOC 变为低电平。当转换结束,所得到的数字代码可以被 CPU 读出时,EOC 变成高电平。当此类 A/D 转换器用于与微型计算机接口时,EOC 可用来申请中断。

• OE:允许输出信号(输入,高电平有效)。它为有效时,将输出寄存器中的数字代码放到数据总线上,供 CPU 读。

• CLOCK:时钟输入信号。时钟频率决定了转换速度,一般不高于 640 kHz。

• $D_7 \sim D_0$:数字量输出。D_7 为最高位,D_0 为最低位。

4. ADC0809 工作时序

图 6 - 12 是 ADC0809 的工作时序。

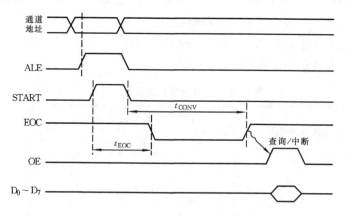

图 6 - 12　ADC0809 工作时序

通道锁存信号 ALE 的上升沿将 ADDA、ADDB、ADDC 引脚提供的通道地址锁存起来,以便对选定通道的模拟量进行 A/D 转换。

启动信号 START 的前沿和后沿，与 ADC0809 最重要的两个时间有关。

(1) t_{EOC} ——从 START 的上升沿起，到 EOC 下降沿止的时间。t_{EOC} 与工作时钟有关，即

$$t_{EOC} \leqslant 8 \cdot TK + 2\,\mu s$$

当时钟为 500 kHz 时，$TK = 2\,\mu s$，$t_{EOC} \leqslant 18\,\mu s$。

当时钟为 640 kHz 时，$TK = 1.56\,\mu s$，$t_{EOC} \leqslant 14.5\,\mu s$。

(2) t_{CONV} ——从 START 的下降沿起，到 EOC 上升沿止的时间，是 ADC 0809 的转换时间。

当时钟为 500 kHz 时，t_{CONV} 大约为 $128\,\mu s$；当时钟为 640 kHz 时，t_{CONV} 大约为 $100\,\mu s$。

实际应用时，将 ALE 和 START 两引脚合并，由微机的写信号和 ADC0809 的端口地址组合后给出，写信号的脉宽完全满足 ADC0809 对 ALE 和 START 脉宽的要求。

t_{CONV} 这段时间之所以重要，是因为它决定 ADC0809 完成 A/D 转换的时间。微机启动 ADC0809 后，可以通过测试 EOC 是否由低变高，来查询是否完成 A/D 转换。也可以用反相后的 EOC 由高变低作为边沿触发，向微机的外部中断端口发出中断请求。在通过查询或中断确认 A/D 转换完成后，就可以用读命令选通 OE，从 ADC0809 读取数字量。

t_{EOC} 这段时间之所以重要，是因为它提醒采用查询方式读转换结果的用户注意：在启动 ADC0809 之后，必须等 t_{EOC} 时间过后，EOC 才能由高变低。此后查询 EOC 由低变高才是正确的转换结果。

5. 操作过程

ADC0809 操作过程如下。

(1)首先通过 ALE 和 ADDA、ADDB、ADDC 地址信号线把欲选通的模拟量输入通道地址送入 ADC0809 并锁存。

(2)发送 A/D 启动信号 START，脉冲上升沿复位，在启动脉冲下降沿开始转换。

(3)A/D 转换完成后，EOC＝1，可利用这一信号向 CPU 请求中断，或在查询方式下待 CPU 查询 EOC 信号为"1"后进行读数服务。CPU 通过发出 OE 信号读取 A/D 转换结果。

6.5.2 12 位 A/D 转换器芯片 AD574A

1. 特点

AD574A A/D 转换器芯片外观如图 6-13 所示。

AD574A 为逐次逼近式 A/D 转换器。它的突出特点是芯片内部包含微机接口逻辑和三态输出缓冲器，可以直接与 8 位、12 位或 16 位微处理器的数据总线相连。读写及转换命令由控制总线提供，输出可以是 12 位一次读出或分两次读出：先读高 8 位，再读低 4 位。输入电压可有单极性和双极性两种。对外可提供一个＋10 V 基准电压，最大输出电流 1.5 mA。该芯片有较宽的温度使用范围。

图 6-13 AD574A 芯片

2. 芯片内部结构

AD574A 内部结构如图 6-14 所示，它由模拟芯片和数字芯片两部分组成，除了包含 D/A 转换器(12 位)、逐次逼近寄存器 SAR、比较器等基本结构外，还有时钟、控制逻辑、基准电压和三态输出缓冲器等部分组成。

由于芯片内部的比较器输入回路接有可改变量程的电阻(5 kΩ 或者 5 kΩ ＋5 kΩ)和双极型输入偏置电阻（10 kΩ），因此，AD574A 的输入模拟电压量程范围有 0～＋10 V、0～＋20 V、－5～＋5 V、－10～＋10 V 四种。

片内有输出三态缓冲器，所以输出数据可以是 12 位一起读出，也可以分先高 8 位、后低 4 位两次读出。

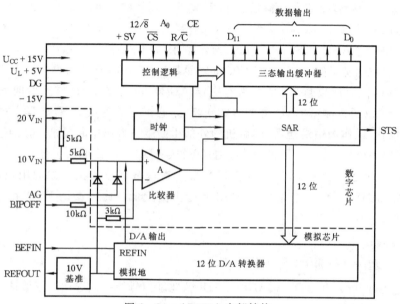

图 6 - 14　AD574A 内部结构

3. 芯片引脚功能

AD574A 采用 28 脚双列直插式封装，其引脚布置如图 6 - 15 所示。

芯片引脚功能如下。

• D_0～D_{11}：12 位数据输出。

• $12/\overline{8}$：数据模式选择，此线输入信号为"1"时，12 条输出线均有效；此线输入信号为"0"时，12 位分成高 8 位和低 4 位两次输出。

• A_0：字节地址/短周期。在读数状态，如果 $12/\overline{8}$ 为低电平，当 A_0 ＝0 时，则输出高 8 位数；当 A_0 ＝1 时，则输出低 4 位数，禁止高 8 位输出；如果 $12/\overline{8}$ 为高电平，则 A_0 的状态不起作用。A_0 的另一功能是控制转换周期，在转换状态，当 A_0 ＝0 时，产生 12 位转换，转换周期为 25 μs；当 A_0 ＝1 时，产生 8 位转换，转换周期为 16 μs。

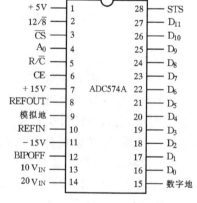

图 6 - 15　AD574A 引脚布置

• $\overline{CS}$：芯片选择。当 $\overline{CS}$＝0 时，芯片被选中。

• $R/\overline{C}$：读/转换信号。当 $R/\overline{C}$ ＝1 时，允许读取 A/D 转换结果；当 $R/\overline{C}$ ＝0 时，允许启动 A/D 转换。

• CE：芯片允许。CE＝1 允许转换或读 A/D 转换结果，从此端输入启动脉冲。

• STS：状态信号。STS＝1 时，表示正在 A/D 转换；STS＝0 时，表示转换完成。

- REFOUT:基准电压输出。芯片内部基准电压源为 10 V ± 1 ％。
- REFIN:基准电压输入。如果 REFOUT 通过电阻接至 REFIN,则可用来调量程。
- BIPOFF:双极性补偿。若输入模拟信号为双极性($-5 \sim +5$ V 或 $-10 \sim +10$ V)则要同时使用此脚;此脚还可用于调零点。
- $10\ V_{IN}$:10V 量程输入端。
- $20\ V_{IN}$:20V 量程输入端。

上述 CE 、$\overline{\text{CS}}$、R/$\overline{\text{C}}$、12/$\overline{8}$、A_0 和 STS 是 AD574A 与微处理器连接时的主要接口信号线。CE 、$\overline{\text{CS}}$、R/$\overline{\text{C}}$、12/$\overline{8}$、A_0 五个控制信号组合的作用如表 6-4 所示。

表 6-4　AD574A 控制信号组合的作用

CE	$\overline{\text{CS}}$	R/$\overline{\text{C}}$	12/$\overline{8}$	A_0	工作状态
0	*	*	*	*	不工作
*	*	*	*	*	不工作
1	0	*	*	0	启动 12 位转换
1	0	*	*	1	启动 8 位转换
1	1	1	接+5 V	*	并行输出 12 位数字
1	1	1	接地	0	并行输出高 8 位数字
1	1	1	接地	1	并行输出低 4 位数字

4. 工作时序

AD574A 的工作控制主要由控制信号$\overline{\text{CS}}$、CE 、R/$\overline{\text{C}}$、12/$\overline{8}$ 和 A_0 完成,AD574A 工作于两种不同的状态:一种是 A/D 转换过程;另一种是数据读出过程。转换过程的控制主要是转换的启动过程,启动过程完成后,控制信号在转换过程中无效。而控制过程分为转换启动过程和数据读过程。两个工作过程的时序及有关参数在下面分别讨论。

(1)启动转换过程

图 6-16 表示启动转换的时序。

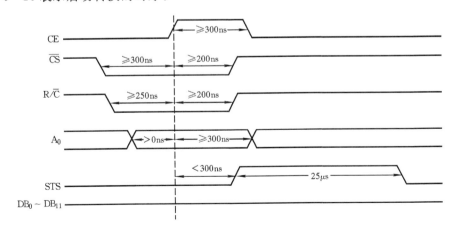

图 6-16　启动转换时序

由图可见,在 CE 上升沿之前,先有 $\overline{CS}=0$ 和 $R/\overline{C}=0$,这是比较好的启动方式。为什么这样说呢? 因为如果 $\overline{CS}$ 和 CE 先有效,$R/\overline{C}$ 脉冲到来之前的高电平会引起输出三态门打开,影响数据总线。当 CE=1 时,启动转换。一旦转换开始,A/D 本身保持转换到转换完毕。

> **注意:** 在启动转换以后的转换过程中,各控制信号不起作用,只有 STS 信号标志电路的工作状态。

(2)数据读过程

数据读过程同样也由 CE 来启动,时序图如图 6-17 所示。

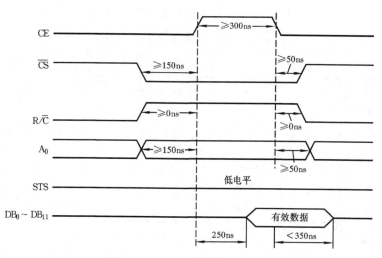

图 6-17　AD574A 读数据时序

5. 工作方式选择

AD574A 可在两种方式下工作:一种是 0~10 V 的单极性工作方式,另一种是 -5~+5 V 的双极性工作方式。

单极性工作方式时,AD574A 输出的数字量是二进制码;双极性工作方式时,AD574A 输出的数字量是偏移二进制码。

图 6-18(a)是单极性工作的连接方式,图 6-18(b)是双极性工作的连接方式。

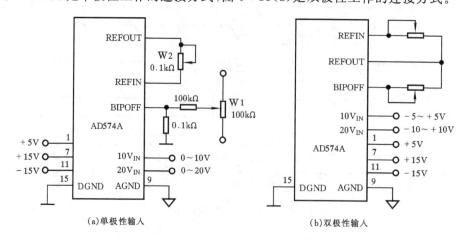

图 6-18　选择 AD574A 工作方式的接法

6. AD574A 零点和增益的调整与校准

AD574A 引脚 10 是用来进行增益调节的。各种量程的增益调整都是用引脚 8 和 10 之间的 100Ω 电位器来实现的。因引脚 10 与权电阻网络相连,所以实质上是用电位器来调节各级权电流的。对电位器的主要要求是多圈及低温系数($100 \times 10^{-6} / ℃$),金属陶瓷电位器即可满足。为防止两个电位器互相影响,应先调零点,再调增益。

调零点是在模拟输入最小的情况下进行的,单极性时接近 0V,双极性时接近 $-\dfrac{FSR}{2}$(FSR 为满量程电压值)。调增益是在最大值附近进行的。具体调整与校准时,因量程不同而不同。

$0\sim10$ V 时:设置模拟输入电压为 $\dfrac{1}{2}LSB = +0.0012$ V,调整零点偏移电位器 W1,使得数字输出在 $00\cdots00\sim00\cdots01$ 之间跳动。此时零点可认为已调整好。设置模拟输入电压为 $FSR - \dfrac{3}{2}LSB = +9.9964$ V,调节增益电位器 W2,使得数字量输出在 $11\cdots10\sim11\cdots11$ 之间跳动,此时增益可认为已调整好。

半满量程校准检查:设模拟输入电压为 5.0000 V,此时输出数字码应为 $10\cdots00$。

经过零点偏移及增益调整后,数字码与模拟输入量之间的关系如表 6-5 所示。表 6-6 为三种模拟输入量程情况下的具体数值关系。

表 6-5 AD574A 数码与电压的关系

输 入 标 称 值		数 字 量
单极性	双极性	$B_{11} \ B_{10} \cdots B_1 \ B_0$
$+FSR-1LSB$	$+FSR/2-1LSB$	$111\cdots11$
$+FSR-2LSB$	$+FSR/2-2LSB$	$111\cdots10$
$\vdots$	$\vdots$	$\vdots$
$-FSR/2+1LSB$	$+1LSB$	$100\cdots01$
$-FSR/2$	0	$100\cdots00$
$\vdots$	$\vdots$	$\vdots$
$+1LSB$	$-FSR/2+1LSB$	$000\cdots01$
0	$-FSR/2$	$000\cdots00$

表 6-6 AD574A 校准的具体数值

模 拟 输 入 电 压			数 字 量
$0\sim+10/V$	$-5\sim+5/V$	$-10\sim+10/V$	$B_{11} \ B_{10} \cdots B_1 \ B_0$
$+9.9976$	$+4.9976$	$+9.9951$	$11 \quad \cdots \quad 11$
$+9.9952$	$+4.9952$	$+9.9902$	$11 \quad \cdots \quad 10$
$+5.0024$	$+0.0024$	$+0.0049$	$10 \quad \cdots \quad 01$
$+5.0000$	$+0.0000$	$+0.0000$	$10 \quad \cdots \quad 00$
$+0.0024$	-4.9976	-9.9951	$00 \quad \cdots \quad 01$
0.0000	-5.0000	-10.000	$00 \quad \cdots \quad 00$

双极性输入的零点和满量程调整的过程和单极性的完全一样。参照表 6-5 和表 6-6,首

先施加比负满量程高 $\frac{1}{2}LSB$ 的电压(对于±5 V 的范围为－4.9988 V),并且调整图 6－18
(b)中的电位器 W1,获得第一次转换,数字量输出从 000…00 变为 000…01;然后施加比正满量程低 $\frac{3}{2}LSB$ 的电压(对于±5 V 的范围为＋4.9964 V),并且调节 W2,获得最后一次转换,数字量输出从 111…10 变为 111…11。

6.5.3　12 位带采样/保持的 A/D 转换器芯片 AD678

1. 特点

AD678 转换器芯片外观如图 6－19 所示。

AD678 是一种高档、多功能的 A/D 转换器,内部含有采样/保持器、高精度基准电源、内部时钟和三态缓冲数据输出等部件。因此,它只需很少的外部元件就可以构成完整的数据采集系统,一次 A/D 转换仅需要 5 μs,提供了相当强的功能。

图 6－19　AD678 芯片

2. 芯片结构

AD678 的内部结构如图 6－20 所示。

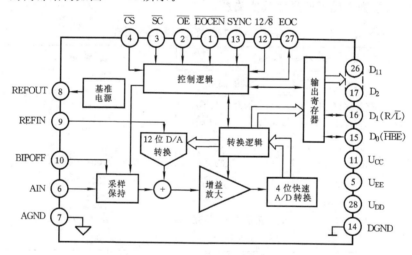

图 6－20　AD678 的内部结构

3. 芯片引脚功能

AD678 采用 28 脚双列直插式封装,其引脚布置如图 6－21所示。

芯片引脚功能如下。

· AIN:模拟量输入端。

· BIPOFF:极性设置,该引脚直接接 AGND,输入设置为 0～10 V 单极性,数字输出为二进制码,该引脚通过 50 Ω 电阻接到 REFOUT 端,输入设置为－5～＋5 V 双极性,数字输出为二进制补码。

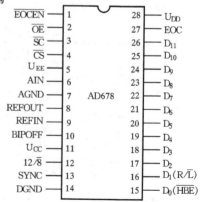

图 6－21　AD678 引脚布置

- REFIN:基准电源输入,+5 V 输入给出 10 V 全范围。
- REFOUT:内部+5 V 基准电源输出,一般通过 50 Ω 电阻连到 REFIN 端。
- U_{CC}:+12 V 模拟电源。
- U_{EE}:-12 V 模拟电源。
- AGND:模拟地。
- $D_0 \sim D_{11}$:数字量输出端。
- $\overline{CS}$:片选,低电平有效。
- $\overline{SC}$:开始转换,低电平有效。
- $\overline{EOCEN}$:转换结束使能,用于使能 EOC 端,低电平有效。
- EOC:转换结束信号。转换开始时,EOC 为低电平;转换结束后,EOC 变为高电平。
- SYNC:同步方式控制。若该引脚接到高电平,$\overline{SC}$、EOC、$\overline{EOCEN}$ 均由 $\overline{CS}$ 控制,即芯片由 $\overline{CS}$ 进行同步控制;若该引脚接到 DGND,则 $\overline{SC}$ 和 $\overline{EOCEN}$ 与 $\overline{CS}$ 无关,异步工作,这时 EOC 是开路输出,需要至少 3kΩ 的上拉电阻。
- $\overline{OE}$:输出使能,在 $\overline{OE}$ 下降沿允许数字量输出。
- $12/\overline{8}$:12 位/8 位选择。该引脚接高电平时为 12 位并行输出;该引脚接低电平时为 8 位并行输出。
- $\overline{HBE}$:在 8 位输出方式时,若该位为低电平,则输出高字节;若该位为高电平,则输出低字节。
- $R/\overline{L}$:在 8 位输出方式时,若该位为高电平,则选择右对齐;若该位为低电平,则选择左对齐。
- U_{DD}:+5 V 模拟电源。
- DGND:数字地。

4. 控制方式与时序

(1)同步/异步方式

该方式是指对 $\overline{CS}$ 的同步与否。在同步方式下,由 $\overline{CS}$ 作为主控制信号,$\overline{CS}$ 无效时,其他信号不引起动作,先由 $\overline{CS}$ 为低,再由 $\overline{SC}$ 引起 A/D 转换开始;在异步方式下,$\overline{SC}$ 低电平即可启动一次 A/D 转换,不须考虑 $\overline{CS}$ 状态。

(2)$12/\overline{8}$ 工作方式

A/D 转换总是 12 位的,这里的 $12/\overline{8}$ 工作方式指的是与外界接口的方式。当与 16 位微机接口时,AD678 工作于 12 位工作方式,12 位转换结束后,并行输出数据,一次完成传送。在与 8 位微机接口时,AD678 工作于 8 位工作方式,12 位转换结果分两次输出。

(3)A/D 转换工作时序

AD678 的转换时序如图 6-22 所示。两次 A/D 转换的时间间隔 $T_{CR}=5\ \mu s$。

$\overline{CS}$ 为低电平时,$\overline{SC}$ 下降沿处开始一次 A/D 转换,在 $\overline{SC}$ 下降沿前采样/保持电路已完成跟踪,$\overline{SC}$ 下降沿后 $t_{CONV} \leqslant 20$ ns 后,采样/保持器处于保持状态。

A/D 转换开始后,EOC 下降为低电平,在 A/D 转换过程中,EOC 保持低电平,A/D 转换完成后,EOC 变成高电平,EOC 可以作为标志位,通知微机 A/D 转换结束。

(4)数据读取

AD678 工作于 8 位方式时,分两次读取。$\overline{HBE}$ 为 0 时,读取高字节;$\overline{HBE}$ 为 1 时,读取低

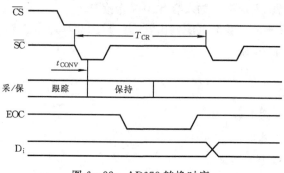

图 6-22 AD678 转换时序

字节。$R/\overline{L}$ 为高时,低字节全有效,高字节的低 4 位有效;$R/\overline{L}$ 为低时,高字节全有效,低字节只有高 4 位有效。工作于 12 位方式时,只需读一次。$\overline{OE}$ 为读数据的使能信号。图 6-23 表示 8 位工作方式和 12 位工作方式的读时序。

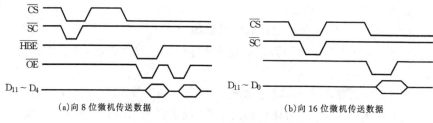

(a)向 8 位微机传送数据   (b)向 16 位微机传送数据

图 6-23 AD678 向微机传送数据

5. 输入选择

AD678 可在两种方式下工作:一是 0~10 V 的单极性工作方式;另一种是 -5~+5 V 的双极性工作方式。单极性工作方式时,AD678 输出的数字量是二进制码;双极性工作方式时,AD678 输出的数字量是二进制补码。图 6-24 表示单极性工作方式和双极性工作方式的连接电路,两种连接电路的误差调整类似于 AD574A。

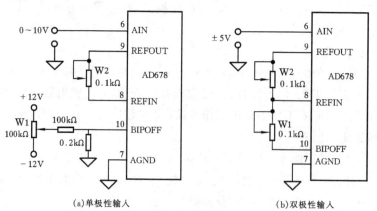

(a)单极性输入   (b)双极性输入

图 6-24 AD678 的极性连接电路

表 6-7 列出了一些常用的 A/D 转换器芯片的技术性能指标,可供参考。

表 6 - 7　常用 A/D 转换器芯片的主要性能和特点

芯片型号	分辨率	转换时间	转换误差	模拟输入范围	输出电平	要否外部时钟	基准电压	工作电压 (U_{CC})	说明
ADC0801 ADC0802 ADC0804	8 位	100μs	±1/4LSB ±1/2LSB ±1LSB	一般为 0～+5V	TTL 电平	可以不要	可不外接 或 U_{REF} 为 1/2 量程值	单电源 +5 V	逐次逼近
ADC0808 ADC0809	8 位	典型值 100μs	±1/2LSB ±1LSB	0～+5V 8 通道 输入	TTL 电平	要	$U_{REF}(+)\leqslant U_{CC}$ $U_{REF}(-)\geqslant 0V$	单电源 +5 V	逐次逼近
ADC0816 ADC0817	8 位	典型值 100μs	±1/2LSB ±1LSB	0～+5V 16 通道 输入	TTL 电平	要	$U_{REF}(+)\leqslant U_{CC}$ $U_{REF}(-)\geqslant 0V$	单电源 +5 V	逐次逼近
AD570 AD571	8 位 10 位	25μs	±1/2LSB ±1LSB	0～+10V ±5V	TTL 电平	不要	不需外供	+5V(+15V) 和 -15V	逐次逼近
ADC1210 ADC1211	12 位 或 10 位	30μs(10 位) 100μs(12 位)	±3/4LSB ±2LSB	0～+5V 0～+5V, ±5V	CMOS 电平 (由 U_{REF} 定)	要	+5～+15V +5～+15V	+5～±15V +5～±15V	逐次逼近
AD574AA AD674A AD1674	12 位 或 8 位	25μs 15μs 10μs	≤±1LSB ≤±1LSB ≤±1LSB	0～+10V 0～+20V ±5V, ±10V	TTL 电平	不要	不要	±15V 或 ±12V 和 +5V	逐次逼近
AD578	12 位 或 10 位 或 8 位	3μs	≤±3/4LSB	0～+10V 0～+20V ±5V, ±10V	TTL 电平	不要	不要	+5V 和 ±15V	逐次逼近 高速
AD678 AD1678	12 位	5 μs	≤±1LSB	0～+10V ±5V	TTL 电平	不要	不要	+ 5V 和 ±12V	带采样保持
AD679 AD1679	14 位	10 μs	≤±1LSB	0～+10V ±5V	TTL 电平	不要	不要	+5V 和 ±12V	带采样保持
ADC1143	16 位	≤100 μs	≤±0.06%	+5V, +10V, +20V, ±5V, ±10V	TTL 电平	不要	不要	+5V 和 ±15V	
5G14433	3$\frac{1}{2}$ 位 (BCD)码	≥100 ms	±1LSB	±0.2V, ±2 V	TTL 电平	可以不要	200 mV,2 V	±5V	双积分
ICL7135	4$\frac{1}{2}$ 位 (BCD)码	100 ms 左右	±1LSB	-2～+2 V	TTL 电平	要	U_{REF} 为 1/2 量程值	±5V	双积分
ICL7109	12 位	≥300 ms	±2LSB	-4～+4 V	TTL 电平	可以不要	U_{REF} 为 1/2 量程值	±5V	双积分
ICL7104	16 位	250 ms	≤±1LSB	±4 V	TTL 电平	可以不要	U_{REF} 为 1/2 量程值	+5V 和 ±15V	积分型
AD7555	5$\frac{1}{2}$ 位 或 4$\frac{1}{2}$ 位	1.76 s 0.61 s	±1 或 ±10	±2V	TTL 电平	要	$U_{REF}=4.096V$	±5V	4 斜率积分、兼容

6.6　面对设计如何选择和使用 A/D 转换器

集成电路技术的发展,使集成 A/D 转换器的发展速度惊人。品种繁多、性能各异的集成 A/D 转换器不断涌现。在设计数据采集系统时,首先碰到的就是如何选择合适的 A/D 转换器以满足系统设计要求的问题。下面从不同角度介绍如何选择 A/D 转换器。

1. 如何确定 A/D 转换器的位数

A/D 转换器位数的确定,应该从数据采集系统的静态精度和动态平滑性这两方面考虑。

从静态精度方面来说,要考虑输入信号的量化误差传递到输出所产生的误差,它是模拟信号数字化时产生误差的主要部分。由第 2 章可知,量化误差与 A/D 转换器位数有关。A/D 转换器位数与误差之间的关系如图 6-25 所示。由此图可看到,10 位以下误差较大;11 位以上对减小误差并无太大贡献,但对 A/D 转换器的要求却提得过高。因此,取 10 位或 11 位是合适的。

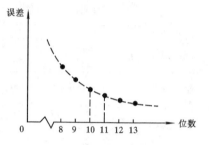

图 6-25　位数与误差的关系

另一方面,由于模拟信号是先经过测量装置的测量,再经 A/D 转换器转换后输入计算机中的,因此,总的误差是由测量误差和量化误差共同构成的。现设测量误差和量化误差互不相关,它们的标准差分别为 e_M 和 e_q,则总误差的标准差为

$$e_\Sigma = \sqrt{e_M^2 + e_q^2} = \zeta e_M \qquad (6-10)$$

式中

$$\zeta = \sqrt{1 + \left(\frac{e_q}{e_M}\right)^2} \qquad (6-11)$$

由式(6-11),可得 ζ 与 $\dfrac{e_q}{e_M}$ 的关系曲线,如图 6-26 所示。

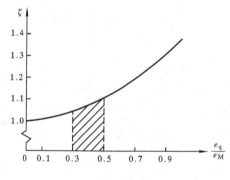

图 6-26　ζ 与 $\dfrac{e_q}{e_M}$ 的关系曲线

总之,A/D 转换器的精度应与测量装置的精度相匹配。也就是说,一方面要求量化误差在总误差中所占的比重要小,使它不显著地扩大测量误差;另一方面必须根据目前测量装置的精度水平,对 A/D 转换器的位数提出恰当的要求。由图 6-26 可知,当 $\dfrac{e_q}{e_M} > 0.5$ 时,总误差增

加较大;但当 $\frac{e_q}{e_M}$ <0.3 时,总误差减小不大。因此,取 $\frac{e_q}{e_M}$ 为 0.3~0.5 较为合适。目前,大多数测量装置的精度值不小于 0.1%~0.5%,故 A/D 转换器的精度取 0.05%~0.1% 即可,相应的二进制码为 10~11 位,加上符号位,即为 11~12 位。

有些特殊的应用或量程范围很大时,A/D 转换器要求更多的位数,这时往往可采用双精度的转换方案。

从动态平滑性的要求来考虑,可用一段模拟量化过程的程序,在计算机上逐步改变位数,计算数学模型的动态曲线,然后根据曲线的平滑程度来确定位数。通常,满足静态精度要求的位数也能满足动态平滑性的要求。但对动态平滑性要求较高的系统,还需用硬件(模拟滤波)或软件(数字滤波)进行平滑处理。

一般把 8 位以下的 A/D 转换器称为低分辨率 A/D 转换器,9~12 位的称为中分辨率,13 位以上的称为高分辨率。

2. 如何确定 A/D 转换器的转换速率

A/D 转换器从启动转换到转换结束,输出稳定的数字量,需要一定的转换时间。转换时间的倒数就是每秒钟能完成的转换次数,称为转换速率。

确定 A/D 转换器的转换速率时,应该考虑系统的采样速率。例如,如果用转换时间为 100 μs 的 A/D 转换器,则其转换速率为 10000 次/s。根据采样定理一和实际需要,一个周期的波形需 10 个采样点,那么这样的 A/D 转换器最高也只能处理频率为 1 kHz 的模拟信号。把转换时间减小到 10 μs,信号频率可提高到 10 kHz。对一般计算机而言,要在 10 μs 内完成 A/D 转换以外的工作,如读数据、再启动、存数据、循环记数等已经比较困难了,要继续提高采集数据的速率,就不能用 CPU 来控制,必须采用直接存储器访问(DMA)技术来实现。

3. 如何确定是否要加采样/保持器

原则上,采集直流和变化非常缓慢的模拟信号(例如温度变化)时可不用采样/保持器。对于其他模拟信号都要加采样/保持器。根据第 5 章的讨论可得到如下数据作为是否要加采样/保持器的参考。

(1)A/D 转换器的转换时间是 100 ms,没有采样/保持器时,如果位数是 8 位,允许信号的频率是 0.12 Hz;如果位数是 12 位,允许信号的频率是 0.0077 Hz。

(2)A/D 转换器的转换时间是 100 μs,没有采样/保持器时,如果位数是 8 位,允许信号的频率是 12 Hz;如果位数是 12 位,允许信号的频率是 0.77 Hz。

4. 工作电压和基准电压

有些早期生产的集成 A/D 转换器需要 ±15 V 的工作电压,这就需要多种电源。而近期开发的 A/D 转换器可在 +5~+15 V 范围内工作,如果选择使用单一 +5 V 工作电压的芯片,可与微机系统共用一个电源,显然比较方便。

基准电压是提供给 A/D 转换器转换时的参考电压,这是保证转换精度的基本条件。在要求较高精度时,基准电压要单独用高精度稳定电源供给。

5. 正确使用 A/D 转换器有关量程的引脚

A/D 转换器的模拟量输入,有时需要的是双极性的,有时是单极性的。输入信号最小值有从零开始,也有从非零开始的。有的 A/D 转换器提供了不同量程的引脚,只有正确使用,才能保证转换精度。下面是一些引脚使用的情况。

(1)变换量程的双模拟输入引脚和双极性偏置引脚的正确使用

有些 A/D 转换器如 AD574A、AD578 等提供了两个模拟输入引脚,分别为 $10V_{IN}$ 和 $20V_{IN}$,不同量程的输入电压可从不同引脚输入。

有些 A/D 转换器如 AD573、AD574A、AD575 等还提供了双极性偏置控制引脚 BOC,当此引脚接地时,信号为单极性输入方式;当此引脚接基准电压时,信号为双极性输入方式。

若把以上两种引脚结合排列组合使用,这种 A/D 转换器可具有 4 种量程:0～10 V,0～+20 V(单极性),−5～+5 V,−10～+10 V(双极性)。

(2)双基准电压引脚的正确使用

有些 A/D 转换器,如 ADC0809 提供了两个基准电压引脚,一个为 REF(+),另一个为 REF(−)。通常情况下,可将 REF(−)接地。当输入的模拟量不是从零开始,最大值也不是满量程时,就可利用这两个基准电压引脚连成如图 6-27 所示的对称基准电压接法。例如,模拟输入量来自压力传感器,压力为零时,模拟量电压为 1.25 V;压力为额定值时,模拟量电压值为 3.75 V。使用对称基准电压接法,则可使压力为零时 A/D 转换器的输出字为 00H,压力为额定值时,A/D 转换器输出字为 FFH。此种接法可提高采样精度。

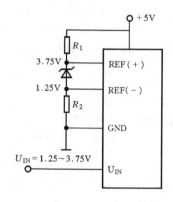

图 6-27　双基准电压引脚的连接

(3)A/D 转换器内部比较器反相输入端的正确使用

有些 A/D 转换器,如 AD1210,其模拟输入端有两个,分别接在内部比较器的同相和反相输入端。分别使用不同的模拟输入端,模拟输入信号将得到正逻辑和互补逻辑(输入满量程时,输出为 000H;输入为 0 时,输出为 FFFH)。

下面介绍一些最常用的集成 A/D 转换器与微机接口的方法。

6.7　A/D 转换器与微机接口

A/D 转换器与微机接口的主要任务有两个:

(1)A/D 转换器每接收一次微机发出的转换指令,就进行一次 A/D 转换;

(2)当微机发出取数据指令时,转换所得的数据从 A/D 转换器的输出寄存器中取出,经数据总线存入微机存储器的指定单元。

完成以上操作,需要一定的接口电路和软件使微机提供的控制信号能够从电平、逻辑、时序方面满足 A/D 转换的要求,以便 A/D 转换器能正常工作。

A/D 转换器在与微机接口时,需要解决以下三个问题:

(1)A/D 转换器输出到总线的数据需加缓冲,以免对数据总线的工作造成干扰;

(2)产生芯片选通信号和控制信号;

(3)从 A/D 转换器读出数据。

本节将讨论以上问题的解决方法,并以三种 A/D 转换器为例辅之说明。

6.7.1　接口设计中的问题

1. 数据输出缓冲问题

微机的数据总线是 CPU 与存储器和 I/O 设备之间传送数据的公共通道。因此，A/D 转换器在与微机接口时，要求 A/D 转换器的数据输出端必须通过三态缓冲器与数据总线相连，当未被选中时，A/D 转换器输出呈高阻抗状态，以免干扰数据总线上的数据传送。所以，应在了解 A/D 转换器的基础上，确定和微机的正确连接方法。下面就目前常用的 A/D 转换器分以下四种情况予以讨论。

（1）芯片的数据输出端有三态缓冲器，且在片外有三态控制端引脚

相应芯片有 ADC0809、AD7574，它们可以直接和微机数据总线相连。在 A/D 转换期间，三态缓冲器未打开，A/D 转换器输出呈高阻抗状态。当 A/D 转换完毕，用微机发出的控制信号打开三态缓冲器，使被转换的数据送到数据总线。

（2）芯片不具备三态输出缓冲器

相应芯片有 ADC1210。这类芯片输出端不能直接连到数据总线，必须外加三态缓冲器。

（3）芯片具有三态输出缓冲器，且由片内时序线控制

相应芯片有 AD571 和 AD572。这类芯片的输出端不能直接与数据总线相连，这是因为此类芯片在一次转换后便自动打开三态缓冲器使数据送到数据总线，并占据较长的时间，芯片的时序与微机数据总线时序不相配合，为了保证微机正常的总线时序，需要通过时序调整接口转换。

（4）芯片有三态输出缓冲器，且片内控制时序能与微机总线时序配合

相应芯片有 AD574A，这类芯片的输出端可直接和微机数据总线相连。

2. 产生芯片选通信号和控制信号

在数据采集系统中，为了区别于其他 I/O 设备，必须赋予 A/D 转换器一特定地址。产生地址信号的译码器与地址总线的连接方式，由系统所采用的 I/O 寻址方式及所拥有的地址总线决定。当系统采用内存映象 I/O 方式时，需要地址总线上全部 16 条（8 位 CPU 时）地址线参与译码。当采用 I/O 映象（或 I/O 单独编址）方式时，通常采用部分低位地址线传送地址码，可用二-四译码器（74LS139）、三-八译码器（74LS138）、四-十六译码器（74LS156）以及它们的组合进行译码，并可根据具体情况选用固定式或开关可选式地址译码。

地址信号只能选通 A/D 转换器，但无法确定 A/D 转换器是读操作还是写操作，还须从控制总线传送控制信号，完成对 A/D 转换器的读写控制。不同的微机系统中，控制总线的控制信号是不相同的。例如在 8031 单片机中，控制线 $\overline{RD}$、$\overline{WR}$ 共同控制 A/D 转换器的读写操作，当 $\overline{WR}$ 为"0"时，被选中的 A/D 转换器执行写操作；当 $\overline{RD}$ 为"0"时，A/D 转换器执行读操作。在以 Intel 芯片或 AMD 芯片为 CPU 并设置有 ISA 总线扩展槽的 PC 机中，A/D 转换器的读写操作由控制总线的 $\overline{IOR}$ 和 $\overline{IOW}$ 进行控制。

在利用微机地址总线和控制总线对 A/D 转换器的转换和读出数据进行控制时，应满足 A/D 转换器芯片正常工作时序的要求，即达到时序匹配。

原则上说，当微机采用内存映象 I/O 方式时，微机存储器的读写周期时序必须与 A/D 转换器时序相匹配；当采用 I/O 映象方式时，则微机 I/O 端口的读写时序必须与 A/D 转换器的时序相匹配。

　　时序匹配是指微机提供的控制信号的持续时间和相位关系能满足所用 A/D 转换器的控制信号要求。由于微机输出的控制信号的宽度(或持续时间)与其所用时钟频率有关,所以当 A/D 转换器对控制信号的宽度有严格要求时,也就限定了微机所用时钟频率的上限值。例如,已知道 AD574A 的 R/$\overline{C}$ 信号宽度必须大于 450 ns,它由微机的 $\overline{RD}$ 信号控制,如 $\overline{RD}$ 信号宽度为微机时钟周期的 1.5 倍,则微机只能使用最高为 3.3 MHz 的时钟频率。

　　应当注意,各种 A/D 转换器芯片所要求的启动转换信号的形式是不同的。有的是脉冲跳变沿启动,有的是电平启动。例如 AD570 启动信号 B/$\overline{C}$,要求在整个转换期间保持低电平。如果在转换过程中将启动信号撤去,将停止转换而得到错误的转换结果,此时要用单稳态电路使启动脉冲展宽到所需的时间。

　　在接有采样/保持器的数据采集系统中,A/D 转换器既要和微机联系,也要接收采样/保持器的输出,因此要考虑这三者间的时序配合问题。通常可以用 A/D 转换器的转换状态信号作为采样/保持器的模拟开关的控制信号,以保持 A/D 转换与采样/保持器的协调。另外,A/D 转换的启动脉冲宽度应大于采样/保持器的孔径时间,以保证采样/保持器的输出在启动 A/D 转换以前已达到稳定状态,使 A/D 转换准确。

3. 读出数据

　　为了能从 A/D 转换器中取出转换结果,需要解决两个问题:一是 A/D 转换器与微机之间的联络方式;二是采用何种数据输出格式。

　　(1) 联络方式

　　由于 A/D 转换须经过一定的转换时间,只有在 A/D 转换器转换结束并发出转换结束信号后,微机读出的数据才是正确的。否则读到的是错误的转换数据。为了便于微机检查转换状态的电平变化,系统通常采用的联络方式有两种:查询和中断。

　　① 查询方式

　　采用查询方式时,将 A/D 转换器的转换状态脚接在微机 I/O 口的某一位上,或经过一个外接的三态缓冲器连接到 CPU 数据总线的某一位上,微机不断查询这一位的电平。图 6-28 为单片机 8031 与 AD574A 接口电路中查询转换状态的电路方案之一,为了不影响数据总线的正常工作,其中 AD574A 的转换状态信号 STS 经三态缓冲器接到数据总线的 D_0 上,用一特定地址选定三态缓冲器并在读状态时打开三态缓冲器,以供微机检查转换状态。STS 为高电平时,A/D 处于转换周期;STS 为低电平时,A/D 转换结束。

　　另外,可以将 AD574A 转换器的转换状态信号端 STS 与 8031 的 P_1 口 $P_{1.0}$ 相连,8031 不断检查 P_1 口的 $P_{1.0}$ 位的电平,即得知 A/D 转换器的工作状态。

　　② 中断方式

　　采用中断方式时,将 A/D 转换器的转换状态信号送到微机的中断输入线上,向微机申请中断,微机响应中断后,在中断服务程序中读取 A/D 转换器输出的数据。图 6-29 为 AD574A 与 PC 机 ISA 总线按中断方式联络的接口电路。在这个电路中,来自 AD574A 的转换结束信号 STS 经反相形成正脉冲去触发 74LS74(D)触发器,该触发器的输出经三态缓冲器接到微机总线上空闲的中断请求线 IRQ_2 或 IRQ_3 上。D 触发器的清除和三态缓冲器的启动均由可编程 I/O 端口位控制。D 触发器的复位由中断服务程序中的一条 OUT 指令来完成。

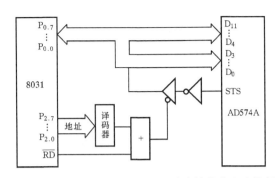

图 6-28 8031 与 AD574A 接口电路中转换状态查询部分

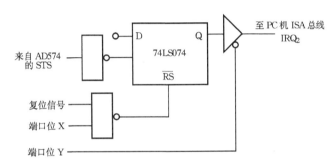

图 6-29 AD574A 与 PC 机 ISA 总线中断联络方式接口电路

在设计 A/D 转换器与微机接口电路时,究竟是采用查询还是中断方式,取决于所用 A/D 转换器的转换时间和用户的程序安排。一般来说,当 A/D 转换时间较短(几十微秒以下)时,宜采用查询方式;而转换时间较长(100 μs 以上)时,宜采用中断方式。其理由是,采用查询方式时,在 A/D 转换期间,微机的 CPU 处于等待状态,降低了 CPU 的效率;而采用中断方式,A/D 转换期间,微机的 CPU 可以去做其他工作,不会因 A/D 转换时间而影响 CPU 的效率,但是程序较复杂。

(2) 数据输出格式

A/D 转换器数据输出格式有并行和串行两类,多数 A/D 转换器采用并行输出。当 A/D 转换器输出数据的位数多于与之相连的微机数据总线的位数时,数据传送要分成两个字节进行。下面一段程序是 PC 机从 12 位 A/D 转换器 ADC1210 读取数据的程序。ADC1210 的数据输出端无三态缓冲器,故外接缓冲器 1(设地址为 0101H)用于锁存高 4 位数据,缓冲器 2(地址为 0102H)用于锁存低 8 位数据。程序如下:

```
     ⋮
MOV  DX,0101H      ;准备高 4 位数据地址
     ⋮
IN   AL,DX         ;读入高 4 位转换结果
MOV  AH,AL         ;送入 AH 寄存器保存
INC  DX            ;准备低 8 位数据地址
IN   AL,DX         ;读入低 8 位转换结果
     ⋮
```

程序执行后,8088CPU 中的 AX 寄存器的内容即为 A/D 转换器的转换数据。

6.7.2　内含三态缓冲器的 A/D 转换器接口电路

各种内含三态缓冲器的 A/D 转换器（如 ADC0809、AD574A）在与微机连接时，数据输出端可以直接连到微机的数据总线上，其接口设计仅考虑产生 A/D 转换所需的控制信号和地址选通信号。现以 ADC0809 和 AD574A 为例说明其接口设计情况。

1. 8 位 A/D 转换器 ADC0809 与微机的接口

ADC0809 芯片内含三态输出缓冲器，且片外有三态缓冲器控制端 OE，它的输出端可以直接接到微机的数据总线上，只需解决通道选择、启动转换和输出允许的控制信号即可。表6－8 为 ADC0809 的 I/O 特性。下面介绍 ADC0809 与单片机 8031 的接口。

ADC0809 与 8031 单片机的接口电路如图 6－30 所示。

由于 ADC0809 片内无时钟，可利用 8031 的 ALE 信号经 D 触发器 2 分频后，提供给 ADC0809 的时钟信号 CLK 端，ALE 信号频率为 8031 时钟频率的 $\frac{1}{6}$，若 8031 时钟频率为 6 MHz，则 ALE 脚的输出频率为 1 MHz，再 2 分频后，ADC0809 的时钟频率为 500 kHz，恰好符合 ADC0809 对时钟频率的要求。

ADC0809 的 8 路模拟通道选择信号由 8031 的数据/地址复用线 $P_{0.0} \sim P_{0.2}$ 提供。$P_{2.7}$ 作为 ADC0809 的片选信号。$\overline{WR}$ 和 $P_{2.7}$ 一起控制 ADC0809 通道地址锁存和转换启动。$\overline{RD}$ 和 $P_{2.7}$ 一起控制 ADC0809 的三态输出缓冲器。

在读取转换结果时，如果采用软件延时法，则 ADC0809 的转换结束信号 EOC 输出端可悬空；如果采用查询法，EOC 需接 8031 的 I/O 口。当 8031 通过 I/O 口读得 EOC 有效时，便读取转换结果；如果采用中断法，则 EOC 反向接到 8031 的$\overline{INT_0}$（$P_{3.2}$）或$\overline{INT_1}$（$P_{3.3}$）引脚即可。

表 6－8　ADC0809 的 I/O 特性

被选通的通路	C	B	A
IN_0	0	0	0
IN_1	0	0	1
IN_2	0	1	0
IN_3	0	1	1
IN_4	1	0	0
IN_5	1	0	1
IN_6	1	1	0
IN_7	1	1	1

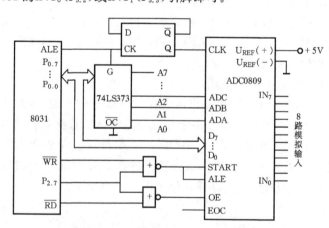

图 6－30　ADC0809 与 8031 的接口

例 6.1　对 8 路模拟输入通道轮流采样一次，采用软件延时法读取转换结果，并依次把转换结果存入片内数据存储区。

解　程序清单如下：

```
        ORG    4000H
START:  MOV    R1,#DATA      ;置数据区首地址
        MOV    DPTR,#7FF8H   ;指向 0 通道
```

```
           MOV   R7,♯08H        ;设置采样通道数
LOOP：      MOVX  @DPTR,A        ;锁存地址并启动 A/D 转换
           MOV   R6,♯0AH        ;软件延时,等待转换结束
DELAY：     NOP
           NOP
           NOP
           DJNZ  R6,DELAY       ;若 R6－1≠0,循环延时
           MOVX  A,@DPTR        ;读取转换结果
           MOV   @R1,A          ;把转换结果存入数据区
           INC   DPTR           ;指向下一个通道
           INC   R1             ;数据区指针地址加 1
           DJNZ  R7,LOOP        ;8 个通道全部采样完毕吗? 未完,继续
```

另外,只需将图 6－30 中 ADC0809 的 EOC 端经过一非门连接到 8031 的 $\overline{INT}_1$ 脚,即可构成 ADC0809 与 8031 的中断方式接口电路。采用中断方式可大大节省 CPU 的时间,当转换结束时,EOC 发出一脉冲向单片机提出中断请求。单片机响应中断请求,并执行外部中断 1 的中断服务程序读 A/D 转换结果,同时启动 ADC0809 的下一次转换,外部中断 1 采用边沿触发方式。

程序如下:

```
INT1：  SETB  IT1             ;外部中断 1 初始化编程
        SETB  EA
        SETB  EX1
        MOV   DPTR,♯7FF8H     ;启动 ADC0809 对 IN₀ 通道转换
        MOV   A,♯00H
        MOVX  @DPTR,A
          ⋮
```

中断服务程序:

```
PINT1：MOV  DPTR,♯07FF8H      ;读 A/D 转换结果
       MOV   A,@DPTR
       MOV   30H,A            ;将转换结果送入内存单元 30H
       MOV   A,♯00H
       MOV   @DPTR,A
       RETI
```

2. 12 位 A/D 转换器 AD574A 与微机的接口

由图 6－15 可知,AD574A 共有 5 根控制线:CE、$\overline{CS}$、$12/\overline{8}$、A₀、R/$\overline{C}$ 来完成 A/D 转换器的定时、寻址、启动和读出功能。启动转换时,要求 CE＝1,$\overline{CS}$＝0,R/$\overline{C}$＝0;读出时,要求 CE＝1,$\overline{CS}$＝0,R/$\overline{C}$＝1。转换状态端 STS 在转换开始后为高电平,当转换结束后,STS 端为低电平。下面分别介绍 AD574A 与 8031 单片机和 PC 机的接口。

（1）AD574A 与 8031 单片机的接口

图 6-31 是 AD574A 与 8031 单片机的接口电路。由于 AD574A 片内有时钟,故无需外加时钟信号。该电路采用单极性输入方式,可对 0～10V 或 0～20V 模拟信号进行转换。

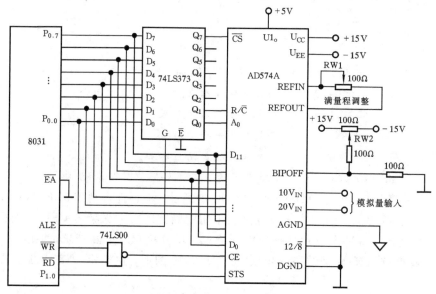

图 6-31　AD574A 与 8031 的接口电路

设 A/D 全 12 位转换,要求启动转换时,$A_0 = 0$,即 $P_{0.0} = 0$;$R/\overline{C} = 0$,即 $P_{0.1} = 0$。故可确定启动转换时的端口地址为 0FCH(未采用的数据/地址复用线皆设为 1)。

因为 12/$\overline{8}$ 接地,所以 A/D 转换结果分两次读出,高位从 $D_{11} \sim D_4$ 读出,低 4 位从 $D_3 \sim D_0$ 读出。读高 8 位结果时,要求 $A_0 = 0$,$R/\overline{C} = 1$,读低 4 位结果时要求 $A_0 = 1$,$R/\overline{C} = 1$,则两次读结果的端口地址分别为 0FEH 和 0FFH。

AD574A 的状态信号 STS 与 8031 的 $P_{1.0}$ 端相连,可采用查询法判断 A/D 转换是否结束。

例 6.2　编写采用查询法完成一次 A/D 转换的程序。

解　程序清单如下:

```
        ORG    0500H
START:MOV    DPTR,＃8000H        ;置数据存储区地址
      MOV    R0,＃0FCH          ;置启动 A/D 转换地址
      MOVX   @R0,A              ;启动 A/D 转换
LOOP: JB     P1.0,LOOP          ;转换结束否? 未结束,继续等待
      MOV    R0,＃0FEH          ;置读高 8 位地址
      MOVX   A,@R0              ;读高 8 位转换结果
      MOVX   @DPTR,A            ;转存
      INC    R0                 ;计算低 4 位地址
      INC    DPTR               ;计算低 4 位数据存储单元地址
      MOVX   A,@R0              ;读低 4 位转换结果
      MOVX   @DPTR,A            ;转存低 4 位转换结果
      RET                       ;返回
```

在上面的程序中,因高 8 位地址 $P_{2.7}\sim P_{2.0}$ 未用,故在访问 AD574A 时,使用寄存器(R_0)间接寻址。

（2）AD574A 与 PC 机的接口

AD574A 工作于普通控制方式的接口电路如图 6-32 所示,由 ALE 和 $A_1\sim A_9$ 进行地址译码选通 $\overline{CS}$,$\overline{IOR}$ 和 $\overline{IOW}$ 结合控制 CE,并由 $\overline{IOW}$ 非直接控制 R/$\overline{C}$,地址线的 A_0 直接接入 AD574A 的 A_0。

因为 12/$\overline{8}$ 接地,所以 A/D 转换结果分两次读出,高位从 $D_{11}\sim D_4$ 读出,低 4 位从 $D_3\sim D_0$ 读出。读高 8 位结果时,要求 $A_0=0$,R/$\overline{C}=1$,读低 4 位结果时要求 $A_0=1$,R/$\overline{C}=1$。

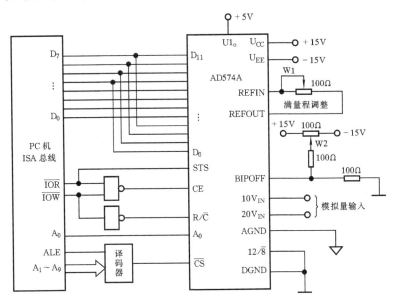

图 6-32　AD574A 与 PC 机的接口电路

注意:AD574A 工作于普通控制方式时,不适合与 PC286 以上型号的微机接口,因为这类微机的总线周期短,难以适合 AD574A 所要求的一些设置时间。

（3）AD574A 的应用说明

① 关于控制信号的说明

12/$\overline{8}$ 引脚和 TTL 电平不兼容,因此必须把它直接接在 U_L 逻辑正电源或数字地。在和 8031 单片机接口时,12/$\overline{8}$ 引脚必须接地,使 AD574A 成为双 8 位输出。$A_0=0$,高 8 位输出; $A_0=1$,低 4 位输出且左对齐(低 4 位数据线输出为零)。这种配置可以不用三态缓冲器,而把数据线和 8031 的 8 位数据线直接相连。

注意:在数据读取过程中,不要改变 A_0 引脚的状态。如果三态门的开关时间不对称,则会引起内部总线的争夺,对 AD574A 芯片造成损坏。

另外,CE 和 $\overline{CS}$ 有效前,R/$\overline{C}$ 应保持低电平。如果 R/$\overline{C}=1$,则一个读操作可能会同时发生,还可能引起总线的竞争。无论是 CE 还是 $\overline{CS}$ 都可以用作启动转换信号,但建议使用 CE,因为它比 $\overline{CS}$ 少一个延时,并且输入快。

② 输入调试及采样/保持器的选择

如果要检查模拟信号输入是否合适,可以用双踪示波器观察 AD574A 的输入。

当需用采样/保持器时,建议用 AD585。考虑到 AD574A 的最大转换时间为 35 μs,对一个 10 V 的模拟量输入,如果想要取得准确的结果,最大频率只能是 1.5 kHz,但如果加上 AD585,则最高频率可以提高到 26 kHz,采用采样/保持器后提高采样频率的讨论请见第 5 章。

③ 电源耦合及布线时应注意的问题

AD574A 应用电路调试完毕后,在模拟输入端输入一稳定的标准电压,启动 A/D 转换,12 位转换数据亦应稳定。如果变化较大,说明电路稳定性差,则要从电源及接地布线等方面查找原因。AD574A 的电源电压要有较好的稳定性和较小的噪声,噪声大的电源会产生不稳定的输出代码。在电路设计时,AD574A 的电源要很好地进行滤波调整,还要避开高频噪声源,这对 AD574A 来讲是非常重要的。为了取得 12 位精度,除非进行了很好的滤波,否则最好不要用开关电源。因为毫伏级的噪声能在 12 位 A/D 转换中引起好几位的误差。

电源引脚与数字地(引脚 1 和 15)之间,模拟电源 U_{CC}、U_{EE} 和模拟地(引脚 9)之间应加去耦电容,合适的去耦电容是一个 4.7μF 的钽电容再并联一个 0.1μF 的陶瓷电容。

布线时应注意,把 AD574A 连同模拟输入电路,尽可能远地离开数字电路部分。因此,最好不要用飞线连接电路。

④ AD574A 的地线布置

模拟地(引脚 9)是芯片内部基准电源的参考点。因此,它应该是一个高质量的地线,应直接接在系统的模拟参考点上。为了在较大的数字信号干扰下仍能最大限度地取得高精度的性能,布置印刷电路板时要注意以下几点:

a. 数字地与模拟地要就近一点连接;

b. ±15 V 电源经过电容去耦以后,其地线连接到数字地上;

c. 外部模拟电路的接地端要分别连接到 AD574A 的模拟地。

6.7.3　不带三态缓冲器的 A/D 转换器接口电路

对于内部不带三态缓冲器的 A/D 转换器,在与微机接口时,要采用外加三态缓冲器或 I/O 器件的方法与数据总线相连。

1. 外接三态缓冲器的接口电路

ADC1210 转换器因内部不带三态缓冲器,在与微机接口时须外接三态缓冲器。由于篇幅的关系,下面仅介绍 ADC1210 与 8031 单片机的连接。

接口电路如图 6-33 所示。图中用两个三态缓冲器 74LS244 把 ADC1210 的数据输出线与 8031 单片机的数据总线相连。把 $P_{1.0}$ 与 $\overline{OC}$ 端相连,用于查询判断转换是否结束,以确定能否读入转换结果。

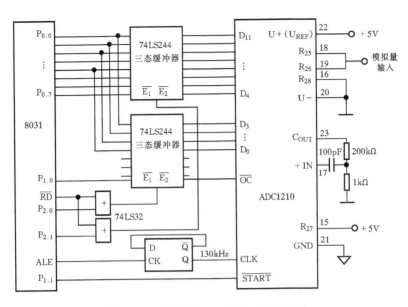

图 6 - 33　ADC1210 与 8031 的接口电路

用查询方式编写的接口采样程序如下：

```
        MOV   R0,#50H         ;置数据暂存区首址
        SETB  P1.1            ;准备启动
        CLR   P1.1            ;复位寄存器
        NOP
        SETB  P1.1            ;启动 A/D 转换
WAIT:   JB    P1.0,WAIT       ;判断是否转换结束
        MOV   DPTR,#0FDFFH    ;
        MOVX  A,@DPTR         ;读低 8 位转换结果
        CPL   A               ;将反码取反为二进制码
        MOV   @R0,A           ;存低 8 位
        INC   R0
        MOV   DPTR,#0FEFFH
        MOVX  A,@DPTR         ;读高 8 位转换结果
        CPL   A               ;将反码取反
        ANL   A,#0FH          ;去掉高 4 位
        MOV   @R0,A           ;存 A/D 转换结果的高 4 位
```

2. 利用 I/O 器件与微机的接口电路

微机或微处理器通过 I/O 器件与 A/D 转换器相连是常用的一种方法。各类微机或微处理器都有其专用的并行 I/O 接口器件，如 PC 机的 8255A，8031 单片机的 8155 和 8255A 等，这里不再一一介绍，需要时，读者可去查阅这些器件的资料。本节介绍利用可编程接口 8255A，把 ADC1210 转换器与微机相连接的方法。

8255A 可编程接口的详细情况请见第 9 章。8255A 与 ADC1210 和 8031 单片机的连接情况如图 6-34 所示。

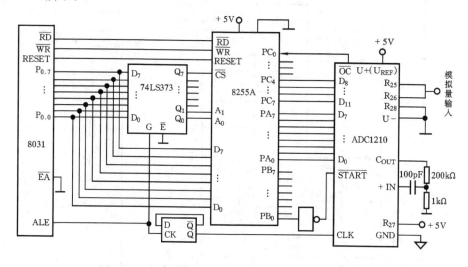

图 6-34 ADC1210 利用 8255A 与 8031 的接口电路

图中用 8255A 的 A 口接收 ADC1210 转换结果的低 8 位,用 C 口的 $PC_4 \sim PC_7$ 位接收 ADC1210 转换结果的高 4 位。

8255A 与 8031 连接的数据总线是三态的,只有在 8031 发出 $\overline{RD}$ 信号时才暂时占用数据总线,其他时间端口呈高阻抗状态,不妨碍其他逻辑器件使用数据总线。

ADC1210 的启动脉冲由 8031 发出并通过 8255A B 口的 PB_0 位传到 $\overline{START}$ 端。A/D 转换结束后,立即通过 $\overline{OC}$ 端输出转换结束信号至 8255A C 口的 PC_0 位。

ADC1210 的时钟信号由 8031 的 ALK 端输出并经过分频后提供。

实现该接口电路功能的程序框图如图 6-35 所示。

这里需要说明的是,由于 ADC1210 的数据输出不具备三态缓冲输出,给使用带来了不方便,所以,ADC1210 的应用不如 AD574A 广泛。

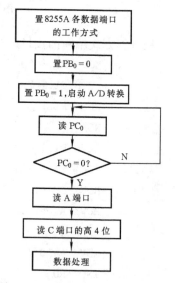

图 6-35 利用 8255A 接口的 A/D 转换程序流程图

习题与思考题

1. A/D 转换时间 $t_{CONV} = 25~\mu s$,最高采样频率 $f_S \leqslant$ _____ kHz,对应的输入信号最高采样频率 $f_{max} \leqslant$ _____ kHz。

2. A/D 转换理想特性最大量化误差为多少 LSB?

3. AD574A 有哪些主要的控制信号?其意义如何?

4. A/D 转换器要能开始转换,必须具备哪几个条件(参考 AD574A 的启动时序图)?转换结束时 STS 有何变化?此变化有什么用途?

5. 12 位 A/D 转换器 AD574A 是如何与 PC 机 ISA 总线的数据线接口(包括硬件连接、传输格式等)?

6. 从 A/D 转换时间 t_{CONV} 考虑,什么情况下用查询方式好? 什么情况下用中断方式好?

7. 设中断响应时间为 20 μs,由 ADC1140 与 AD5210 构成的数据采集系统,哪一块芯片用中断方式合适? 哪一块芯片用查询方式合适?(有关参数可查手册)

8. 一数据采集系统,其模拟输入信号为 0～10 V,要求 $t_{\text{CONV}} \leqslant 30$ μs,精度为 0.1% FSR(或 12 位),请选出能满足上述要求的 A/D 转换器,至少两种,并给出其型号(应查有关手册)。

9. 在 A/D 转换器中,最重要的技术指标是哪两个?

10. 一般用什么信号来表征 A/D 转换器芯片是否被选中?

11. 请读者设计一个调试 A/D 接口板的电路及测试表格。设模拟量输入通道为 16 个通道,$FSR = 9$ V。

12. 线性误差是什么意思? 线性误差大于 $1LSB$ 有何后果(对 A/D 转换器说明)?

13. 已知一数据采集系统的采样速率为 4 次/s,要求系统具备抗 50 Hz 的干扰的能力,检测精度大于 0.05%,采集精度为 0.01%,试选择 A/D 转换器芯片,并画出与 8031 单片机的接口电路图。

第 7 章 数/模转换器

数/模转换器是一种将数字量转换成模拟量的器件,简称 D/A 转换器或 DAC(Digital to Analog Converter)。它在数字控制系统中作为关键器件,用来把微处理器输出的数字信号转换成电压或电流等模拟信号,并送入执行机构进行控制或调节;在逐次逼近式 A/D 转换器中,它将 SAR 中的数字量转换成模拟量,反馈至比较器供逐次比较、逼近,最后完成 A/D 转换。

目前,D/A 转换器也已集成在一块芯片上,一般用户无需了解其内部电路的细节,只要掌握芯片的外特性和使用方法就够了。

7.1 D/A 转换器的分类和组成

7.1.1 D/A 转换器的分类

D/A 转换器主要有两大类型:并行 D/A 转换器和串行 D/A 转换器。

1. 并行 D/A 转换器

并行 D/A 转换器的结构如图 7-1 所示。其特点是转换器的位数与输入数码的位数相同,对应数码的每一位都有输入端。用以控制相应的模拟切换开关把基准电压 U_{REF} 接到电阻网络。

电阻网络将基准电压转变为相应的电流或电压,在运算放大器输入端进行总加。运算放大器的输出量 U_o 则反映输入数字量的大小。

设输入的(十进制)数字量 $D = a_1 2^{-1} + a_2 2^{-2} + \cdots + a_n 2^{-n}$(参阅第 2 章 2.8 节),则

$$U_o = U_{REF} \cdot D = U_{REF}(a_1 2^{-1} + a_2 2^{-2} + \cdots + a_n 2^{-n})$$

$$= U_{REF} \sum_{i=1}^{n} a_i 2^{-i}$$

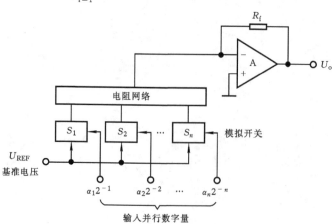

图 7-1 并行 D/A 转换器结构框图

其中，a_i 是 1 还是 0 取决于输入数字量第 i 位上的逻辑。如果 $a_i = 1$，基准电压 U_{REF} 通过模拟开关加到电阻网络；如果 $a_i = 0$，模拟开关断开，基准电压 U_{REF} 不能加到电阻网络。

并行 D/A 转换器的转换速度很快，只要在输入端加入数字信号，输出端立即有相应的模拟电压输出。它的转换速度与模拟开关的通断速度、电阻网络的寄生电抗和运算放大器的输出频率有关，但主要决定于后者。

快速 D/A 转换都采用并行输入方式。

2. 串行 D/A 转换器

由于在某些应用中，数字量是以串行方式输入，直接采用并行 D/A 转换器不适合。这时，使用串行 D/A 转换器是最方便的，而且电路简单。

串行 D/A 转换器的工作节拍 t_c 是和串行二进制数码定时同步的，输入端不需要缓冲器，串行二进制数码在时钟同步下控制 D/A 转换器一位接一位地工作。因此，转换一个 n 位输入数码需要 n 个工作节拍周期，即需要 n 个时钟周期，转换速度比并行 D/A 转换器低得多。

串行 D/A 转换器的结构如图 7-2 所示。

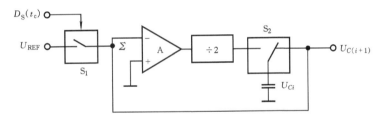

图 7-2　串行 D/A 转换器结构框图

图中 D_S 为串行输入的二进制数码。如果 D_S 在时钟脉冲的 T_c 周期是逻辑 1，则 S_1 开关接通，基准电压 U_{REF} 与已存储在电容器上的电压 U_{Ci} 在加法放大器进行相加，再经"÷2"电路将所得的电压和降低一半。

如果 D_S 在时钟脉冲的 T_c 周期是逻辑 0，则 S_1 开关断开，仅 U_{Ci} 单独接入，经"÷2"电路将 U_{Ci} 降低一半。因此，T_c 周期以后，电容器上存储的电压为

$$U_{C(i+1)} = \frac{1}{2}(U_{Ci} + a_i U_{REF})$$

式中：a_i 是 1 或 0 取决于对应 T_c 周期时 D_S 输入数码的 i 位是逻辑 1 或 0；U_{Ci} 为 T_c 周期结束时电容器上存储的电压。

在串行二进制脉冲最后一位 $i = n$（即最高位）参与转换后，电容器上的电压为 U_{Cn}，如果将它减去初始电容电压 U_{C0} 的 $\frac{1}{2^n}$ 倍，则余下的电压即为串行 D/A 转换器最终的模拟电压输出，令此电压为 U_o，则

$$U_o = U_{Cn} - U_{C0} \frac{1}{2^n}$$

例如，$U_{REF} = 16\ V$，$U_{C0} = 16\ V$，$n = 5$，即五位二进制码，串行 D_S 脉冲为 11010。由于 $n = 5$，则每一量子的电压单元为 $\frac{U_{REF}}{2^5} = \frac{16}{32} = 0.5\ V$。而 $D_S = (11010)_2 = (26)_{10}$，D/A 转换器应输出 $0.5 \times 26 = 13\ V$。

由于这个输出是在串行码的最高位一个字的短时间间隔内得到的,因此,如果想要得到稳定的直流电压输出,必须加接采样/保持电路,在此时记忆下来。

7.1.2　D/A 转换器的基本组成

D/A 转换器的基本组成可分为四个部分:电阻网络、模拟切换开关、基准电源和运算放大器。

1. 电阻网络

在并行的 D/A 转换器中都用到一些精密电阻或精密电阻网络,转换器的精度直接与电阻的精度有关。在某些 D/A 转换网络中,转换精度只决定于电阻的比值,与电阻的绝对值关系不大。因为在某段时间里或环境条件变化的情况下,保持电阻比值的恒定比保持电阻本身数值的恒定要容易得多。尤其是对积沉在一个基片上的多个电阻组成的电阻网络更是如此,由于电阻形成在同一时间,用同一材料,同样结构并组装在同一工作环境的组件之中,较容易保证电阻比值的恒定。

2. 基准电源

在 D/A 转换器中,基准电源的精度直接影响 D/A 转换器的精度。在双极性 D/A 转换器中还需要稳定和精确的正、负基准电源。如果要求 D/A 转换器精确到满量程的 ±0.05%,则基准电源精度至少要满足 ±0.01% 的要求。另外,还要求噪声低、纹波小、内阻低等,在某些特殊情况下,还要求基准电源有一定的负载能力。

3. 模拟切换开关

模拟切换开关要求断开时电阻无限大,导通时电阻非常小,即要求很高的电阻断通比值。而且力求减小开关的饱和压降、泄漏电流以及导通电阻对网络输出电压的影响。

4. 运算放大器

D/A 转换器的输出端一般都接有运算放大器,其作用有两个:一个是对网络中各支路电流进行求和;另一个是为 D/A 转换器提供一个阻抗低、负载能力强的输出。对于一个运算放大器而言,最重要的特征是电流和电压偏移及其随温度的变化,还要考虑运算放大器的动态响应及输出电压的摆率。

如果要求 D/A 转换器精确到满量程的 ±0.05%,则首先要求放大器本身的电压输出至少稳定在满量程的 ±0.01% 以内。例如,放大器满量程输出为 ±10 V,则要求其输出稳定在 ±1 mV 范围内。因此这样的放大器必须附加对偏移和漂移的校正,才能满足转换器的要求。

7.2　D/A 转换器的主要技术指标

在选用 D/A 转换器时,应考虑的主要技术指标如下。

1. 分辨率

D/A 转换器的分辨率定义为最小输出电压(对应的输入数字量只有最低有效位为"1")与最大输出电压(对应的输入数字量所有有效位全为"1")之比。按照以上定义可知,若 D/A 转换器的位数为 n,则有

$$分辨率 = \frac{1}{2^n - 1} \qquad (7-1)$$

由式(7-1)可知,D/A 转换器的分辨率与位数有关。

表 7-1 给出了对应各个位数的分辨率。

表 7-1 D/A 转换器位数与分辨率的关系

位 数	分辨率
8	1/255
10	1/1023
12	1/4095
14	1/16383
16	1/65535

由表 7-1 可看出,位数越多,分辨率就越高。因为这个对应关系是固定的,所以目前一般都间接用位数 n 来代表分辨率。

2. 精度

精度分为绝对精度和相对精度两种。

绝对精度是指输入满量程数字量时,D/A 转换器实际输出值与理论输出值之差,该偏差一般应小于 $\pm\frac{1}{2}LSB$。

相对精度是指绝对精度与额定满量程输出值的比值。相对精度有两种表示方法:一种是用偏差多少 LSB 来表示;另一种是用该偏差相对满量程的百分数来表示。

3. 线性误差

线性误差是指 D/A 转换器芯片的转换特性曲线与理想特性之间的最大偏差,如图 7-3 所示。图中,理想转换特性是在零点及满量程校准以后建立的。

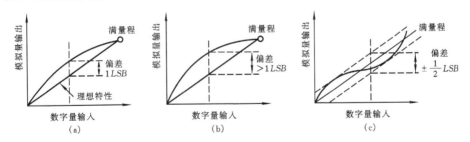

图 7-3 D/A 转换特性曲线与理想特性的偏差

4. 建立时间

建立时间是指 D/A 转换器的输入数码满量程变化(即从全"0"变成全"1")时,其输出模拟量值达到 $\pm\frac{1}{2}LSB$ 范围所需的时间。

这个参数反映 D/A 转换从一个稳态值到另一个稳态值过渡的时间长短。建立时间的长短取决于所采用的电路和使用的元件。例如,电阻网络中电阻阻值越大,其寄生电容也越大,就会产生较大的延时;还有开关电路的延时和电流/电压变换的延时。所以建立时间的作用,在于据此可以计算出 D/A 转换器每秒最大的转换次数。

不同型号的 D/A 转换器，其建立时间不同，一般从几十纳秒至几微秒。输出形式若是电流，其 D/A 转换建立时间很短。输出形式若是电压，D/A 转换建立时间主要取决于运算放大器的响应时间。

例如，单片集成 D/A 转换器 AD7541 的建立时间为：当其输出达到与满量程值差 0.01% 时，建立时间 $\leqslant 1\mu s$。而 AD561J 的建立时间为：当其输出达到与满量程值 $\pm \dfrac{1}{2} LSB$ 时，建立时间为 250 ns。

5. 单调性

当输入数码增加时，D/A 转换器输出模拟量也增加或至少保持不变，则称此 D/A 转换器输出具有单调性，否则就是非单调性。

6. 温度系数

在满量程输出条件下，温度每升高 1℃，输出变化的百分数定义为温度系数。

例如，AD561J 的温度系数为 $\leqslant 10 \times 10^{-6} FSR /℃$。

7. 电源抑制比

通常把满量程电压变化的百分数与电源电压变化的百分数之比称为电源抑制比。对于重要的应用，要求开关电路及运算放大器所用的电源电压发生变化时，对 D/A 转换器的输出电压影响极小。

8. 输出电平

不同型号的 D/A 转换器的输出电平相差较大，一般为 $5\sim 10$ V，有的高压输出型的 D/A 转换器的输出电平，高达 $24\sim 30$ V。还有电流输出型的 D/A 转换器，输出低的为几毫安到几十毫安，高的可达 3 A。

9. 输入代码

有二进制码、BCD 码、双极性时的偏移二进制码、二进制补码等。

10. 输入数字电平

指输入数字电平分别为"1"和"0"时，所对应的输入高低电平的起码数值。

例如，AD7541 的输入数字电平：$U_{IH} > 2.4$ V，$U_{IL} < 0.8$ V。

11. 工作温度

由于工作温度会对运算放大器和加权电阻网络等产生影响，所以只有在一定的温度范围内，才能保证额定精度指标。较好的转换器工作温度范围在 $-40\sim 85$ ℃之间，较差的转换器工作温度范围在 $0\sim 70$ ℃之间。

以上介绍了 D/A 转换器的主要技术指标，在应用中要注意技术指标间的关系，以使其整体合理，避免片面性。

首先分析分辨率与线性误差的关系。根据分辨率的定义，位数越多，分辨率越高。但只靠增加转换器的位数，并不能使 D/A 转换器的分辨率无限增加。其次，如果 D/A 转换器线性度不理想，有可能使相邻的离散电平重叠或交错，此时再增加位数已毫无意义。因此，当用转换器位数来表示其分辨率时，应将其理解为转换器的名义分辨率，至于转换器实际能达到的分辨率则取决于它的线性误差(LE)。为了充分发挥其名义分辨率,则由线性度不良而产生的误差电压(ΔU_{LE})和线性误差(LE)应分别满足下列关系

$$\Delta U_{LE} \leqslant \pm \frac{1}{2} U_{LSB}$$

或

$$LE \leqslant \pm 2^{(-n+1)} \times 100\%$$

应该指出,转换器的线性误差是温度的函数,一个 12 位 D/A 转换器,在 +25 ℃时具有 0.01% 左右的线性误差,可保证与 12 位相应的分辨率,而在别的环境温度下,如其线性误差降到了 0.1% 左右时,那么它只能达到与 9 位相应的分辨率。

由于应用场合不同,对 D/A 转换器各项技术特性的要求也有所侧重。例如,在控制系统中,D/A 转换器的分辨率和单调性就比其他特性更为重要。因为高分辨率的 D/A 转换器可以为伺服电机提供更平滑的驱动信号,使其能进行精细的调整;而单调性是防止闭环系统发生振荡的基本需要,在自动测试系统中,追求的目标则是高精度。

7.3 并行 D/A 转换器

并行 D/A 转换器的转换速度比较快,原因是各位代码都同时进行转换,转换时间只取决于转换器中电压或电流的稳定时间及求和时间,这些时间都是很短的。下面介绍几种比较常用的 D/A 转换器。

7.3.1 权电阻 D/A 转换器

权电阻 D/A 转换实现的方法,是先把输入的数字量转换为对应的模拟电流量,然后再把模拟电流转换为模拟电压输出。

图 7-4 为四位权电阻 D/A 转换器的工作原理图。

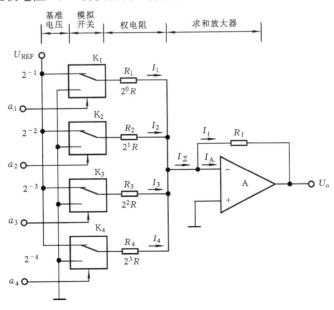

图 7-4 四位权电阻 D/A 转换器工作原理

图中 U_{REF} 为基准电压,$K_1 \sim K_4$ 为模拟电子开关,它受二进制数字量各位状态的控制。当相应的二进制位为"0"时,开关接地;为"1"时,开关接基准电压 U_{REF}。

2^0R、2^1R、2^2R、2^3R 为二进制权电阻网络,它们的电阻值与对应位的权成反比,即位权越大电阻值越小,开关接通基准电压时,通过电阻的电流就越大,以保证一定权的数字代码产生相应的模拟电流。

运算放大器对各位电流求和,然后转换成模拟输出电压 U_o。

设输入的数字量(十进制)为 D,采用定点二进制小数编码时,D 可以表示为

$$D = a_1 \cdot 2^{-1} + a_2 \cdot 2^{-2} + \cdots + a_n \cdot 2^{-n} = \sum_{i=1}^{n} a_i \cdot 2^{-i}$$

式中:a_i 是 0 或 1,随 D 相应位的数值而定;n 为正整数。当 a_i 为"1"时,开关接基准电压 U_{REF},通过该位权电阻 R_i 的电流为

$$I_i = \frac{U_{REF}}{R_i} \qquad\qquad (7-2)$$

当 $a_i = 0$ 时,开关接地,相应支路中没有电流。如以 a_i 代表第 i 位代码,则流入图 7-4 中 Σ 点的总电流将为

$$
\begin{aligned}
I_\Sigma &= a_1 I_1 + a_2 I_2 + a_3 I_3 + a_4 I_4 \\
&= a_1 \frac{U_{REF}}{2^0 R} + a_2 \frac{U_{REF}}{2^1 R} + a_3 \frac{U_{REF}}{2^2 R} + a_4 \frac{U_{REF}}{2^3 R} \\
&= \frac{2 U_{REF}}{R}(a_1 2^{-1} + a_2 2^{-2} + a_3 2^{-3} + a_4 2^{-4})
\end{aligned}
$$

因为求和放大器的开环输入阻抗极高,可以认为 $I_A = 0$,因此 $I_f = I_\Sigma$,则 D/A 转换器输出的模拟电压为

$$
\begin{aligned}
U_o &= -I_\Sigma \cdot R_f \\
&= -\frac{2 U_{REF} R_f}{R}(a_1 2^{-1} + a_2 2^{-2} + a_3 2^{-3} + a_4 2^{-4}) \qquad (7-3)
\end{aligned}
$$

式(7-3)表明,输出的模拟电压 U_o 正比于输入的数字代码 a_1、a_2、a_3、a_4,从而实现了从数字量到模拟量的转换。

如果反馈电阻 $R_f = \dfrac{R}{2}$,则当输入数字量 $a_1 a_2 a_3 a_4 = 0000$ 时,$U_o = 0$;而当 $a_1 a_2 a_3 a_4 = 1111$ 时,$U_o = \dfrac{2^4 - 1}{2^4} U_{REF}$,故输出电压 U_o 的最大变化范围是 $0 \sim \dfrac{2^4 - 1}{2^4} U_{REF}$。

从原理上说,只要数字量的位数足够多,输出电压可以达到很高的精度。但是权电阻网络中各个电阻的阻值相差太大,而为了保证输出电压的精度,又要求电阻值很精确,这给制造芯片带来了困难。为了便于制造单片集成的 D/A 转换器,通常采用下面介绍的 T 型解码网络。

7.3.2　T 型电阻 D/A 转换器

T 型电阻网络是由相同的电路环节所组成,每一环节有两个电阻和一个模拟电子开关,相当于二进制的一位,开关是由该位的数字代码控制。四位 T 型电阻 D/A 转换器的结构如图 7-5 所示。

由图 7-5 可见,在电阻网络中仅用了 R、$2R$ 两种阻值的电阻,因而克服了权电阻 D/A 转

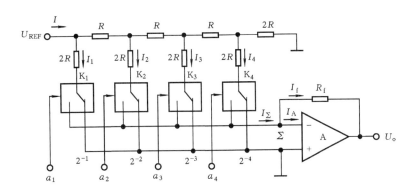

图 7-5　四位 T 型电阻 D/A 转换的结构

换器电阻阻值相差很大带来的问题。

图中 $K_1 \sim K_4$ 为模拟电子切换开关,切换开关在运算放大器虚地(电流求和点 Σ)与地之间进行切换,切换时开关端点的电压几乎没有变化。切换的是电流,从而提高了开关速度。位切换开关 $K_1 \sim K_4$ 受相应位二进制代码的控制,码位为"1"时开关接运算放大器虚地,码位为"0"时开关接地。因此,无论开关合向哪一点,各支路的电流是不变的。电流 I 向右每经过一个节点就进行一次对等分流(从电压角度看,各节点电压依次递减 $\frac{1}{2}$)。所以,可以画出如图 7-6 所示的等效电路。此电路有一个特点:以 $\mathrm{III}\text{-}\mathrm{III}'$ 、$\mathrm{II}\text{-}\mathrm{II}'$ 、$\mathrm{I}\text{-}\mathrm{I}'$ 为界面向右看的等效电阻阻值均为 R,则 a 、b 、c 、d 四点的电位分别为

$$
\begin{cases}
U_a = U_{\mathrm{REF}} \\[2mm]
U_b = \dfrac{1}{2}U_a = \dfrac{1}{2}U_{\mathrm{REF}} \\[2mm]
U_c = \dfrac{1}{2}U_b = \dfrac{1}{2^2}U_{\mathrm{REF}} \\[2mm]
U_d = \dfrac{1}{2}U_c = \dfrac{1}{2^3}U_{\mathrm{REF}}
\end{cases}
\tag{7-4}
$$

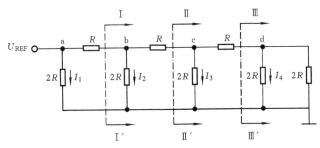

图 7-6　T 型电阻网络的等效电路

四个支路电流 I_1 、I_2 、I_3 、I_4 分别为

$$\begin{cases} I_1 = \dfrac{1}{2}\dfrac{U_{REF}}{R} = \dfrac{1}{2^1}\dfrac{U_{REF}}{R} \\[2mm] I_2 = \dfrac{1}{2}\dfrac{U_{REF}}{2R} = \dfrac{1}{2^2}\dfrac{U_{REF}}{R} \\[2mm] I_3 = \dfrac{1}{2^2}\dfrac{U_{REF}}{2R} = \dfrac{1}{2^3}\dfrac{U_{REF}}{R} \\[2mm] I_4 = \dfrac{1}{2^3}\dfrac{U_{REF}}{2R} = \dfrac{1}{2^4}\dfrac{U_{REF}}{R} \end{cases} \tag{7-5}$$

当某位二进制数为"1"时,该支路电流流入放大器虚地(电流求和点 Σ),所以流入求和放大器的总电流为各支路电流之和,即

$$\begin{aligned} I_\Sigma &= a_1 I_1 + a_2 I_2 + a_3 I_3 + a_4 I_4 \\ &= a_1 \frac{U_{REF}}{2^1 R} + a_2 \frac{U_{REF}}{2^2 R} + a_3 \frac{U_{REF}}{2^3 R} + a_4 \frac{U_{REF}}{2^4 R} \\ &= \frac{U_{REF}}{R}(a_1 2^{-1} + a_2 2^{-2} + a_3 2^{-3} + a_4 2^{-4}) \end{aligned}$$

因为求和放大器的开环输入阻抗极高,可以认为 $I_A = 0$,因此 $I_f = I_\Sigma$,则求和放大器输出的模拟电压为

$$\begin{aligned} U_o &= -I_\Sigma \cdot R_f \\ &= -\frac{U_{REF} R_f}{R}(a_1 2^{-1} + a_2 2^{-2} + a_3 2^{-3} + a_4 2^{-4}) \end{aligned} \tag{7-6}$$

如果是 n 位上述型式的 T 型网络,则输出的模拟电压为

$$U_o = -\frac{U_{REF} R_f}{R}(a_1 2^{-1} + a_2 2^{-2} + \cdots + a_n 2^{-n}) \tag{7-7}$$

即输出的模拟电压正比于数字量的有效位数。

T 型电阻 D/A 转换器的突出特点如下。

(1)当数字量相应位为"1"时,对应该位的支路电流进入求和放大器的输入端;当数字量相应位为"0"时,对应该位的支路电阻入地,从根本上消除尖峰脉冲的产生。

(2)为了进一步提高转换速度,可以使每个支路流过电阻 $2R$ 的电流保持恒定,即不论输入数字量的各位是"0"还是"1",对应支路电流的大小不变。

T 型电阻网络 D/A 转换器的优点是转换速度比较快,在动态过程中的尖峰脉冲很小,使得 T 型电阻网络 D/A 转换器成为目前 D/A 转换器中速度最快的一种。

7.3.3　具有双极性输出的 D/A 转换器

在前面讨论过的 D/A 转换器中,不论输入数字量的状态如何,求和放大器的输出电压总是单极性的。在实际应用中,有些场合需要 D/A 转换器输出电压是双极性的。为了得到双极性的模拟电压,可用下面讨论的方法来实现。

在计算机中,参加运算的二进制数都用 2 的补码形式来表示,并称为有符号数。规定正数的符号位为"0",负数的符号为"1"。正数的原码和补码相同,负数的补码是将原来的二进制数的各有效位求反,然后在最低位上加"1",就是补码中符号位以外部分的数值。

这里需要解决的问题是,如何将计算机以补码形式输出的具有正、负值的数字量,转换成具有同样正、负极性的模拟电压。

现以 D/A 转换器输入数字量是三位二进制补码为例,说明其转换的原理。多于三位的转换原理基本相同。三位二进制补码可以表示 +3～−4 中间的任何一个整数。它们与十进制数的对应关系以及要求得到的输出模拟电压值如表 7−2 所示。

表 7−2　补码输入时所要求的输出电压

补码形式			对应的十进制数	所要求的输出电压/V
a_1	a_2	a_3		
0	1	1	+3	+3
0	1	0	+2	+2
0	0	1	+1	+1
0	0	0	0	0
1	1	1	−1	−1
1	1	0	−2	−2
1	0	1	−3	−3
1	0	0	−4	−4

为了得到双极性的输出模拟电压,可以采用如图 7−7 所示的 D/A 转换电路。

由图 7−7 可以看出,双极性输出是在前面介绍的 D/A 转换器中增设一个由 R_f 和 U_f 组成的偏移电路而实现。如果把 D/A 转换器输入的三位二进制代码全部视为无符号数,即都表示正数,则当输入数字代码为 111 时,输出电压 $U_o = 7$ V,而输入数字代码为 000 时,输出电压为 $U_o = 0$ V。如果按表 7−3 规定,将输出电压同时偏移 −4 V,那么输出电压 U_o 将在 +3～−4 V 范围内变化,恰好与表 7−2 所要求的输出电压相符。

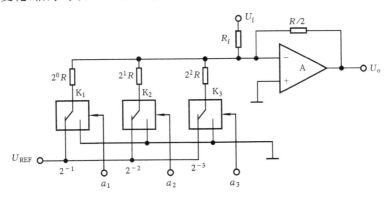

图 7−7　具有双极性输出的 D/A 转换器

表 7 - 3　具有偏移的 D/A 转换器的输出电压

二进制码输入			无偏移的输出/V	偏移－4V 后的输出/V
a_1	a_2	a_3		
1	1	1	＋7	＋3
1	1	0	＋6	＋2
1	0	1	＋5	＋1
1	0	0	＋4	0
0	1	1	＋3	－1
0	1	0	＋2	－2
0	0	1	＋1	－3
0	0	0	0	－4

为了保证输入数字代码为 100 时,输出电压为 0V,应按下式选择偏移电压 U_f 和电阻 R_f

$$-\frac{U_{REF}}{R} = \frac{U_f}{R_f}$$

这时输入运算放大器输入端的总电流为零。

　　如果把表 7 - 2 与表 7 - 3 最左边一列对照一下就可以发现,只需把补码的符号位求反,再加到图 7 - 7 的 D/A 转换器上,就可以得到表 7 - 2 所要求的输出电压。实现这一点很容易,只要将符号位 a_2 经过一级反相器再去控制模拟电子开关 K_2 的状态即可。当然由计算机用程序取反也是很容易实现的。

7.4　单片集成 D/A 转换器

　　目前,D/A 转换器芯片的品种很多,既有转换速度快慢之分,又有位数为 8 位、10 位、12 位、14 位、16 位之分,还有数字量并行输入与串行输入之分。作为基本的 D/A 转换器,市场上常见的有以下三种类型:

　　(1) 只含电阻网络和模拟开关;

　　(2) 包含电阻网络、模拟开关和基准电源;

　　(3) 包含电阻网络、模拟开关、基准电源和运算放大器。

下面分别介绍几种常用的集成 D/A 转换器芯片。

7.4.1　DAC0832

1. 特点

DAC0832 芯片外观如图 7 - 8 所示。

　　DAC0832 为单片 20 脚双列直插式 8 位 D/A 转换器,它具有两个输入数据寄存器,可以直接与 8031 单片机、PC 机接口。芯片内有 R、$2R$ 组成的 T 型电阻网络,用来对基准电流进行分流,完成数字量输入、模拟量输出的转换。

图 7 - 8　DAC0832 芯片

2. 芯片结构及工作原理

DAC0832 D/A 转换器的结构如图 7-9 所示。芯片内有一个 8 位输入寄存器和一个 8 位 DAC 寄存器,形成二级缓冲方式。这样可在 D/A 转换输出前一个数据的同时,接收下一个数据并送到 8 位输入寄存器,以提高 D/A 的转换速度。更重要的是,能够在多个转换器分别进行 D/A 转换时,同时输出模拟电压量;若使多个转换器并联工作,可增加转换位数,达到提高转换精度的目的。

8 位 D/A 转换器主要由 R、$2R$ 组成的 T 型电阻网络和模拟切换开关组成,其等效电路和工作原理与图 7-5 类似,只是 T 型电阻网络是 8 位。由于芯片内的求和放大器反馈电阻为 R,故输出电压为

$$U_{\circ} = -\frac{U_{REF}}{2^8}(2^7 a_7 + 2^6 a_6 + \cdots + 2^1 a_1 + 2^0 a_0)$$

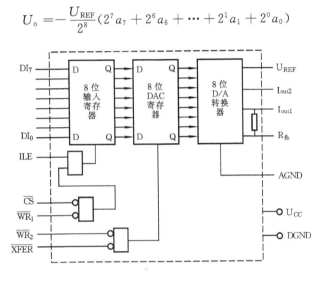

图 7-9　DAC0832 的结构

3. DAC0832 引脚说明

DAC0832 芯片引脚布置如图 7-10 所示。各引脚功能说明如下。

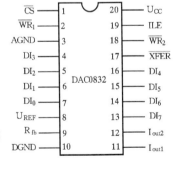

• $\overline{CS}$:片选,低电平有效。$\overline{CS}$ 与允许输入锁存 ILE 信号合起来可对 $\overline{WR_1}$ 是否起作用进行控制。

• ILE:允许输入锁存,高电平有效。

• $\overline{WR_1}$:写信号 1,输入,低电平有效。用来将微机数据总线送回的数字输入锁存于输入寄存器中。在 $\overline{WR_1}$ 有效时,$\overline{CS}$ 和 ILE 必须同时有效。

• $\overline{WR_2}$:写信号 2,输入,低电平有效。用以将锁存于输入 图 7-10　DAC0832 芯片引脚布置寄存器中的数据传送到 8 位 DAC 寄存器中锁存起来。$\overline{WR_2}$ 有效,$\overline{XFER}$ 必须同时有效。

• $\overline{XFER}$:传送控制信号,用来控制 $\overline{WR_2}$,选通 DAC 寄存器。

• $DI_0 \sim DI_7$:8 位数字量输入,DI_0 为最低位,DI_7 为最高位。

• I_{OUT1}:DAC 电流输出 1。当输入数字为全"1"时,输出电流为最大。当输入数字为全

"0"时,输出电流为零。

• I_{OUT2}:DAC 电流输出 2。与 I_{OUT1} 的关系为

$$I_{OUT1} + I_{OUT2} = \frac{U_{REF}}{R}(1 - \frac{1}{16}) = 常数$$

• R_{fb}:反馈电阻,固化在芯片内。作为外部运算放大器的分路反馈电阻。为 DAC 提供电压输出信号,并与 R、$2R$ 电阻网络相匹配。

• U_{REF}:基准电压输入。通过它将外加高精度电压源和芯片内 R、$2R$ 组成的 T 型网络相连接。U_{REF} 可选择在 $-10 \sim +10$ V 范围内。当 DAC 作双极性电压输出时,又是模拟电压输入端。

• U_{CC}:数字电源电压。

• AGND:模拟地。模拟电路的接地端,应始终与数字电路地端一点相接。

• DGND:数字地。

4. DAC0832 芯片典型接线方式

DAC0832 输出为单极性电压的线路如图 7 - 11 所示。

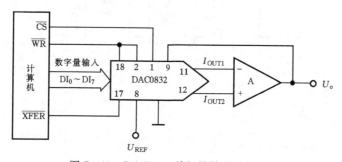

图 7 - 11　DAC0832 单极性输出的线路

图中两个电流输出端 I_{OUT1} 和 I_{OUT2} 的电位应尽可能接近地电位,以保证输出电流的线性度。输出电流 I_{OUT1} 通过运算放大器把电流转换成电压输出。

7.4.2　DAC1210

1. 特点

DAC1210 芯片外观如图 7 - 12 所示。

DAC1210 是 24 脚双列直插 12 位 D/A 转换器。它具有三个输入寄存器,可以直接与 8031 单片机和 PC 机接口。芯片内有 R、$2R$ 组成的 T 型电阻网络,用来对基准电压进行分压,完成数字量输入、模拟量输出的转换。

图 7 - 12　DAC1210 芯片

2. 芯片结构

DAC1210 D/A 转换器的内部结构如图 7 - 13 所示。由图可见,它由三个独立寻址的寄存器组成两级缓冲器:第一级为 8 位输入寄存器和 4 位输入寄存器组成,可直接从 8 位或 12 位数据总线取数;第二级为 12 位并行 D/A 寄存器。$\overline{LE_1}$ 端由 $\overline{CS}$、$\overline{WR_1}$、$BYTE_1/\overline{BYTE_2}$ 控制,$\overline{LE_2}$ 端由 $\overline{CS}$、$\overline{WR_1}$ 控制,$\overline{LE_3}$ 端由 $\overline{WR_2}$ 和 $\overline{XFER}$ 控制。

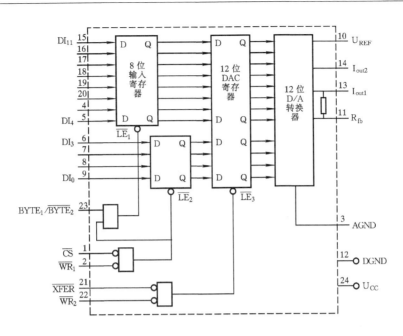

图 7 - 13 DAC1210 的内部结构

DAC1210 用字节控制信号 $BYTE_1/\overline{BYTE_2}$ 控制数据的输入,当该信号为高电平时,12 位数据($DI_0 \sim DI_{11}$)同时存入第一级的两个输入寄存器。当输入数据全部装入第一级寄存器后,再转入第二级 12 位并行寄存器,使 12 位数字量同时送入 D/A 转换。反之,当该信号为低电平时,只将低 4 位($DI_0 \sim DI_3$)数据存入 4 位输入寄存器。DAC1210 的工作逻辑如表 7 - 4 所示。

表 7 - 4 DAC1210 的工作逻辑

$\overline{CS}$	$\overline{WR_1}$	$\overline{LE_2}$	$BYTE_1/\overline{BYTE_2}$	$\overline{LE_1}$
0	0	$1(Q_4 = D_4)$	1	$1(Q_8 = D_8)$
0	0	$1(Q_4 = D_4)$	0	0(寄存 8)
0	1	0(寄存 4)	任意	0(寄存 8)
0	1	0(寄存 4)		0(寄存 8)

7.4.3 AD7534

1. 特点

AD7534 是一种 12 位串行 D/A 转换器芯片,其外观如图 7 - 14 所示。

2. 结构框图及工作原理

AD7534 D/A 转换器的结构如图 7 - 15 所示。由一个 12 位 D/A 转换器、寄存器 B 和移位寄存器 A 组成。

图 7 - 14 AD7534 芯片

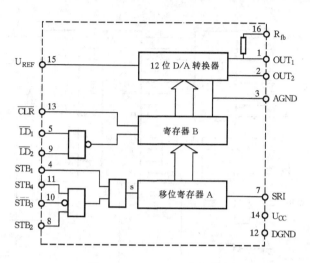

图 7-15　AD7534 的结构

　　输入的串行数字量是从 SRI(脚 7)送到移位寄存器 A。在 A 的选通端 S 有一脉冲上升沿时将 A 中的数字左移一位,并把 SRI 端的数字(0 或 1)记入 A 的最低位。在 A 计完 12 位数字后,由控制信号$\overline{LD_1}$、$\overline{LD_2}$ 和$\overline{CLR}$的电平组合状态,将 A 中的 12 位数字并行送入寄存器 B,再输出到 D/A 转换器进行 D/A 转换。

　　由图 7-15 可知,移位寄存器 A 的选通由选通信号 STB_1(脚 4)、STB_2(脚 8)、STB_3(脚 10)和 STB_4(脚 11)决定。当这些选通信号能在 S 端产生一脉冲上升沿时,A 就选通一次。比如,当 $STB_1=0$,$STB_2=0$,$STB_3=1$,STB_4 从 0 跳变到 1 时,在 S 端产生电平跳变上升沿,使 A 选通一次。各种可选通 A 的信号组合见表 7-5。寄存器 B 选通是由$\overline{LD_1}$(脚 5)、$\overline{LD_2}$(脚 9)和$\overline{CLR}$(脚 13)的电位组合控制的,当$\overline{CLR}=0$,使 B 清零;当$\overline{CLR}=1$、$\overline{LD_1}=0$、$\overline{LD_2}=0$时选通 B,将输入锁存在 B 中。表 7-5 为 AD7543 的工作逻辑。

表 7-5　**AD7543 的工作逻辑**

| AD7543 的输入信号 | | | | | | | AD7543 的状态 |
| A 寄存器选通 | | | | B 寄存器选通 | | | |
STB_4	STB_3	STB_2	STB_1	$\overline{CLR}$	$\overline{LD_2}$	$\overline{LD_1}$	
0	1	0	↓	×	×	×	SRI 输入端的数据移入 A 寄存器的最低位。
0	1	↑		×	×	×	注：↑ 电平上升
0	↓	0	0	×	×	×	↓ 电平下降
↑	1	0	0	×	×	×	
1	×	×	×				
×	0	×	×				寄存器 A 无操作
×	×	1	×				
×	×	×	×				

AD7543 的输入信号						AD7543 的状态
A 寄存器选通				B 寄存器选通		
STB$_4$	STB$_3$	STB$_2$	STB$_1$	$\overline{\text{CLR}}$	$\overline{\text{LD}_2}$	$\overline{\text{LD}_1}$	
				0	×	×	清除 B 寄存器使内容为 000H
				1	1	×	寄存器 B 无操作
				1	×	1	
				1	0	0	寄存器 A 内容输入寄存器 B

AD7543 的供电电源是 ±5 V,非线性误差为 $\pm\frac{1}{2}LSB$,温度系数为 2×10^{-6} /℃ ～ 5×10^{-6} /℃。由于它是串行输入,因此转换速度较慢。但却适宜于远距离传送信号。

表 7 - 6 给出了一些常用的 D/A 转换器的性能,供选用时参考。

表 7 - 6　常用的 D/A 转换器芯片的性能

型号	分辨率	输出能力	缓冲功能	建立时间	特　点	使用场合
DAC - IC8B	8	−2 mA	无	1.2 μs	输出电平高,可靠性高,直接电压输出,但无缓冲功能	适于要求 8 位分辨率和电压输出的场合
DAC0830 DAC0831 DAC0832	8	100 nA	双缓冲	1 μs	电流输出,可以双缓冲、单缓冲和直通三种方式工作,较灵活	适于要求 8 位分辨率,需缓冲功能的多路输出系统
AD1408	8	−2 mA	无	250 ns		
AD7520	10	200 nA	无	600 ns	电流建立时间快	适于要求 10 位分辨率
AD7530 AD7521 AD7531	10 12 12	200 nA 200 nA	无 无	600 ns 600 ns	无缓冲功能,须加运放才能工作	10 位、12 位分辨率而无缓冲的快速系统
DAC1208 DAC1209 DAC1210	12		双缓冲	1 μs	具有 12 个数据输入端,可与 16 位或 8 位 CPU 接口	适于要求 12 位分辨率和多路输出的 8 位及 16 位微机系统
DAC1230 DAC1231 DAC1232	12		双缓冲	1 μs	只有 8 个数据输入端,12 位数据必须分两次输入	适于要求 12 位分辨率和多路输出的 8 位微机系统

7.5　D/A 转换器接口的隔离

由于 D/A 转换器的输出直接与被控制对象相连,容易通过公共地线引入干扰,因此必须采取隔离措施。通常采用光电耦合器,使两者之间只有光的联系。利用光电耦合器的线性区,可使 D/A 转换器的输出电压经光电耦合器变换成输出电流(如 0～10 mA DC 或 4～20 mA

DC),这样就可实现模拟信号的隔离。D/A 转换器接口隔离如图 7-16 所示。

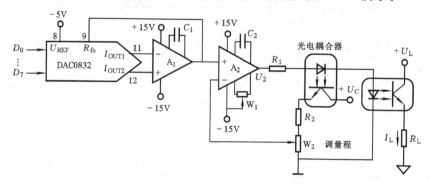

图 7-16　D/A 转换器接口的隔离

图中 D/A 转换器的输出电压 U_2 经两级光电耦合器变换成输出电流 I_L,这样既满足了 D/A 转换器的隔离,又实现了电压/电流的变换。在使用中应挑选线性好、传送比相同的两只光电耦合器,并始终工作在线性区。这样才能有良好的变换线性度和精度。

7.6　D/A 转换器与微机的接口

在数据采集与控制系统中,常常需要将计算机处理后的数据经 D/A 转换后输出,去控制模拟执行机构,为此必须解决 D/A 转换器与微机的接口问题。由于 D/A 转换器有含和不含输入数据锁存器之分,所以其接口电路亦不相同,下面分别进行讨论。

7.6.1　无输入锁存器的 D/A 转换器与微机的接口

不含输入锁存器的 D/A 转换器不能和微机的数据总线直接相连,必须外接锁存器来保存微机输出的数据。下面分几种情况来讨论。

1. D/A 转换器的位数与数据总线位数相同

在这种情况下,只需一个位数与数据总线相同的锁存器,配以相应的译码选通电路,就能实现把 CPU 输出到数据总线上的数据锁存起来,作为 D/A 转换器的输入数据,直到数据总线送来新的数据为止。图 7-17 为一个 8 位不含输入锁存器的 D/A 转换器(AD1408)与 8 位数据总线的接口电路。其中锁存器采用 74LS273 芯片。锁存器作为微机的一个输出端口,它的写入/锁存由选通地址和写信号进行控制,至于是用 IOW 还是 MEMW 取决于寻址方式。此处采用隔离 I/O 方式,用 $\overline{\text{IOW}}$ 及译码地址经一个"或"门产生锁存器的写入/锁存控制信号。当 CPU 要输出一个数据进行 D/A 转换时,就对该端口执行一个 I/O 写指令,于是将数据和所选端口地址送到总线,并把总线提供的数据存入锁存器,由 D/A 转换器转换为模拟电流输出。当 CPU 执行其他指令时,锁存器中的数据保持不变,直到送来新的数据为止。由运算放大器 A 组成的电流/电压变换器将 D/A 转换器(AD1408)输出的模拟电流信号变为与输入的数字量成正比的模拟电压。

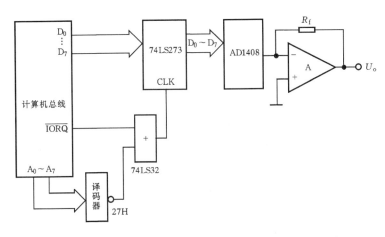

图 7-17　D/A 转换器与数据总线位数相同时的接口电路

2. D/A 转换器的位数高于数据总线的位数

当 8 位以上的 D/A 转换器与 8 位数据总线相连时,即 D/A 转换器位数高于数据总线位数的情况下,为了使 D/A 转换器能传送一组完整的数据,至少需要 2 个字节(写入周期)。1 个字节传送其中 8 位数据,另 1 个字节传送剩下的几位数据。至于先送哪几位,依据系统要求而定。存储数据的接口一般应采用双缓冲电路,图 7-18 是采用双缓冲电路的 12 位 D/A 转换器接口。

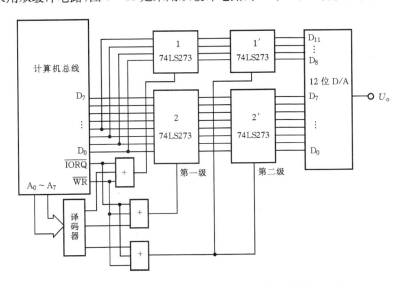

图 7-18　8 位数据总线与 12 位 D/A 转换器的接口电路

图中的双缓冲电路由两级锁存器构成,每级包含两个锁存器 74LS273。12 位数据中的低 8 位 $D_0 \sim D_7$ 先经锁存器 2 选入第二级缓冲的锁存器 $2'$ 的输入端(尚未加到 D/A 的输入端)。然后 12 位数据中高 4 位 $D_8 \sim D_{11}$,经锁存器 1 送入第二级缓冲的锁存器 $1'$ 的输入端(也未加到 D/A 的输入端)。然后同时开放第二级缓冲的锁存器 $1'$ 和 $2'$,使 12 位数据同时加到 D/A 转换器输入端,同时进行转换。

从图 7-18 可见,如果没有第二级缓冲电路,当第一次送出的 8 位数据到达 D/A 转换器,而后几位数据尚未送出时,D/A 转换器输入端因缺少这几位数据而产生一个错误的输出。例如,原来的数据是 000011110000B,新的输出数据是 001100001111B,由于先传送低 8 位,所以更新后的输出数据首先变为 000000001111B;然后输出高 4 位,才变为 001100001111B,这样在 D/A 转换器的输入端口形成 000011110000B→ 000000001111B→001100001111B 变化过程,从而使 D/A 变换出现负脉冲,这是应当避免的。

3. D/A 转换器利用专用 I/O 接口器件与微机相连

每一种微处理器或微机都可通过专用 I/O 接口器件与 D/A 转换器相连。例如,PC 机可通过 8255A 与 D/A 转换器相接,MCS－51 系列单片机可通过 8155 并行接口与 D/A 转换器相接。这些并行接口都有两个或更多的 8 位并行数据端口,可在程序控制下置成输入或输出端口,控制信号与配接的微机总线相兼容。通过这类并行接口器件可以代替上述分散的组合逻辑电路。现以 8255A 为例,介绍采用并行接口将 D/A 转换器与微机连接的方法。

图 7-19 所示为用 8255A 控制两个 12 位 D/A 转换器的电路原理图。8255A 有三个数据端口:A 口、B 口、C 口,每个端口都含有锁存数据的缓冲器,它们可用作输入和输出。其中在控制字的控制下,C 口可分成两个 4 位端口,每个端口包含 4 位锁存器,其上半部(PC$_7$～PC$_4$)与 A 口配合,其下半部(PC$_3$～PC$_0$)与 B 口配合使用,组成两个 12 位输出口。8255A 有一套控制信号,当作为输出端口时,其真值表如表 7-7 所示。

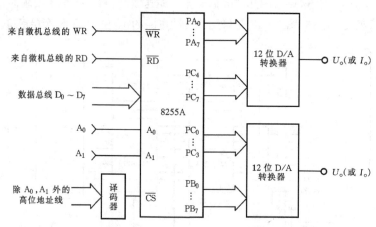

图 7-19　用 8255A 控制两个 12 位 D/A 转换器

表 7-7　8255A 控制信号真值表

A$_1$	A$_0$	$\overline{RD}$	$\overline{WR}$	$\overline{CS}$	控制状态
0	0	1	0	0	数据总线 → 端口 A
0	1	1	0	0	数据总线 → 端口 B
1	0	1	0	0	数据总线 → 端口 C

注:各种控制信号均由微机提供

7.6.2　具有输入锁存的 D/A 转换器与微机的接口

1. 单级缓冲 D/A 转换器

有些型号的 D/A 转换器内部带有一级数据锁存器,如 AD558、AD7524 等,这类 D/A 转换器称为单级缓冲 D/A 转换器。当这些 D/A 转换器的位数与数据总线位数相同时,D/A 转换器的输入端可直接连接到数据总线上,而不需要借助于其他接口器件,只要考虑控制信号的匹配问题即可。

现以 AD558 为例,说明其接口方法。AD558 为 8 位 D/A 转换器,内有输入数据锁存器,它有两个控制信号 $\overline{CE}$ 和 $\overline{CS}$。当 $\overline{CE}$ 和 $\overline{CS}$ 都为低电平时,允许锁存器传送数据;当 $\overline{CE}$ 和 $\overline{CS}$ 有一个为高电平或都为高电平时,8 位数据被锁定,此时数据总线上的任何变化都不影响 D/A 转换器的模拟输出。

图 7 - 20 示出了 AD558 与 8 位微机数据总线的接口电路。该电路采用内存映象 I/O,由 $\overline{MEMW}$ 控制 AD558 使能端 $\overline{CE}$。用一条地址线 A_{15} 反相后作片选信号加到 AD558 的 $\overline{CS}$ 端,就可满足 $\overline{CS}$ 的电平要求,这是一种最简单的地址译码。当然,也可以采用几个地址位通过译码器进行译码,以便进一步分配存储空间。

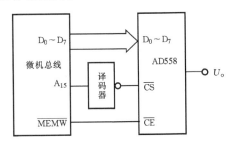

图 7 - 20　AD558 与 8 位微机总线的接口

当 D/A 转换器的位数高于数据总线的位数时,例如 D/A 转换器为 12 位,数据总线是 8 位,这时 D/A 转换器的每组输入数据将占用两个存储地址,微机需用 2 个字节来传送一组完整的数据,如图 7 - 21 所示。则 D/A 转换器的低 8 位输入端可直接接到数据总线上,而高 4 位输入须经过一个外接锁存器才能接到数据总线上。微机先后输出两个地址码,经译码后产生两个地址信号 $\overline{Y}_0$ 和 $\overline{Y}_1$,分别控制锁存器和 D/A 的片选 $\overline{CS}$ 端,在 $\overline{WR}$ 也为低电平时,先将高 4 位送入锁存器,再把低 8 位数据连同锁存器中的高 4 位数据一并送入 D/A 转换器的 12 位锁存器。

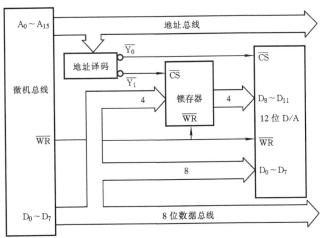

图 7 - 21　具有 12 位单级锁存器的 D/A 转换器与 8 位数据总线的连接

2. 双缓冲 D/A 转换器与微机的接口

为了简化外设接口逻辑,可以采用内含两级输入寄存器的双缓冲 D/A 转换器,如 DAC0830 / 0832(8 位)、AD7522(10 位)、DAC1210 / 1230(12 位)、AD567(12 位)等。仍然分 8 位、12 位两种情况讨论接口问题。

(1) 8 位 D/A 转换器与 8 位数据总线的接口

图 7 - 22 是 DAC0832 与 8031 单片机的接口电路,该电路采用双缓冲工作方式。

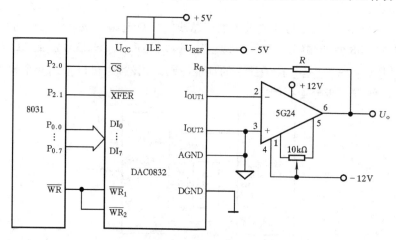

图 7 - 22　DAC0832 与 8031 的接口

电路中,DAC0832 芯片的控制端 $\overline{CS}$ 和 $\overline{XFER}$ 分别与 8031 的地址线 $P_{2.0}$ 和 $P_{2.1}$ 相连。当 $P_{2.1}$ 为低电平("0"),$P_{2.0}$ 为"1"时,8031 输出的数据进入第一级寄存器;当 $P_{2.0}$ 为"0",$P_{2.1}$ 为"1" 时,第一级寄存器中的数据便进入第二级寄存器并做 D/A 转换。

在此电路中,一片 DAC8032 占用两个端口地址。设第一级寄存器端口地址为 FDFFH, 第二级为 FEFFH,则实现双缓冲控制的接口程序如下:

```
MOV      DPTR, #0FDFFH          ;送第一级寄存器地址
MOV      A, #nnH                ;待转换数据送 A
MOVX     @DPTR, A               ;待转换数据送第一级寄存器
MOV      DPTR, #0FEFFH          ;送第二级寄存器地址
MOVX     @DPTR, A               ;第一级寄存器中的数据进入第二
                                ;级寄存器,开始转换
```

(2) 多于 8 位的 D/A 转换器与 8 位数据总线的接口

现以常用的 DAC1210 为例,说明其接口方法。DAC1210 的内部结构见图 7 - 13, DAC1210 是 12 位 D/A 转换器,当 DAC1210 与 8 位数据总线相连时,显然 $DI_{11} \sim DI_4$ 和 $DI_3 \sim$ DI_0 都应接到数据总线的 $D_7 \sim D_0$ 上。12 位数据应经过两次写入操作完成 D/A 转换的数据输入。现在的问题,是先写入 8 位输入寄存器还是先写入 4 位输入寄存器。由图 7 - 13 可知,8 位寄存器的 $\overline{LE_1}$ 端受 $\overline{CS}$、$\overline{WR_1}$ 和 $BYTE_1 / \overline{BYTE_2}$ 控制,而 4 位寄存器的 $\overline{LE_2}$ 端受 $\overline{CS}$、$\overline{WR_1}$ 控制。显然,在将高 8 位数据写入 8 位寄存器时,4 位寄存器也有不正确的数据写入,因此,必须再将低 4 位数据写入 4 位寄存器。这样,虽然对 4 位寄存器有两次写入,但只有最后一次是所

需的数据。所以,正确的步骤是:先使 BYTE$_1$/$\overline{\text{BYTE}_2}$ 为高电平将高 8 位数据写入 8 位寄存器,然后再使 BYTE$_1$/$\overline{\text{BYTE}_2}$ 为低电平,保护 8 位寄存器内容,将低 4 位数据写入 4 位寄存器。

图 7-23 为 DAC1210 与 PC 机 ISA 总线的接口电路。DAC1210 芯片占用了 0220H～0222H 三个端口地址。为使两次数据输入端口的地址先为 0220H,后为 0221H,与编程习惯一致,而以 A$_0$ 地址线反相后接至 BYTE$_1$/$\overline{\text{BYTE}_2}$ 端。若 8088CPU 的 BX 寄存器中有 12 位待转换的数字量,则下面的程序可完成一次转换输出:

```
STAR:    MOV   DX,0220H       ;D/A 转换器的基地址
         MOV   CL, 4
         SHL   BX,CL          ;BX 中几位数据左对齐
         MOV   AL,BH
         OUT   DX,AL          ;写入高 8 位
         INC   DX
         MOV   AL,BL
         OUT   DX,AL          ;写入低 4 位
         INC   DX
         OUT   DX,AL          ;启动 D/A 转换
         HALT
```

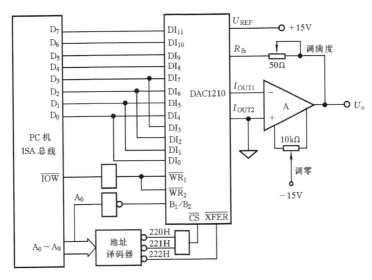

图 7-23　DAC1210 与 PC 机 ISA 总线的接口电路

习题与思考题

1. DAC0832 芯片有哪几种工作方式,各有什么特点?

2. D/A 转换器的线性误差是什么意思? 线性误差大于 $1LSB$ 有何后果?

3. 12 位 D/A 转换器中,$R = 1k\Omega$,$R_0 = 2k\Omega$,$U_{\text{REF}} = 10V$,问 $U_{\text{oMAX}} = ?$

4. DAC1210 12 位 D/A 转换器与 8031 单片机接口,基准电压 $U_{REF} = 10$ V,$U_o = U_{REF}\left(\dfrac{D_{11} \cdot 2^{11} + D_{10} \cdot 2^{10} + \cdots + D_0 \cdot 2^0}{2^{12}}\right)$,问输入数字量为 9FF0H 时,$U_o = ?$

5. 一般用什么信号来表征 D/A 转换器芯片是否被选中?

6. 多于 8 位的 D/A 转换器在和 8 位微机接口时,如何解决数据传送问题?

第8章 数据的接口板卡采集

8.1 概 述

进入 20 世纪 90 年代,随着超大规模集成电路技术和微处理器结构体系研究的不断发展,促使 CPU 更新换代速度加快,导致 PC 机迅速由 16 位机提升为 32 位机,并且大量涌入市场,伴随而来的是微机硬件价格越来越低,其性能价格比则以惊人的速度迅速提高。

由于 PC 机是世界主流机,与之相配合的软件资源是极其丰富的,能熟练使用这类计算机的工程技术人员非常多。因此,与 PC 机兼容,用于工业现场测控的工业 PC(简称 IPC)机得到了迅速地发展。在计算机技术发展潮流的推动下,PC 机在工业测控领域中得到了愈来愈广泛地应用。

为了满足 PC 机用于数据采集与控制的需要,国内外许多厂商生产了各种各样的数据采集板卡。这类板卡均参照 PC 机的总线技术标准设计和生产,在一块印刷电路板上集成了模拟多路开关、程控放大器、采样/保持器、A/D 和 D/A 转换器等器件,用户只要把这类板卡插入 PC 机主板上相应的 I/O(ISA 总线或 PCI 总线)扩展槽中,就可以迅速地、方便地构成一个数据采集与处理系统,这样既大大节省了硬件的研制时间和投资,又可以充分利用 PC 机的软硬件资源,还可以使用户集中精力对数据采集与处理中的理论和方法进行研究、系统设计以及程序的编制等。目前,PC 机主板上扩展插槽的类型有了很大的变化,一般商用 PC 机 P4 以上主板仅有 PCI 总线扩展插槽,其外观如图 8-1 所示。工业 PC(简称 IPC)机的基板则有 ISA 总线和 PCI 总线扩展插槽,其外观如图 8-2 所示。

PCI 扩展槽

图 8-1　商用 PC 机 P4 主板

图 8 - 2   IPC 机的基板

8.1.1   ISA 总线简介

1. ISA 概述

ISA 总线(Industry Standard Architecture 工业标准体系结构)是 IBM 公司为 PC/AT 计算机而制定的总线标准,为 16 位体系结构,只能支持 16 位的 I/O 设备,数据传输率大约是 16 MB/s,也称为 AT 标准。开始时 PC 机面向个人及办公室,定义了 8 位的 ISA 总线结构,对外公开,成为标准(ISO ISA 标准)。后来第三方开发出了许多 ISA 扩充板卡,推动了 PC 机的发展。1984 年推出 IBM-PC/AT 系统,ISA 从 8 位扩充到 16 位,地址线从 20 条扩充到 24 条。1988 年,康柏、HP、NEC 等 9 个厂商协同把 ISA 扩展到 32 位,即 EISA 总线(Extended ISA)。

ISA 总线是现代个人计算机(PC 机)的基础,早期市场上大多数 PC 机系统采用的主要体系结构,拥有大量接口卡,历经 286、386、486 和 Pentium 几代 PC 机。

2. ISA 总线信号

ISA 总线信号如图 8 - 3 所示。

从图 8 - 3 中的信号可以看出,ISA 总线信号与 PC 机(PC/XT、PC/AT)所使用的外围芯片以及 CPU 类型有着十分密切的关系。如 8 位 XT 总线的地址与数据线本身就是 8088 的地址与数据线宽度,16 位 ISA 总线的 24 位地址与 16 位数据与 80286 一致。8 位 XT 总线的 IRQ 与 DRQ 是 1 片 8259 和 1 片 8237 的信号,16 位 ISA 总线的 IRQ 与 DRQ 则是 2 片 8259 和 2 片 8237 级连等。可以说 ISA 总线是 Intel CPU 及外围芯片信号的延伸。

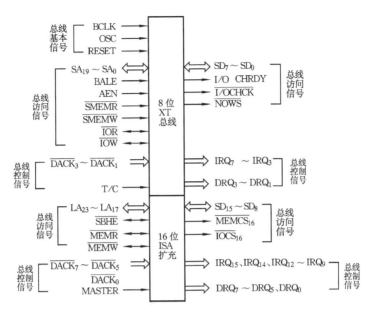

图 8-3　ISA 总线信号

3. ISA 总线的特点

由图 8-3 可知,ISA 总线由以下两部分组成。

(1) 8 位 XT 总线插槽。XT 总线插槽由 62 个引脚组成,用于 8 位的接口卡。

(2) 16 位 ISA 扩充插槽。该部分插槽为一个附加的 36 线扩展插槽。

4. ISA 总线扩展插槽示意图

ISA 总线扩展插槽示意图如图 8-4 所示。

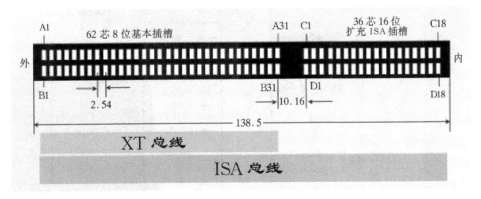

图 8-4　ISA 总线扩展插槽示意图

5. ISA 总线的主要性能

(1) 8/16 位数据线。

(2) 24 位地址线,可直接寻址的内存容量为 16 MB。

(3) I/O 地址空间为 0100H～03FFH。

(4) 62+36 引脚。

(5)最高时钟频率为 8 MHz。

(6)最大稳态传输率为 16 MB/s。

(7)支持中断功能。

(8)支持 DMA 通道功能。

(9)开放式总线结构,允许多个功能模块共享系统资源。

8.1.2　PCI 总线简介

1. PCI 总线概述

PCI 是 Peripheral Component Interconnect(外设部件互连标准)的缩写,它是目前个人计算机中使用最为广泛的接口,几乎所有的主板产品上都带有这种插槽。PCI 插槽也是主板带有最多数量的插槽类型,在目前流行的台式机主板上,ATX 结构的主板一般带有 5～6 个 PCI 插槽,而小一点的 MATX 主板也都带有 2～3 个 PCI 插槽,可见其应用的广泛性。

2. PCI 总线信号

PCI 总线标准所定义的信号线通常分成必需的和可选的两大类。其信号线总数为 120 条(包括电源、地、保留引脚等)。其中,必需信号线:主控设备 49 条,目标设备 47 条。可选信号线:51 条(主要用于 64 位扩展、中断请求、高速缓存支持等)。

主设备是指取得了总线控制权的设备,而被主设备选中以进行数据交换的设备称为从设备或目标设备。作为主设备需要 49 条信号线,若作为目标设备,则需要 47 条信号线,可选的信号线有 51 条。利用这些信号线便可以传输数据、地址,实现接口控制、仲裁及系统的功能。

PCI 总线信号如图 8-5 所示。

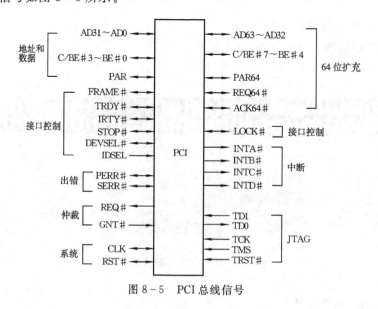

图 8-5　PCI 总线信号

3. PCI 总线的特点

PCI 总线是随系统速度不断提高,以及总线接口相对简单的要求而制定出的一种处理器局部总线,它具有如下的特点。

(1)传输速率高。最大数据传输率为 132 MB/s,当数据宽度升级到 64 位时,数据传输率可达 264 MB/s。大大缓解了数据 I/O 的限制,使高性能 CPU 的功能得以充分发挥,适应高速设备数据传输的需要。

（2）多总线共存。采用 PCI 总线可在一个系统中让多种总线共存,容纳不同速度的设备一起工作。通过 HOST - PCI 桥接组件芯片,使 CPU 总线和 PCI 总线桥接;通过 PCI - ISA/EISA 桥接组件芯片,将 PCI 总线与 ISA/EISA 总线桥接,构成一个分层次的多总线系统。高速设备从 ISA/EISA 总线卸下来,移到 PCI 总线上,低速设备仍可挂在 ISA/EISA 总线上,继承原有资源,扩大了系统的兼容性。

（3）独立于 CPU。PCI 总线不依附于某一具体处理器,即 PCI 总线支持多种处理器及将来发展的新处理器,在更改处理器品种时,更换相应的桥接组件即可。

（4）自动识别与配置外设、自动资源分配,用户使用方便。

PCI 卡内有设备信息寄存器组,为系统提供卡的信息,可实现即插即用(PnP)。这意味着 PCI 卡上无地址跳线和开关,而代之以通过操作系统进行配置。

（5）并行操作能力。

（6）支持突发(burst)式传输。

（7）支持集中式总线仲裁。

（8）密度接插卡,减少 PCB 面积。

PCI 总线的最大特点是高速与低延迟,最高工作速度下为 66 MHz 时钟,每个时钟传送一个数据,每个数据 64 位(8 个字节),达到 528 MB/s 的峰值传输率。

4. PCI 总线的主要性能

（1）总线时钟频率:33.3 MHz/66.6 MHz。

（2）总线宽度:32 位/64 位。

（3）最大数据传输率:132 MB/s(264 MB/s)。

（4）支持 64 位寻址。

（5）支持 5 V、3.3 V 扩展卡。

8.1.3　数据采集板卡类型

1. ISA 数据采集板卡

ISA 数据采集板卡外观如图 8-6 所示。

图 8-6　ISA 数据采集板卡

由图8-6可知,ISA数据采集板卡具有以下特点。

(1) 板卡插排长,其上的金手指间距宽。

(2) 板卡上有地址开关,使用时需要自设定板卡地址。

(3) 板卡数据总线为16位、地址总线为24位。

2. PCI 数据采集板卡

PCI数据采集板卡外观如图8-7所示。

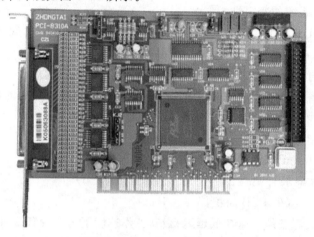

图 8-7　PCI 数据采集板卡

由图8-7可知,PCI数据采集板卡具有以下特点。

(1) 板卡插排短,其上的金手指间距窄。

(2) 板卡上无地址开关,使用时操作系统自动识别板卡,并自动设定板卡地址。

(3) 板卡总线为32位/64位。

本章以两种商品化的数据采集板卡为例,分别介绍其结构和技术指标,并着重说明其使用和数据采集程序编程方法。

8.2　PC-6319光电隔离模入接口卡

8.2.1　概述

PC-6319光电隔离模入接口卡为PC/ISA总线型板卡(见图8-8),广泛应用于PC计算机。该卡采用三总线光电隔离技术,使被测量信号系统与计算机之间完全电气隔离。适用于恶劣环境的工业现场数据采集以及必须保证人身安全的人体信号采集系统。

PC-6319光电隔离模入接口卡,采用了高性能的仪用放大器,具有极高的输入阻抗和共模抑制比,并具有最高可达1000倍的放大增益,可直接配接各种传感器,以完成对不同信号的放大处理。同时,该卡自带DC-DC隔离电源模块,无需用户外接电源。

PC-6319光电隔离模入接口卡具有安装方便,程序编制简单、抗干扰能力强的特点,用户可根据使用需要,选择不同的输入方式和数据码制。

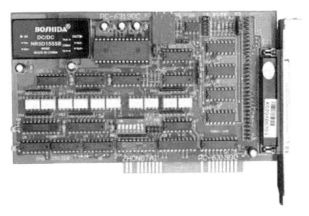

图 8-8　PC6319 光电隔离模入接口卡

8.2.2　主要技术指标

A/D 通道数:单端 32 路;双端 16 路

输入信号范围:0~10 V;±5 V;±10 V

最大允许输入电压:±15 V

输入阻抗:≥100 MΩ

共模抑制比(典型值):90 dB(G=1);110 dB (G= 10);130 dB (G>100)

放大器可选增益:×1;×10;×100;×1000 (倍)

A/D 转换器位数:12 位

A/D 转换时间:10 μs

系统最快采样速率:15 kHz

系统综合误差:≤0.2 % FSR (×1 倍时)

A/D 启动方式:程序启动/外触发启动

A/D 工作方式:程序查询/中断请求

A/D 转换输出码制:单极性为二进制码/双极性为二进制偏移码

隔离形式:三总线光电隔离型

隔离电压:≥500 V

电源功耗:±5 V(±10%) ≤900 mA

使用环境要求:

　　工作温度:10℃~40℃

　　相对湿度:40%~80%RH

　　存贮温度:-55℃~+85℃

8.2.3　工作原理

PC-6319 光电隔离模入接口卡工作原理框图如图 8-9 所示。

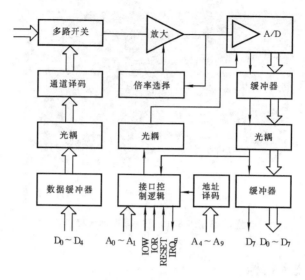

图 8-9　PC-6319 光电隔离模入接口卡工作原理

PC-6319 光电隔离模入接口卡主要由模拟多路开关、高性能放大器电路、模/数转换电路、接口控制逻辑电路、光电隔离电路及 DC-DC 电源电路组成。

1. 模拟多路开关电路

模拟多路开关电路由 4 片八选一模拟开关芯片等组成,通过 K_2 和 K_3 跨接插座可以选择 32 路单端或 16 路双端输入方式,并将选中的信号送入差分放大器处理。

2. 高性能放大器

该卡选用 AD 公司的 AD620 作为信号放大器。AD620 是一种低功耗、高精度的仪表放大器,具有良好的交直流特性,并且可以方便地改变放大增益。该卡是按照 ×1、×10、×100、×1000 倍的增益设计的,通过跨接器 K_4 可以方便地改变增益,以配合不同的传感器或信号源。另外,用户在必要时,可以根据使用需要改变增益电阻,以确定适用的放大增益。

3. 模/数转换器

该卡选用新一代 A/D 器件 AD1674 作为该卡的模/数转换器。AD1674 内部自带采样/保持器和精密基准电源,具有较 AD574A 更高的转换速率和转换精度。A/D 转换可以由程序启动,也可由外部触发信号启动。A/D 转换结束的标志可以由程序查询检出,也可以通过中断方式通知 CPU。

4. 接口控制逻辑电路及光电隔离电路

接口控制逻辑电路用来产生与各种操作有关的控制信号。光隔电路采用 5 片 TLP521-4 光耦对系统总线与模拟信号之间进行光电隔离,以免相互间干扰。

5. DC-DC 电源电路

DC-DC 电源电路由电源模块及相关滤波元件组成。该电源模块的输入电压为 +5 V,输出电压为与原边隔离的 ±15 V 和 +5 V,原副边之间隔离电压可达 1500 V。DC-DC 电源电路除供该卡使用外,还可以向外提供电流不大于 20 mA 的 +5 V 电源。

8.2.4　使用与工作方式选择

1. 元件的调整

主要可调整元件的位置如图 8-10 所示。

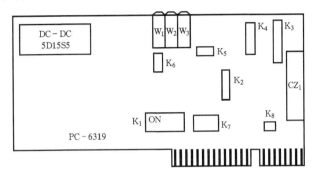

图 8-10　PC-6319 接口卡可调元件的位置

2. I/O 基地址选择

I/O 基地址的选择是通过开关 K_1 进行的,开关拨至 ON 处为 0,反之为 1。初始地址的选择范围一般为 0100H～01FFH,0210H～02FFH 和 0300H～036FH 之间。用户应根据微机硬件手册给出的可用范围,以及是否插入其他功能卡来决定本卡的 I/O 基地址。I/O 基地址选择举例说明如图 8-11 所示。

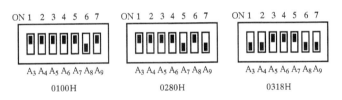

图 8-11　I/O 基地址选择举例

由图 8-11 可知,该卡用计算机地址总线 A_9～A_4 位参与基地址的选择。在根据地址开关位写板卡地址码时,计算机地址总线的 A_3～A_0 也要参与卡上的 I/O 译码。因此,PC-6319 板卡基地址可参考表 8-1 设定。

表 8-1　PC-6319 板卡基地址设定

基地址 十六进制码	基地址 二进制码	A_9	A_8	A_7	A_6	A_5	A_4	A_3	A_2	A_1	A_0
0100H	0100000000	ON	OFF	ON	ON	ON	ON	ON	0	0	0
		0	1	0	0	0	0	0			
0280H	1010000000	OFF	ON	OFF	ON	ON	ON	ON	0	0	0
		1	0	1	0	0	0	0			

3. 跨接插座的用法

(1) 单/双端输入方式选择

K_2、K_3 为单/双端输入方式选择跨接插座,二者应共同使用,其使用方法如图 8-12 所示。

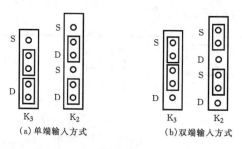

(a)单端输入方式   (b)双端输入方式

图 8-12   单/双端输入方式选择

(2) 放大器增益选择

K_4 为放大器增益选择插座,其对应位置为:

1. ×1 倍
2. ×10 倍
3. ×100 倍
4. ×1000 倍

当用户需要特殊的放大增益时,可根据下面给出的公式自行换装解决。

$$R_C = 49.4 \text{ k}\Omega / (G-1)$$

例如,$G=50$(倍),$R_C=1.008 \text{ k}\Omega$;$G=500$(倍),$R_C=98.99 \text{ k}\Omega$

(3) 转换码制的选择

K_5 为转换码制的选择插座,码制的定义参见后面模入码制以及数据与模拟量的对应关系。用户应根据输入信号的极性进行选择,选择方法如图 8-13 所示。

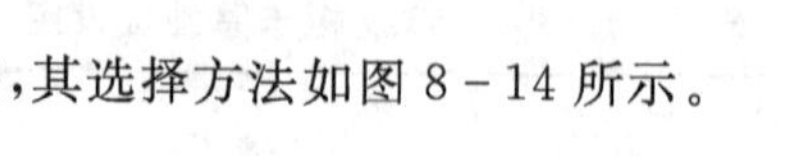

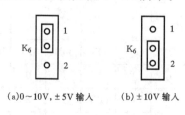

(a)双极性偏移码   (b)单极性原码

图 8-13   转换码制选择

(4) A/D 量程选择

K_6 为 A/D 量程选择插座,其选择方法如图 8-14 所示。

(a)0~10V,±5V 输入   (b)±10V 输入

图 8-14   A/D 量程选择

（5）中断有效及中断源选择

中断源的选择如图 8-15 所示。K_7 为中断有效及中断源选择插座，K_7 全部开路或 N 位短接时为非中断方式。中断操作的具体说明见后面中断方式一节。该卡提供 IRQ_2、IRQ_3、IRQ_7 三个中断源供用户选择。

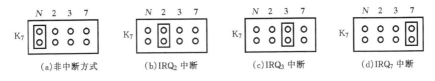

图 8-15　中断源的选择

（6）外供电源连通选择

K_8 为外供电源连通选择。该卡为方便用户生成外触发信号，准许向卡外提供电流不超过 20 mA 的 +5 V 电源，如需要外供电源时，可自行将 K_8 短接，但必须注意不得过载，否则将引起电源保护。

4. 输入信号接口定义

PC-6319 接口卡采用 40 芯插座作为输入信号接口，插座各脚的信号定义如图 8-16 所示。用户可根据实际需要选择连接信号线（单端）或信号线组（双端），为了减少信号串扰和保护通道开关，凡不使用的信号端均应与模拟地短接，这一点在小信号采集放大时尤其应该注意。

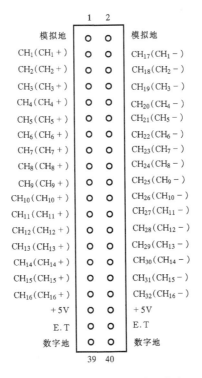

图 8-16　输入信号插座接口定义

5. 控制口地址与有关数据格式

（1）控制端口的操作地址与功能

各个控制端口的操作地址与功能见表 8－2。

表 8－2　端口地址与功能

端口操作地址	操作命令	功　　能
BASE＋0	写	写通道代码,选通道
BASE＋1	写	启动 A/D 转换(写入任意数值)
BASE＋2	读	查询 A/D 转换状态,读高 4 位转换结果
BASE＋3	读	读 A/D 低 8 位转换结果,清 A/D 转换状态及中断标志

注:BASE 为 I/O 基地址

（2）查询 A/D 转换状态数据格式

查询 A/D 转换状态时的数据格式及意义见表 8－3(端口地址为 BASE＋2)。

表 8－3　A/D 转换状态数据格式(X 表示任意)

操作命令	D_7	D_6	D_5	D_4	D_3	D_2	D_1	D_0	A/D 转换状态
读	1	X	X	X	X	X	X	X	正在转换
读	0	X	X	X	X	X	X	X	转换结束

表 8－3 中的 X 为 1 或为 0,因此,A/D 转换状态的十进制值为:

- 正在转换　转换状态的十进制值$\geqslant 1 \times 2^7 = 128$;
- 转换结束　转换状态的十进制值< 128。

（3）通道代码数据格式

通道代码数据格式见表 8－4。

表 8－4　通道代码数据格式

通道号	十进制代码	十六进制代码	输入方式	通道号	十进制代码	十六进制代码	输入方式
1	0	00H	单/双	17	16	10H	单
2	1	01H	单/双	18	17	11H	单
3	2	02H	单/双	19	18	12H	单
4	3	03H	单/双	20	19	13H	单
5	4	04H	单/双	21	20	14H	单
6	5	05H	单/双	22	21	15H	单
7	6	06H	单/双	23	22	16H	单
8	7	07H	单/双	24	23	17H	单
9	8	08H	单/双	25	24	18H	单
10	9	09H	单/双	26	25	19H	单
11	10	0AH	单/双	27	26	1AH	单
12	11	0BH	单/双	28	27	1BH	单
13	12	0CH	单/双	29	28	1CH	单
14	13	0DH	单/双	30	29	1DH	单
15	14	0EH	单/双	31	30	1EH	单
16	15	0FH	单/双	32	31	1FH	单

（4）A/D 转换结果数据格式

A/D 转换结果数据格式见表 8 - 5。

表 8 - 5　A/D 转换结果数据格式

端口地址	操作命令	D_7	D_6	D_5	D_4	D_3	D_2	D_1	D_0	意义
基地址＋2	读	0	0	0	0	DB_{11}	DB_{10}	DB_9	DB_8	高 4 位数据
基地址＋3	读	DB_7	DB_6	DB_5	DB_4	DB_3	DB_2	DB_1	DB_0	低 8 位数据

8.2.5　模入码制以及数据与模拟量的对应关系

1. 单极性方式工作

输入信号的电压为 $0 \sim 10$ V 时，转换后的 12 位数码为二进制码。

此 12 位数码表示一个正数码，其数码与模拟电压值的对应关系为：

$$模拟电压值 ＝ 数码（12 位）\times 10(V) / 4096 \quad （V）$$

即　　$1LSB ＝ 2.44$ mV

2. 双极性方式工作

当输入信号的电压为 $-5 \sim +5$ V 时，转换后的 12 位数码为二进制偏移码。此时 12 位数码最高位（DB_{11}）为符号位，"0"表示负，"1"表示正。偏移码与补码仅在符号位上不相同，可以先求出补码再将符号位取反就可得到偏移码。数码与模拟电压值的对应关系为：

- 输入信号为 $-5 \sim +5$ V 时：

$$模拟电压值 ＝ 数码 \times 10(V) / 4096 - 5 \quad （V）$$

即 $1LSB ＝ 2.44$ mV

- 输入信号为 $-10 \sim +10$ V 时：

$$模拟电压值 ＝ 数码 \times 20(V) / 4096 - 10 \quad （V）$$

即　$1LSB ＝ 4.88$ mV

8.2.6　外触发信号 E.T 的要求

PC - 6319 接口卡的模入部分可以在外触发方式下工作。每当 E.T 有一个低电平时，A/D 就启动转换一次，使用此方式时，应注意 E.T 信号必须符合 TTL 电平标准，其波形和参数要求如图 8 - 17 所示。在使用外触发方式之前应先将通道选择好，并清除转换中断标志。

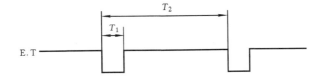

图 8 - 17　E.T 信号波形图

100 ns $< T_1 <$ 10 μs；$T_2 >$ 40 μs

8.2.7　中断方式工作

PC - 6319 接口卡的 A/D 转换结束信号,可以采用中断方式通知 CPU 进行处理。改变 K_7 的位置可以选用 IRQ_2 / IRQ_3 / IRQ_7 中断。用户使用中断方式时,应对计算机的 8259 中断管理器进行初始化,并编制中断处理程序。在 8259 中断允许之前,先清除接口卡的中断标志。当 A/D 转换结束时,接口卡会向 8259 中断管理器发出一个高电平的中断申请,CPU 接到中断请求后转向中断处理程序执行读数操作。当读取低 8 位转换结果时,会自动清除中断标志。

8.2.8　关于转换及中断标志使用的补充说明

PC - 6319 接口卡在上电时,能够自动清除 A/D 转换标志及中断申请标志。当接口卡正工作时,上述标志是通过读取低 8 位转换结果时自动清除的。如果系统程序是非正常中止退出的,而上述标志没有被清除,则会在重新采样时出现错误的状态而影响正常运行,故建议在程序开始运行时,对低 8 位转换结果进行虚读,以便使标志位复位。

8.2.9　PC - 6319 编程举例

1. 用 8088 汇编语言编程

下面的程序为程序启动 A/D 转换,对通道 1 采样 1 次。

```
    MOV   DX,0100H        ;将基地址 0100H 送 DX
    MOV   AL,0            ;选通道 1
    OUT   DX,AL           ;送通道代码
    INC   DX             ;基地址 +1,准备启动地址
    MOV   CH,10           ;送延时长度
A: DEC   CH              ;延时,等待通道开关稳定
    JNZ   A
    OUT   DX,AL           ;启动 A/D 转变
    INC   DX             ;基地址 +2,准备转换状态地址
B: IN    AL,DX           ;查询 A/D 转换状态
    AND   AL,80          ;最高位 = 0 表示转换结束
    JNZ   B              ;否则等待
    IN    AL,DX           ;读入高 4 位转换结果
    MOV   AH,AL           ;送入 AH 保存
    INC   DX             ;基地址 +3,准备低 8 位数据地址
    IN    AL,DX           ;读入低 8 位转换结果
    MOV   DATA,AX         ;将 12 位数据存入内存单元
```

2. 用 BASIC 程序控制 A/D 转换

(1) 以单极性方式对通道 1 连续采样 100 次,程序启动 A/D 转换,程序查询取数。QuickBASIC 程序如下:

```
    CLS                                        ´清屏
```

```
          ADDER% = &H300                              '板卡基地址设为 0300H
          A = INP(ADDER% + 3)                         '清转换及中断标志
          CH = 0                                      '选择通道 1
          OUT ADDER%,CH                               '送通道代码
          FOR  I = 1  TO  30:NEXT I                   '延时,等待多路开关稳定
          FOR  I = 0  TO  99                          '设采样次数
              OUT  ADDER% + 1,0                       '启动 A/D 转换
80        IF  INP(ADDER% + 2) >= 128  THEN 80         '查询 A/D 转换状态
          H = INP(ADDER% + 2)                         '读高 4 位转换结果
          L = INP(ADDER% + 3)                         '读低 8 位转换结果
          A = H * 256 + L                             '合成 12 位转换结果
100       U = A * 10 / 4096                           '将转换结果变换成十进制数据
          PRINT "U = ";U;"V"                          '显示结果,用"V"表示
          NEXT  I
          END
```

　　(2)通道 1 外触发启动,对单极性信号连续采样 100 次,程序查询取数。Quick BASIC 程序如下:

```
          DIM  U(100)                                 '定义数组长度
          CLS                                         '清屏
          ADDER% = &H300                              '设置基地址
          A = INP(ADDER% + 3)                         '清转换及中断标志
          CH = 0                                      '选择通道 1
          OUT  ADDER%,CH                              '送通道代码
          FOR  I = 1  TO  30:NEXT  I                  '延时,等待多路开关稳定
          FOR  I = 0  TO  99                          '定义循环次数
80        IF  INP(ADDER% + 2) > 128   THEN 80         '等待转换结束
          H = INP(ADDER% + 2)                         '读高 4 位结果
          L = INP(ADDER% + 3)                         '读低 8 位结果
          A = H * 256 + L                             '合成 12 位转换结果
100       U(I) = A * 10 / 4096                        '转换为十进制数并存入 U 数组
          NEXT  I                                     '循环
          END
```

> **注意**:由于高 4 位是通过数据总线的 $D_3 \sim D_0$ 位传送的,因此,在合成 12 位数据时,必须将高 4 位均上移 8 位(十进制为 256)。

　　所以,在合并过程中,应将 H 乘以 256。

　　第 100 行是标度变换。因为 10V 对应于 12 位的最大值 4096,所以转换值 U 对应的实际电压值应为 $A \times \dfrac{10}{4096}$。

　　如果是双极性信号,则 100 行改为

100　　　　U = A * 10 / 4096 - 5

3. 用 C 语言程序控制 A/D 转换

以单极性方式对通道 1 连续采样 100 次,程序启动和查询。C 语言程序清单如下:

```c
# include "stdio. h"
# include "dos. h"
# include "conio. h"

main()
{
  int ch;                                    /* 定义通道变量 */
  float value[100];                          /* 定义数组变量 */
  int dl,dh,i,j,base;                        /* 定义过程变量 */

  clrscr();                                  /* 清屏 */
  base = 0x100;                              /* 设板基地址 = 100H */
  dl = inportb(base + 3);                    /* 清转换及中断标志 */
  printf("Input channle number:");          /* 输入通道号 */
  scanf(" % d",&ch);
  outportb(base,ch);                         /* 送通道代码 */
  for(i = 0;i<8000;i + +);                   /* 延时,常数由机型决定 */

  for(j = 0;j<100;j + +){                    /* 设采样次数 */
    for(i = 0;i<100;i + +);                  /* 延时,常数由机型决定 */
    outportb(base + 1,0);                    /* 启动 A/D 转换 */
    do{                                      /* 查询 A/D 转换状态 */
         ;
       }while(inportb(base + 2)> = 128);
  for(i = 0;i<20;i + +) ;                    /* 延时,常数由机型决定 */
  dh = inportb(base + 2);                    /* 转换结果,读高 4 位结果 */
  dl = inportb(base + 3);                    /* 读低 8 位结果 */
  value[j] = (dh * 256 + dl) * 10.0/4096.0;  /* 将结果转换为十进制数据 */

  }

  for(j = 0;j<100;j + +)                     /* 显示结果 */
      printf(" % f",value[j]);
}
```

8.3　PC - 6311D 模入模出接口卡

8.3.1　概述

　　PC - 6311D 模入模出接口卡适用于具有 PC/ISA 总线的 PC 系列微机(见图 8 - 18),具有很好的兼容性,CPU 从目前广泛使用的 32 位处理器直到早期的 16 位处理器均可适用。操作系统可选用经典的 MS-DOS,或目前流行的 Windows 系列 ,或高稳定性的 Unix 等多种操作系统以及专业数据采集分析系统 LabVIEW 等软件环境。在硬件的安装上也非常简单,使用时只需将接口卡插入机内任何一个 ISA 总线插槽中,信号电缆从机箱外部直接接入。

　　PC - 6311D 模入模出接口卡安装使用方便,程序编制简单。其模入模出及 I/O 信号均由卡上 37 芯 D 型插头及另配的转换插头与外部信号源和设备连接。对于模入部分,用户可根据实际需要选择单端或双端输入方式。对于模出部分,用户可根据控制对象的需要选择电压或电流输出方式以及不同的量程。

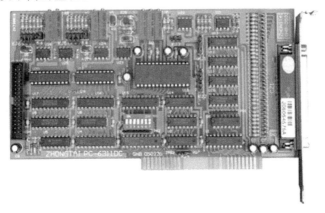

图 8 - 18　PC - 6311D 模入模出接口卡

8.3.2　主要技术参数

1. 模入部分

输入通道数:(标 * 为出厂标准状态,下同)

　　单端 32 路 * ；双端 16 路

输入信号范围:

　　0~10 V * ；±5 V

输入阻抗:≥10 MΩ

A/D 转换分辨率:12 位

A/D 转换速度:10 μs

A/D 启动方式:

　　程序启动/外触发启动

A/D 转换结束识别:

　程序查询/中断方式

A/D 转换非线性误差：$\pm 1LSB$

A/D 转换输出码制：

　单极性原码＊；双极性偏移码

系统综合误差：$\leqslant 0.2\%FSR$

2. 模出部分

输出通道数：

　2 路（互相独立，可同时或分别输出，具有上电自动清零功能。）

输出范围：

　电压方式：0～5 V；0～10 V＊；± 5 V；± 2.5 V

　电流方式：0～10 mA；4～20 mA

输出阻抗：$\leqslant 2\ \Omega$（电压方式）

3. D/A 转换器件

型号：DAC1210

D/A 转换分辨率：12 位

D/A 转换输入码制：

　二进制原码（单极性输出方式时）＊；

　二进制偏移码（双极性电压输出方式时）

D/A 转换综合建立时间：$\leqslant 2\mu s$

D/A 转换综合误差：

　电压方式：$\leqslant 0.2\%FSR$

　电流方式：$\leqslant 1\%FSR$

电流输出方式负载电阻范围：

使用机内＋12 V 电源时：0～250 Ω

外加＋24 V 电源时：0～750 Ω

4. 数字量输入输出

DI：8 路；TTL 标准电平

DO：8 路；TTL 标准电平；有输出锁存功能

5. 电源功耗

＋5 V（$\pm 10\%$），$\leqslant 400$ mA；

＋12 V（$\pm 10\%$），$\leqslant 100$ mA；

－5 V（$\pm 10\%$），$\leqslant 10$ mA

6. 使用环境要求

工作温度：10 ℃～40 ℃；

相对湿度：40%～80%RH；

存贮温度：－55 ℃～＋85 ℃

8.3.3　工作原理

PC - 6311D 模入模出接口卡主要由模数转换电路、数模转换电路、数字量输入输出电路、接口控制逻辑电路构成。

PC - 6311D 模入模出接口卡工作原理框图见图 8 - 19。

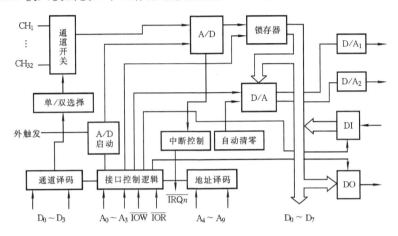

图 8 - 19　PC - 6311 接口卡工作原理框图

1. 模入部分

外部模拟信号经多路转换开关选择后送入放大器处理。放大器前后设有单/双端输入选择跨接器 KJ_1、KJ_2 和转换码制选择跨接器 KJ_3。处理后的信号送入模数转换器进行转换,其转换状态和结果可用程序查询和读出。模数转换器的启动也可用外部触发方式启动。转换结束信号也可用中断方式通知 CPU 进行处理。

2. 模出部分

模拟量输出部分由 DAC1210 D/A 转换器件和有关的基准源、运放、阻容件和跨接选择器组成。依靠改变跨接套的连接方式,可分别选择电压或电流输出方式。当采用电流输出方式时,本卡可直接外接Ⅱ、Ⅲ型执行器。D/A 部分的各个通道可分别按不同的输出方式和范围由用户自行选择,并具有加电自动清零功能。

3. 数字量输入输出部分

数字量输入输出电路由输入缓冲器和输出锁存器及相关电路组成,可分别输入输出 8 位 TTL 电平信号。

8.3.4　安装及使用注意

PC - 6311D 模入模出接口卡的安装十分简便,只要将主机机壳打开,在关电情况下,将其插入主机的任何一个空余 ISA 扩展槽中,同时 CZ_2 也需要占用一个空余扩展槽,再将档板用固定螺丝压紧即可。

因接口卡采用的模拟开关是 CMOS 电路,容易因静电击穿或过流造成损坏,所以在安装时,应事先将人体所带静电荷对地放掉,同时应避免直接用手接触器件管脚,以免损坏器件。

　　禁止带电插拔本接口卡。因其跨接选择器较多,使用中应严格按照说明书进行设置操作。设置接口卡开关、跨接套和安装接口电缆时均应在关电状态下进行。

　　当模入通道不全部使用时,应将不使用的通道就近对地短接,不要使其悬空,以避免造成通道间串扰和损坏通道。

　　为保证安全及采集精度,应确保系统地线(计算机及外接仪器机壳)接地良好。特别是使用双端输入方式时,为防止外界较大的共模干扰,应注意对信号线进行屏蔽处理。

8.3.5　使用与工作方式选择

1. 元件的调整

主要可调整元件位置见图 8-20。

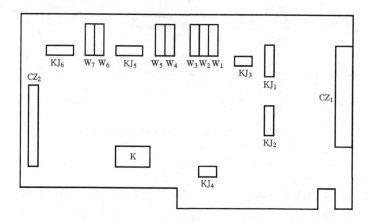

图 8-20　主要可调整元件位置

2. I/O 基地址选择

I/O 基地址的选择是通过开关 K 进行的,开关拨至"ON"处为 0,反之为 1。初始地址的选择范围一般为 100H～1EFH、210H～2EFH 以及 300H～36FH 之间。用户应根据主机硬件手册给出的可用范围以及是否插入其他功能卡来决定本接口卡的 I/O 基地址。出厂时本接口卡的基地址设为 100H,并从基地址开始占用连续 8 个地址。现举例说明见图 8-21。

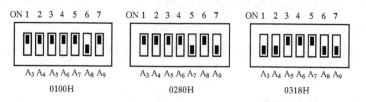

图 8-21　I/O 基地址选择举例

3. 输入输出插座接口定义

输入输出插座接口定义(括号内表示双端输入方式时通道组成)CZ_1 见表 8-6,CZ_2 见表 8-7。(注:CZ_2 需要占用一个 PC 插槽位。)

表 8-6　输入插座 CZ$_1$ 接口定义

插座引脚号	信 号 定 义	插座引脚号	信 号 定 义
1	模拟地	20	模拟地
2	CH1 (CH1+)	21	CH17(CH1-)
3	CH2 (CH2+)	22	CH18(CH2-)
4	CH3 (CH3+)	23	CH19(CH3-)
5	CH4 (CH4+)	24	CH20(CH4-)
6	CH5 (CH5+)	25	CH21(CH5 -)
7	CH6 (CH6+)	26	CH22(CH6-)
8	CH7 (CH7+)	27	CH23(CH7-)
9	CH8 (CH8+)	28	CH24(CH8-)
10	CH9 (CH9+)	29	CH25(CH9-)
11	CH10(CH10+)	30	CH26(CH10-)
12	CH11(CH11+)	31	CH27(CH11-)
13	CH12(CH12+)	32	CH28(CH12-)
14	CH13(CH13+)	33	CH29(CH13-)
15	CH14(CH14+)	34	CH30(CH14-)
16	CH15(CH15+)	35	CH31(CH15-)
17	CH16(CH16+)	36	CH32(CH16-)
18	+5V 输出	37	外触发 E.T
19	数字地		

表 8-7　输入输出插座 CZ$_2$ 接口定义（NC 为空脚）

插座引脚号	信 号 定 义	插座引脚号	信 号 定 义
1	D/A1 电压端	20	模拟地
2	D/A2 电压端	21	模拟地
3	NC	22	NC
4	D/A1 电流端	23	+12V 输出
5	D/A2 电流端	24	+12V 输出
6	NC	25	NC
7	+5V 输出	26	+5V 输出
8	DI0	27	DI1
9	DI2	28	DI3
10	DI4	29	DI5
11	DI6	30	DI7
12	NC	31	NC
13	DO0	32	DO1
14	DO2	33	DO3
15	DO4	34	DO5
16	DO6	35	DO7
17	数字地	36	数字地
18	NC	37	NC
19	NC		

4. 跨接插座的用法

（1）单/双端输入方式选择

KJ_1、KJ_2 为单/双端输入方式选择插座,其使用方法见图 8-22。

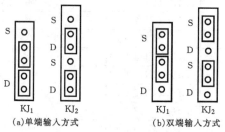

图 8-22　单/双端输入方式选择

（2）转换码制选择

KJ_3 为转换码制选择插座。码制的定义参见 8.3.6 节。用户应根据输入信号的极性进行选择,选择方法见图 8-23。

图 8-23　转换码制选择

5. D/A 输出方式及范围选择

KJ_5、KJ_6 为 D/A 输出量程选择插座,其中 KJ_5 对应 D/A_1,KJ_6 对应 D/A_2。2 路 D/A 可以选择相同或不同的输出方式和范围,互不影响。各组插座的使用方法见图 8-24。

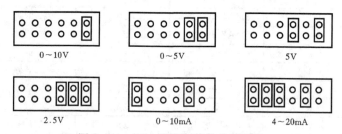

图 8-24　D/A 输出方式及范围选择

6. 中断方式及中断源选择

KJ_4 为中断有效及中断源选择插座。该插座全部开路时为非中断方式,中断源的选择见图 8-25。

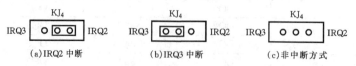

图 8-25　中断源的选择

7. 控制端口地址与有关数据格式

（1）各个控制端的操作地址与功能见表 8－8。

表 8－8　端口地址与功能

端口操作地址	操作命令	功　　　　能
基地址＋0	写	写通道代码，选通道
基地址＋0	读	启动 D/A 转换
基地址＋1	写	启动 A/D 转换
基地址＋1	读	查询 A/D 转换状态，读高 4 位转换结果
基地址＋2	读	读低 8 位转换结果，清除转换状态及中断标志
基地址＋3	写	写 I/O 输出数据
基地址＋3	读	读 I/O 输入数据
基地址＋4	写	写 D/A1 高 8 位数据
基地址＋5	写	写 D/A1 低 4 位数据
基地址＋6	写	写 D/A2 高 8 位数据
基地址＋7	写	写 D/A2 低 4 位数据

（2）通道代码数据格式见表 8－9。

表 8－9　通道代码数据格式

通道号	十进制代码	十六进制代码	输入方式	通道号	十进制代码	十六进制代码	输入方式
1	0	00H	单/双	17	16	10H	单
2	1	01H	单/双	18	17	11H	单
3	2	02H	单/双	19	18	12H	单
4	3	03H	单/双	20	19	13H	单
5	4	04H	单/双	21	20	14H	单
6	5	05H	单/双	22	21	15H	单
7	6	06H	单/双	23	22	16H	单
8	7	07H	单/双	24	23	17H	单
9	8	08H	单/双	25	24	18H	单
10	9	09H	单/双	26	25	19H	单
11	10	0AH	单/双	27	26	1AH	单
12	11	0BH	单/双	28	27	1BH	单
13	12	0CH	单/双	29	28	1CH	单
14	13	0DH	单/双	30	29	1DH	单
15	14	0EH	单/双	31	30	1EH	单
16	15	0FH	单/双	32	31	1FH	单

（3）查询 A/D 转换状态数据格式

查询 A/D 转换状态时的数据格式及意义见表 8－10（端口地址为基地址＋1）。

表 8 - 10　A/D 转换状态数据格式(x 表示任意)

操作命令	D_7	D_6	D_5	D_4	D_3	D_2	D_1	D_0	A/D 转换状态
读	1	x	x	x	x	x	x	x	正在转换中
读	0	x	x	x	x	x	x	x	转换结束

(4) A/D 转换结果数据格式

A/D 转换结果数据格式见表 8 - 11。

表 8 - 11　A/D 转换结果数据格式

端口地址	操作命令	D_7	D_6	D_5	D_4	D_3	D_2	D_1	D_0	意　义
基地址+1	读	0	0	0	0	DB_{11}	DB_{10}	DB_9	DB_8	高 4 位数据
基地址+2	读	DB_7	DB_6	DB_5	DB_4	DB_3	DB_2	DB_1	DB_0	低 8 位数据

(5) D/A 转换数据格式

D/A_1 转换数据格式见表 8 - 12,D/A_2 转换数据格式类同。

表 8 - 12　D/A_1 转换数据格式 (x 表示任意)

端口地址	操作命令	D_7	D_6	D_5	D_4	D_3	D_2	D_1	D_0	意　义
基地址+4	写	DB_{11}	DB_{10}	DB_9	DB_8	DB_7	DB_6	DB_5	DB_4	高 8 位数据
基地址+5	写	DB_3	DB_2	DB_1	DB_0	x	x	x	x	低 4 位数据

8.3.6　模入模出码制以及数据与模拟量的对应关系

1. 单极性方式工作

模入模出的模拟量为 0～10V 时,转换后和写出的 12 位数码为二进制原码。此 12 位数码表示一个正数码,其数码与模拟电压值的对应关系为

模拟电压值＝数码(12 位)×10(V)/4096　(V)

即 $1LSB＝2.44\ mV$

2. 双极性方式工作

转换后和写出的 12 位数码为二进制偏移码。此时 12 位数码的最高位(DB_{11})为符号位,"0"表示负,"1"表示正。偏移码与补码仅在符号位上定义不同,可以先求出补码再将符号位取反就可得到偏移码。此时数码与模拟电压值的对应关系为

模入模出信号为 -5～+5V 时:

模拟电压值＝数码(12 位)×10(V)/4096-5　(V)

即 $1LSB＝2.44\ mV$

8.3.7　外触发信号 E. T 的要求

本接口卡的模入部分可以在外触发方式下工作。每当 E. T 有一个低电平时,A/D 就启动转换一次。使用该方式时,应注意 E. T 信号必须符合 TTL 电平标准,其波形参见图 8-26。

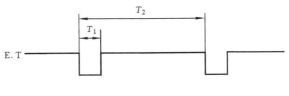

图 8 - 26　E. T 信号波形图

$100 \text{ ns} < T_1 < 10 \text{ }\mu s; T_2 > 40 \text{ }\mu s$

8.3.8　中断工作方式

本接口卡的 A/D 转换结束信号可以采用中断方式通知 CPU 进行处理。改变 KJ_4 的位置可以选用 IRQ_3 中断或 IRQ_7 中断。用户在使用中断方式时,应对主机系统的 8259 中断管理器进行初始化并编制中断处理程序。并在 8259 中断允许之前,先清除本卡的中断标志。当 A/D 转换结束时,本卡会向 8259 中断管理器发出一个高电平的中断申请,CPU 接到中断请求后转向中断处理程序运行读数操作。当读取低 8 位转换结果时,会自动清除中断标志。

8.3.9　电流输出方式的使用与扩展

本接口卡模出部分可选择 $0\sim10$ mA 或 $4\sim20$ mA 电流输出方式以直接驱动 Ⅱ、Ⅲ 型执行仪表。

采用电流输出方式时,供电电源可以使用本卡提供的 +12 V。也可扩展使用机外 +24 V 电源。其连接使用方法见图 8 - 27。

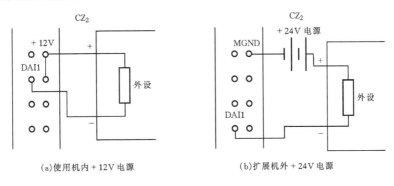

图 8 - 27　电流输出方式使用方法

8.3.10　调整与校准

出厂前,本接口卡的模入模出部分均已按照单极性 $0\sim10$ V 调整好,一般情况下用户不需进行调节,如果用户改变了工作模式及范围,可按本节所述方法进行调整。调整时应开机预热 20 min 以上后进行,并准备一块 4 位半以上的数字万用表。

1. 各电位器功能说明

W_1:输入放大器零点调节。

W_2:A/D 转换器满度调节。

W_3:A/D 转换器双极性偏移调节。

W_4:D/A_1零点调节。

W_5:D/A_1满度调节。

W_6:D/A_2零点调节。

W_7:D/A_2满度调节。

2. 模入部分调整

凡改变模入工作方式,如果采样结果偏差大于 20 mV 以上的,需要对模入部分进行调整。

(1)零点调整:使任一通道与模拟地短接,并按实际需要设置好通道代码运行程序对该通道采样。用电压表测量 OP-37 运放的第 6 脚,调整 W_1 使电压表读数小于 100 μV。

(2)A/D 转换满度调整:在任一通道接入一接近正满度的电压信号,运行程序对该通道采样。调整 W_2 使 A/D 转换读数值等于或接近外信号电压。

(3)A/D 转换双极性偏移调整:在单极性方式时,W_3可用于零点辅助调整。在双极性方式时,如果误差较大,可在外端口分别加上正负电压信号,调整 W_3 使其对称。

3. 模出部分调整

凡改变模出部分的方式和量程后,如果输出结果误差较大,需要对模出部分进行调整。

(1)零点调整:在单极性方式时调整 W_4(D/A_1)或 W_6(D/A_2)使其偏差最小。

(2)满度调整:在零点调整正常情况下,如果满度偏差较大,可通过调整 W_5(D/A_1)或 W_7(D/A_2)使满度符合要求。

8.3.11 编程举例

1. 用 BASIC 程序控制 A/D 转换

对通道 1 连续采样 100 次,程序启动和查询。本程序可用于 A/D 部分调校。

```
        CLS                              '清屏
        ADD = &H300                      '板基地址设为 0300H
        A = INP(ADD + 2)                 '清转换及中断标志
        CH = 0                           '对通道 1 采样
        OUT(ADD + 0),CH                  '送通道代码
        FOR T = 0 TO 99                  '设采样次数
          OUT (ADD + 1),0                '启动 A/D,所送数值无关
80        IF INP(ADD + 1) > = 128 THEN 80  '查询 A/D 转换状态
          H = INP(ADD + 1)               '转换结束,读高 4 位结果
          L = INP(ADD + 2)               '读低 8 位结果
          A = H * 256 + L                '合成为 12 位转换结果
100       U = A * 10 / 4096              '将结果转换为十进制数据
          PRINT U;"V"                    '显示结果,用"V"表示
        NEXT T                           '循环 100 次
        END
```

注:如果是双极性信号,则 100 句改为:U = A * 10 / 4096 - 5

2. 用 C 语言程序控制 A/D 转换

循环采集 A/D 32 通道,程序启动和查询。C 语言程序清单如下。

```c
# include "stdio.h"
# include "dos.h"
# include "conio.h"
main()
{
  int ch;                                    /* 定义通道变量 */
  float value[32];                           /* 定义数组变量 */
  int dl,dh,i,base;                          /* 定义过程变量 */
    clrscr();                                /* 清屏 */
    for(ch = 0;ch< = 31;ch + +){             /* 定义循环通道数 */
      base = 0x300;                          /* 设板基地址 = 300H */
      dl = inportb(base + 2)                 /* 清转换及中断标志 */
      outportb(base,ch);                     /* 送通道代码 */
      for(i = 0;i<100;i + +);                /* 延时,常数由机型决定 */
      outportb(base + 1,0);                  /* 启动 A/D,所送数值无关 */
      do{                                    /* 查询 A/D 转换状态 */
              ;
      }while(inportb(base + 1)> = 128);       
      dh = inportb(base + 1);                /* 转换结束,读高 4 位结果 */
      dl = inportb(base + 2);                /* 读低 8 位结果 */
      value[ch] = (dh * 256 + dl) * 10.0/4096.0 - 5.0;  /* 将结果转换为十进制数据 */
    }                                        /* 下一个通道 */
    for(ch = 0;ch< = 31;ch + +)              /* 显示结果 */
      printf("%f",value[ch]);
}
```

3. 读写数字量

```
ADD = &H300                 '板基地址设为的 0300H
DO = XX                     '设数据输出为 XX
OUT(ADD + 3), DO            '写出并锁存
DI = INP(ADD + 3)           '读入数字量状态
PRINT DI                    '显示
END
```

8.4 Windows 98 数据采集板卡编程

自 20 世纪 90 年代以来,随着信息技术的进步,PC 计算机的操作系统已由 DOS 转移到

Windows。Windows 由于其功能齐备、使用方便、用户界面新颖美观,引导计算机操作方式和软件开发发生了革命性的变化,软件编程技术也由"面向过程"发展到"面向对象",市场上出现了多种优秀的面向对象的可视化高级编程语言,如 Visual Basic、Visual C++、Delphi、C++ Builder,其中,Delphi 语言以其易学易用、编译速度快和功能强大等优良特性,得到了广泛的应用。

在数据采集与控制等计算机应用系统的开发中,经常要开发用户界面和在 Windows 98 环境下对数据采集板卡、硬件电路进行访问与控制。使用 Delphi 等编程语言及相应的第三方控(组)件,可以迅速开发出新颖美观的用户界面。然而,开发 Windows 98 环境下的数据采集程序就有些困难。这是因为在 Windows 98 环境下,CPU 运行于保护模式下且统一管理硬件资源,不支持应用程序直接访问硬件,这一机制确保系统的安全。其次,Delphi 众多版本中,除了 16 位的 Delphi 1 保留 Turbo Pascal 的两个预定义数组 Port 和 PortW,支持硬件端口操作外,32 位的 Delphi 5 以上版本均不再保留,这就给使用 Delphi 5 开发数据采集程序带来了困难。

Delphi 的宿主语言是 Turbo Pascal,仍然可以像 Turbo Pascal 一样,在 Delphi 中使用嵌入汇编语言,这就为在 Windows 98 环境下开发数据采集程序提供了基础。针对这一问题,作者使用 Delphi 内嵌汇编语言编写了读写数据采集板卡的 Port.pas 单元文件,可方便地实现对数据采集板卡的读写操作,代码简捷且执行速度较快。

具体的编程方法和 Port.pas 的源代码如下。

```
unit port;

interface

uses
    Windows, SysUtils, Dialogs, WinSvc;
    procedure Outp(Port, Data:dword ) ;
    function Inp(Port:dword):dword;

implementation

procedure Outp(Port:dword; Data:dword );
begin
  asm
    mov edx, Port;                    // eax、ebx、edx 为 32 位通用寄存器
    mov eax, data;
    out dx, al;                       // dx 为 16 位通用寄存器
  end;                                // al 为低 8 位通用寄存器
end;

function Inp(Port:dword):dword;
```

```
var
  i:integer;
begin
  asm
    mov edx, Port;
    xor eax, eax;
    in al,dx;
    mov i, eax;
  end;
  result: = i;
end;


end.
```

使用时,只需在调用 Port. pas 的单元文件的 Implementation 行下面加入"uses Port",就可以在应用程序中直接对数据采集板卡进行操作。例如,以 PC – 6311D 板卡为对象,对任意通道进行采样,相应的 Delphi 数据采集程序界面可设计成如图 8 – 28 所示的样式。

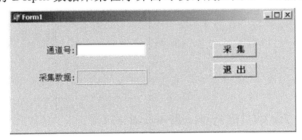

图 8 – 28　数据采集程序界面

用 Delphi 5.0 语言编写的数据采集程序清单如下。

```
unit PortTest1;

interface

uses
  Windows, Messages, SysUtils, Classes, Graphics, Controls, Forms, Dialogs,
  StdCtrls, ExtCtrls;
  procedure CaiJi(var CH:Integer; var avu:Real);

type
  TForm1 = class(TForm)
    Panel1: TPanel;
```

```
    Edit1: TEdit;
    Label1: TLabel;
    Label2: TLabel;
    Button1: TButton;
    Button2: TButton;
    procedure Button2Click(Sender: TObject);
    procedure Button1Click(Sender: TObject);
    private
      { Private declarations }
    public
      { Public declarations }
    end;

var
    Form1: TForm1;

Implementation

uses  port;                              //调用 Port.pas 单元文件

{ $ R * .DFM}

procedure CaiJi(var CH:Integer; var avu:Real);
var
    i, j, address : integer;
    u, sum : Real;
    a, h, l : Integer;
begin
    sum : = 0.0 ;
    address : = $ 100 ;
    a : = Inp (address + 2 ) ;
    Outp ( address, CH ) ;
    for i : = 1 to 1500 do;
    for j : = 1 to 5 do
    begin
      Outp (address + 1, 0 ) ;
       while Inp (address + 1) > = 128 do;
       for I : = 1 to 1500 do;
       h : = Inp (address + 1);
```

```
        l : = Inp (address + 2);
        u : = ( h * 256 + l) / 4096 * 10 - 5;
        sum : = sum + u ;
      end;
      avu : = sum / 5;
end;
procedure TForm1.Button2Click(Sender: TObject);
begin
      Form1.Close;
end;


procedure TForm1.Button1Click(Sender: TObject);
var
      Ch : Integer ;
      V : Real ;
begin
      Ch : = StrToInt(Edit1.Text);
      CaiJi(Ch,V);
      Panel1.Caption : = FloatToStr(V);
end;


end.
```

8.5　Windows XP 数据采集板卡编程

8.5.1　Windows XP 中读写 I/O 端口的问题

不同于 Windows 9x/Me 操作系统,在 Windows XP 中,只有 Ring 0 和 Ring 3 两种权限。用户态程序运行在 Ring 3,设备驱动程序和内核(Kernel)程序运行在 Ring 0。这样允许操作系统和驱动程序在内核模式下运行访问端口,而不让可靠性低的用户态程序接触 I/O 端口,从而防止产生冲突。所有用户态程序必须经过设备驱动程序裁决是否能够访问 I/O 端口。

在 Windows XP 中,不能获得 Ring 0 特权,就意味着不能直接进行 I/O 端口等低层的操作,例如不能用众人所熟知的端口操作指令——IN/OUT 操作 I/O 端口、内存等。操作系统对 I/O 端口实行严格控制是 Windows XP 编程的烦恼之一。如果没有足够的权限去读写 I/O 端口,Windows XP 将产生一个"Privileged instruction"错误,如图 8-29 所示。因此用户态程序不能在 Windows XP 下直接访问 I/O 端口。

这一限制是通过两层机制完成的:EFLAGS 标志寄存器中的 IOPL (I/O privilege level)标志和 TSS(Task State Segment)中的 IOPM(I/O permission bit map)提供了灵活的两级控制机制。EFLAGS 标志寄存器通过 IOPL 标志指定当前 Task 中哪些特权级别可以使用 I/O

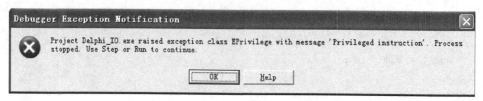

图 8-29　Ring3 权限读写 I/O 端口的错误信息

指令。这个标志由 EFLAGS 寄存器的第 12/13 位保存,能够使用 I/O 指令的特权级别必须小于等于 IOPL 的当前值。而此标志位一般设置为 0,并只能通过 POPF 和 IRET 指令在 Ring 0 进行修改(Ring 3 下修改不会发生异常,但没有效果)。这就保障内核能够完全限定用户态程序不能直接使用 I/O 等特权指令,但又能够通过 IOPM 网开一面(受到 IOPL 约束的 I/O sensitive 指令包括:IN、INS、OUT、OUTS、CLI、STI)。

　　通常有两种方法解决 Windows XP 下 I/O 端口操作问题,一种方法是修改 I/O 权限位图设置,允许一个特定的任务存取特定的 I/O 端口。这允许 USER 方式的程序在 Ring 3 级(应用程序级)按照 I/O 权限位图设置,不受限制地访问 I/O 端口。另一种方法就是编写一个运行在 Ring 0 级的设备驱动程序,它可以不受限制地访问硬件设备、I/O 端口操作和内存访问等,甚至可以截获硬件中断,这样就可以在 USER 方式下实现 Windows XP 的 I/O 端口读、写操作,例如第三方驱动程序 WinIO、PortTalk。在用户程序中调用 WinIO 或 PortTalk 的函数,即可实现对 I/O 端口、内存的操作。其中,PortTalk 驱动程序的执行过程如图 8-30 所示。

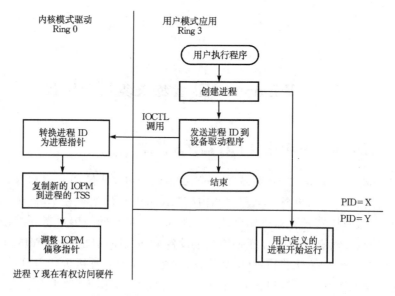

图 8-30　PortTalk 驱动程序的执行过程

　　由图 8-30 可知,每一次用户程序通过 IOCTL 调用设备驱动程序读写 I/O 端口时,CPU 必须从 Ring 3 进入到 Ring 0 执行该操作,然后数据被传递回用户程序。因此,PortTalk 驱动程序的运行效率不高。

　　生产 PC6319、PC6311 数据采集板卡的公司提供 Windows XP 驱动程序,用户使用其驱动程序,可在 Windows XP 中实现数据采集。作者仔细研究发现,这些板卡的驱动程序是在第三方软件 WinIO 基础上开发的。

除了采用以上两种方法解决 Windows XP 下 I/O 端口操作问题外,用户程序还可以调用 Windows XP Native API 函数,取得 Debug 权限,以无驱动程序(即无 dll 或 sys)方式,从 Ring 3 进入 Ring 0 读写 I/O 端口。

8.5.2　用户态(Ring 3)取得 Debug 权限的 I/O 端口读写方法

在 Windows XP 中,一个进程就是一个正在运行的应用程序。若要对一个进程进行指定了写相关的访问权的操作,只要当前进程具有 Debug 权限就可以了。要是一个用户是 Administrator 或是被给予了相应的权限,就可以具有该权限。可是,就算用户用 Administrator 帐号对一个系统安全进程执行 OpenProcess(PROCESS_ALL_ACCESS, FALSE, dwProcessID),还是会遇到"访问拒绝"的错误。什么原因呢? 原来在默认的情况下,进程的一些访问权限是没有被使能(Enabled)的,所以用户要做的首先是使能这些权限。与此相关的 Win32 API 函数有 OpenProcessToken、LookupPrivilegevalue、AdjustTokenPrivileges。要修改一个进程的访问令牌(access token),首先要获得进程访问令牌的句柄,这可以通过 OpenProcessToken 得到,函数的原型如下。

1. OpenProcessToken

功能

此函数用来获得进程访问令牌的句柄。

函数原型:

```
BOOL OpenProcessToken(
    HANDLE ProcessHandle,
    DWORD DesiredAccess,
    PHANDLE TokenHandle
);
```

参数说明

• **ProcessHandle**(输入)

此参数是要修改访问权限的进程句柄,进程必须具有 PROCESS_QUERY_INFORMATION 访问许可。

• **DesiredAccess**(输入)

此参数指定访问令牌所要求的操作类型,如要修改令牌则要指定第二个参数为 TOKEN_ADJUST_PRIVILEGES(其他一些参数可参考 Platform SDK)。

• **TokenHandle**(输出)

此参数返回打开的访问令牌指针。

返回值

如果函数成功,返回值是非零值;否则,返回零值。

备注

可以利用 CloseHandle 函数来关闭打开了的访问令牌句柄。

通过 OpenProcessToken 函数,可以得到当前进程的访问令牌的句柄(指定 OpenProcess-

Token 函数的 ProcessHandle 参数为 GetCurrentProcess( )即可)。接着可以调用 Adjust-TokenPrivileges 对这个访问令牌进行修改。

2. AdjustTokenPrivileges

功能

此函数用来对一个具有句柄指针的访问令牌(access token)进行修改,启用或禁用指定的访问令牌权限。

函数原型

```
BOOL  AdjustTokenPrivileges(
    HANDLE    TokenHandle,              //    handle    to    token
    BOOL    DisableAllPrivileges,       //    disabling    option
    PTOKEN_PRIVILEGES    NewState,      //    privilege    information
    DWORD    BufferLength,              //    size    of    buffer
    PTOKEN_PRIVILEGES    PreviousState, //    original    state    buffer
    PDWORD    ReturnLength              //    required    buffer    size
);
```

参数说明

• **TokenHandle**(输入)

此参数为访问令牌(access token)句柄,它包含了需要被修改的权限。该句柄必须有 TO-KEN_ADJUST_PRIVILEGES 操作权。如果 PreviousState 参数不为空,该句柄也必须具有 TOKEN_QUERY 操作权。

• **DisableAllPrivileges**(输入)

此参数决定是进行权限修改还是除能(Disable)所有权限,即表示函数是否禁用所有的 token 权限。如果该值为 TRUE,函数禁用所有权限,并且忽略 NewState 参数。如果该值为 FALSE,函数根据 NewState 参数所指向的指针信息修改权限。

• **NewState**(输入)

此参数指明要修改的权限,是一个指向 TOKEN_PRIVILEGES 结构的指针,该结构包含一个数组,数据组的每个项指明了权限的类型和要进行的操作。

• **BufferLength**(输入)

此参数以字节为单位指定参数 PreviousState 指向的缓冲区的大小。如果 PreviousState 参数为 NULL,这个参数应为 NULL。

• **PreviousState**(输出)

此参数为一个指向 TOKEN_PRIVILEGES 结构的指针,存放修改前的访问权限信息,此参数可以为 NULL。

• **ReturnLength**(输出)

此参数返回 PreviousState 参数所指向的 TOKEN_PRIVILEGES 结构需要的实际字节数。如果 PreviousState 参数为 NULL,这个参数应为 NULL。

返回值

如果函数执行成功,返回值为非零。如果函数执行失败,返回值为零。

备注

AdjustTokenPrivileges 函数不能添加新的权限到访问令牌(access token)中。它只能启用或禁用令牌(token)已存在的权限。要判断令牌(token)的权限,需调用 GetTokenInformation 函数。

NewState 参数可以指定令牌(token)不具有的权限,不会导致函数执行失败。在这种情况下,函数修改令牌(token)具有的权限并忽略其他不存在的权限,使函数执行成功。调用 GetLastError 函数来判断函数是否修改了所有指定的权限。PreviousState 参数指出了权限是否被修改过。

PreviousState 参数接收了一个包含原有权限状态的 TOKEN_PRIVILEGES 结构体。要重置成原有状态,再次调用 AdjustTokenPrivileges 函数,将这个 PreviousState 参数收到的值作为 NewState 参数使用。

在使用 AdjustTokenPrivileges 函数前,再看一下 TOKEN_PRIVILEGES 结构,其结构声明如下:

```
typedef     struct    _TOKEN_PRIVILEGES    {
    DWORD       PrivilegeCount;
    LUID_AND_ATTRIBUTES     Privileges[];
} TOKEN_PRIVILEGES,     * PTOKEN_PRIVILEGES;
```

PrivilegeCount 指数组元素的个数,接着是一个 LUID_AND_ATTRIBUTES 类型的数组,再来看一下 LUID_AND_ATTRIBUTES 这个结构的内容,声明如下:

```
typedef     struct    _LUID_AND_ATTRIBUTES     {
    LUID            Luid;
    DWORD           Attributes;
} LUID_AND_ATTRIBUTES,    * PLUID_AND_ATTRIBUTES
```

第二个参数就指明了用户要进行的操作类型,有三个可选项:SE_PRIVILEGE_ENABLED、SE_PRIVILEGE_ENABLED_BY_DEFAULT、SE_PRIVILEGE_USED_FOR_ACCESS。要使能一个权限就指定 Attributes 为 SE_PRIVILEGE_ENABLED。第一个参数就是指权限的类型,是一个 LUID 的值,LUID 就是指 locally unique identifier,想必 GUID 大家是比较熟悉的,和 GUID 的要求保证全局唯一不同,LUID 只要保证局部唯一,就是指在系统的每一次运行期间保证是唯一的就可以了。另外和 GUID 相同的一点,LUID 也是一个 64 位的值,相信大家都看过 GUID 那一大串的值,那么怎样才能知道一个权限对应的 LUID 值是多少呢? 这就要用到另外一个 API 函数。

3. LookupPrivilegevalue

功能

此函数查询权限对应的 LUID(本地唯一标识符)。

函数原型

```
BOOL    LookupPrivilegevalue(
    LPCTSTR     lpSystemName,       //      system      name
    LPCTSTR     lpName,             //      privilege   name
    PLUID       lpLuid              //      locally     unique      identifier
);
```

参数说明

• lpSystemName

此参数指定被查询权限的系统名称。如果为 NULL,则在本地系统查询。

• lpName

此参数指明权限名称,如"SeDebugPrivilege"。在 Winnt.h 中还定义了一些权限名称的宏,如:

```
#define   SE_BACKUP_NAME    TEXT("SeBackupPrivilege")
#define   SE_RESTORE_NAME   TEXT("SeRestorePrivilege")
#define   SE_SHUTDOWN_NAME  TEXT("SeShutdownPrivilege")
#define   SE_DEBUG_NAME     TEXT("SeDebugPrivilege")
```

• lpLuid

此参数即为返回 LUID 的指针。

返回值

如果函数调用成功,则返回值非零;如果函数执行失败,则返回值是零。

这样通过这三个函数的调用,就可以用 OpenProcess(PROCESS_ALL_ACCESS, FALSE,dwProcessID)来获得任意进程的句柄,并且指定了所有的访问权限。

接下来要调用 Windows XP Native API 函数(包含在 ntdll.dll 库中)。Native API 函数是 Ring 3 模式最底层的函数,通常用来和系统内核 Ring 0 模式打交道。因此,可以绕过普通的 Win32 API 函数,而直接使用 Windows XP Native API 函数(注意使用 Windows XP Native API 函数时一定要动态加载)。实现 I/O 端口读写的 Native API 函数就是 ZwSyetemDebugControl 函数。

4. ZwSyetemDebugControl

功能

此函数对内核模式调试器执行一个可供操作的子集。

函数原型

```
ZwSystemDebugControl(
    IN   DEBUG_CONTROL_CODE  ControlCode,
    IN   PVOID  InputBuffer  OPTIONAL,
    IN   ULONG  InputBufferLength,
    OUT  PVOID  OutputBuffer  OPTIONAL,
    IN   ULONG  OutputBufferLength,
    OUT  PULONG  ReturnLength  OPTIONAL
);
```

参数说明

• ControlCode

此参数确定实施操作的控制代码。允许值从 DEBUG_CONTROL_CODE 枚举得到。DEBUG_CONTROL_CODE 的声明如下:

```
typedef enum _DEBUG_CONTROL_CODE{
    DebugGetTraceInformation = 1,
```

```
        DebugSetInternalBreakpoint,
        DebugSetSpecialCall,
        DebugClearSpecialCalls,
        DebugQuerySpecialCalls,
        DebugDbgBreakPoint
    } DEBUG_CONTROL_CODE;
```

- **InputBuffer**

此参数指向一个调用方分配的缓冲区或变量,它包含需要执行的操作的数据。如果 ControlCode 参数指定操作,则不需要输入数据,此参数可以为 NULL。

- **InputBufferLength**

此参数确定 InputBuffer 的字节大小。

- **OutputBuffer**

此参数指向一个调用方分配的缓冲区或变量,它接收操作的输出数据。如果 ControlCode 参数指定操作,则不产生输出数据,此参数可以为 NULL。

- **OutputBufferLength**

此参数确定 OutputBuffer 的字节大小。

- **ReturnLength**

此参数可选,指向一个变量,它接收实际上返回 OutputBuffer 的字节数。如果此信息是不需要的,ReturnLength 可以是一个空指针。

返回值

返回 STATUS_SUCCESS 或错误状态,如 STATUS_PRIVILEGE_NOT_HELD、STATUS_INVALID_INFO_CLASS 或 STATUS_INFO_LENGTH_MISMATCH。

相关的 **Win32** 函数

无。

备注

SeDebugPrivilege 需要使用 Windows XP Native API 中的 ZwSystemDebugControl 函数。

ZwSystemDebugControl 函数允许一个进程对内核模式调试器执行一个可供操作的子集。

系统应该从有 boot.ini"/DEBUG"(或等效)选项已启用的一种配置中被引导,否则内核调试变量需要内部断点的正确操作是未初始化。

ZwSystemDebugControl 函数的数据使用结构在 Windbgkd.h(包含在 Platform SDK 中)中定义。被 ZwSystemDebugControl 函数使用的一个包含联合的结构,随着时间的推移而增长,ZwSystemDebugControl 函数检查输入/输出缓冲器足够大以拥有最大成员的联合。

在 Windows XP 操作系统中,以无驱动程序方法,用 Delphi 6 编程语言从 Ring 3 进入 Ring 0 的 I/O 端口读写步骤如下:

(1)用 OpenProcessToken 函数打开一个与进程相关的存取令牌;

(2)用 LookupPrivilegevalue 函数检索用在特定系统上表示特定局部权限名的局部唯一标识符(LUID);

　　(3) 用 AdjustTokenPrivileges 函数对一个具有句柄指针的访问令牌(access token)进行修改,启用指定的访问令牌权限;

　　(4) 用 ZwSystemDebugControl 函数对内核模式调试器执行一个可供操作的子集;

　　(5) 调用用户过程程序,实现对 I/O 端口的读、写操作。

　　下面介绍在 Windows XP 操作系统中,无驱动程序的数据采集板卡编程方法。

8.5.3　Windows XP 中数据采集板卡的 Delphi 6 语言编程

　　设在 Windows XP 操作系统中,使用 PC - 6311 数据采集板卡采集营养液的 pH 值、电导率、液体温度。已知 pH 传感器的测量范围为 0～14,输出电压 1～5VDC;电导率传感器测量范围为 0～20sm/cm,输出电压 1～5VDC;液体温度传感器测量范围为 0～100℃,输出电压 1～5VDC。使用 Delphi 6 语言编写数据采集程序,数据采集程序界面如图 8 - 31 所示。

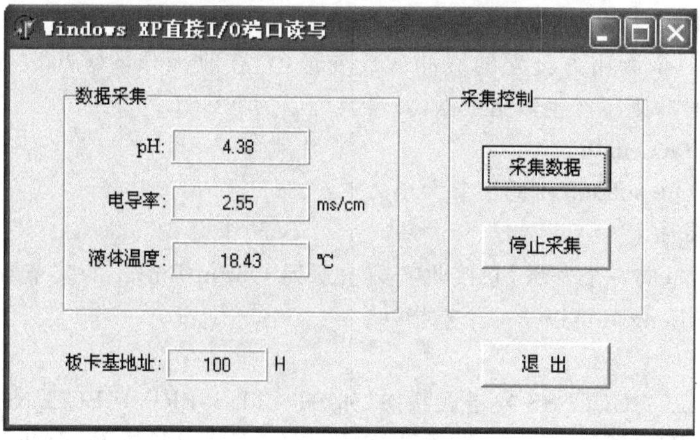

图 8 - 31　数据采集程序界面

　　程序界面使用了 2 个 GroupBox、7 个 Label、4 个 Panel、3 个 Button 和 1 个 Timer1(隐藏)组件。Delphi 6 源程序代码如下:

```
unit Port;

interface

uses
  Windows, Messages, SysUtils, Variants, Classes, Graphics, Controls, Forms,
  Dialogs, ExtCtrls, StdCtrls;

type
    TForm1 = class(TForm)
    Button3：TButton;
    Label1：TLabel;
    Label2：TLabel;
    GroupBox1：TGroupBox;
```

```
    Button1: TButton;
    Button2: TButton;
    GroupBox2: TGroupBox;
    Label3: TLabel;
    Panel1: TPanel;
    Label4: TLabel;
    Panel2: TPanel;
    Label5: TLabel;
    Panel3: TPanel;
    Label7: TLabel;
    Label8: TLabel;
    Panel4: TPanel;
    Timer1: TTimer;
    procedure Button3Click(Sender: TObject);
    procedure FormClose(Sender: TObject; var Action: TCloseAction);
    procedure FormShow(Sender: TObject);
    procedure Button1Click(Sender: TObject);
    procedure Timer1Timer(Sender: TObject);
    procedure Button2Click(Sender: TObject);
  private
    { Private declarations }
  public
    { Public declarations }
  end;

type
  _DEBUG_CONTROL_CODE = (
    DebugSysReadIoSpace = 14,
    DebugSysWriteIoSpace = 15,
    DebugSysReadMsr = 16,
    DebugSysWriteMsr = 17,
    DebugSysReadBusData = 18,
    DebugSysWriteBusData = 19
  );
  DEBUG_CONTROL_CODE = _DEBUG_CONTROL_CODE;
  TIOStruct = record
    IoAddr: DWORD;        // IN: Aligned to NumBYTEs, I/O address
    Reserved1: DWORD;     //从未被访问的内核
    pBuffer: Pointer;     // IN (write) or OUT (read): Ptr to buffer
```

```
      NumBYTEs: DWORD;        // IN: #BYTEs to read/write. Only use 1, 2, or 4. 仅使用 1、2 或 4
      Reserved4: DWORD;       //必须是 1
      Reserved5: DWORD;       //必须是 0
      Reserved6: DWORD;       //必须是 1
      Reserved7: DWORD;       //从未被访问的内核
   end;

procedure CaiJi(Ch:Smallint; var V :Double);
function InPortB(Port: DWORD): Byte;
procedure OutPortB(Port: DWORD; Value: Byte);
function EnableDebugPrivilege(CanDebug: boolean): Boolean;

var
  Form1: TForm1;
  EC, PH, D: Double;

implementation

{ $ R * .dfm}

function ZwSystemDebugControl(ControlCode: _DEBUG_CONTROL_CODE;
        InputBuffer: Pointer; InputBufferLength: ULONG;
        OutputBuffer: Pointer; OutputBufferLength: ULONG;
        ReturnLength: PULONG): LongInt; stdcall; external 'ntdll.dll';

// ULONG 为 unsigned long 无符号整型,UCHAR 为 unsigned char 无符号字符型

//先调用 EnableDebugPrivilege,然后再调用 InPortB、OutPortB。

function InPortB(Port: DWORD): Byte;
var
  Value : Byte;
  io : TIOStruct;
begin
  Value : = 0;
  io. IoAddr : = Port;
  io. Reserved1 : = 0;
  io. pBuffer : = Pointer(@Value);
  io. NumBYTEs : = sizeof(BYTE);
```

```
  io.Reserved4 : = 1;
  io.Reserved5 : = 0;
  io.Reserved6 : = 1;
  io.Reserved7 : = 0;
  ZwSystemDebugControl(DebugSysReadIoSpace, @io, sizeof(io), nil, 0, nil);
  Result : = Value;
end;

procedure OutPortB(Port: DWORD; Value: Byte);
var
  io : TIOStruct;
begin
  io.IoAddr : = Port;
  io.Reserved1 : = 0;
  io.pBuffer : = Pointer(@Value);
  io.NumBYTEs : = sizeof(BYTE);
  io.Reserved4 : = 1;
  io.Reserved5 : = 0;
  io.Reserved6 : = 1;
  io.Reserved7 : = 0;
  ZwSystemDebugControl(DebugSysWriteIoSpace, @io, sizeof(io), nil, 0, nil);
end;

procedure CaiJi(Ch:Smallint; var V:Double);
var
  i, j, nAdd : Smallint;
  U, sum : Double;
  A, H, L : Integer;
begin
  sum : = 0.0;
  nAdd : = $100;
  A : = InPortB(nAdd + 2);
  OutPortB(nAdd, Ch);
  for i : = 1 to 1500 do;
  for j : = 1 to 5 do
  begin
    OutPortB(nAdd + 1, 0);
    while InPortB(nAdd + 1) > = 128 do;
    for i : = 1 to 1500 do;
```

```
  H : = InPortB(nAdd + 1);
  L : = InPortB(nAdd + 2);
  U : = (H * 256 + L)/ 4096 * 10 - 5;
  sum : = sum + U;
 end;
 V : = sum / 5;
end;


//　- - - - - - - - -申请访问权限- - - - - - - - -
//提升权限,程序拥有 Debug 权限
function EnableDebugPrivilege(CanDebug : boolean) : Boolean;
var
  hToken : Cardinal;
  TP : Windows.TOKEN_PRIVILEGES;
  Dummy : Cardinal;
begin
  OpenProcessToken(GetCurrentProcess, TOKEN_ADJUST_PRIVILEGES, hToken);
                                              //得到进程的令牌句柄
  TP.PrivilegeCount : = 1;
  LookupPrivilegeValue(nil, ´SeDebugPrivilege´, TP.Privileges[0].Luid);
                                              //查询进程的权限
  if CanDebug then
    TP.Privileges[0].Attributes : = SE_PRIVILEGE_ENABLED
  else TP.Privileges[0].Attributes : = 0;
  AdjustTokenPrivileges(hToken, False, TP, SizeOf(TP), nil, Dummy);
                                              // 判断令牌权限
  Result : = GetLastError = ERROR_SUCCESS;
  CloseHandle(hToken);                        // 关闭打开的进程
  hToken : = 0;
end;


procedure TForm1.Button3Click(Sender : TObject);
begin
  Form1.Close;
end;


procedure TForm1.FormClose(Sender : TObject; var Action : TCloseAction);
begin
  Form1.Timer1.Enabled : = False;
```

```
end;

procedure TForm1.Button1Click(Sender : TObject);
var
  Ch : Integer;
  V : Double;
begin
  Ch : = 0;
  CaiJi(Ch, V);
  PH : = (Round((3.5 * abs(V-1)) * 100))/100;        // pH 数据做标度变换
  Panel1.Caption : = FloatToStr(PH);
  Ch : = 1;
  CaiJi(Ch, V);
  EC : = (Round((5 * abs(V-1)) * 100))/100;          // 电导率数据做标度变换
  Panel2.Caption : = FloatToStr(EC);
  Ch : = 2;
  CaiJi(Ch, V);
  T : = (Round((12.5 * abs(V-1)) * 100))/100;        // 液体温度数据做标度变换
  Panel3.Caption : = FloatToStr(T);
  Form1.Timer1.Enabled : = True;
end;

procedure TForm1.Timer1Timer(Sender : TObject);
var
  Ch : Integer;
  V : Double;
begin
  Ch : = 0;
  CaiJi(Ch, V);
  PH : = (Round((3.5 * abs(V-1)) * 100))/100;
  Panel1.Caption : = FloatToStr(PH);
  Ch : = 1;
  CaiJi(Ch, V);
  EC : = (Round((5 * abs(V-1)) * 100))/100;
  Panel2.Caption : = FloatToStr(EC);
  Ch : = 2;
  CaiJi(Ch, V);
  T : = (Round((12.5 * abs(V-1)) * 100))/100;
  Panel3.Caption : = FloatToStr(T);
```

```
end;

procedure TForm1.Button2Click(Sender: TObject);
begin
  Form1.Timer1.Enabled: = False;
end;

initialization
  EnableDebugPrivilege(True);

finalization
  EnableDebugPrivilege(False);
end.
```

以上数据采集程序在 Windows XP 操作系统中连续、稳定地运行超过 1440 h,读者可以直接参考借鉴。

习题与思考题

1. 什么是数据采集接口板卡?

2. 采用数据采集接口板卡有什么好处? 一般在什么情况下采用?

3. 现有一 BASIC 语句为"U = (H * 256 + L) * 10 / 4096",试问该语句完成什么任务? 语句中的"H * 256 + L"部分起什么作用,为什么要"H * 256"?

4. 用 PC‑6319 接口板卡的 0、1、2 通道分别采集 1 节、2 节、3 节干电池的电压数据,要求每个通道各采集 10 个数据,3 个通道巡回采集。设定PC‑6139接口板基地址为 0100H,试用 QUICK BASIC 语言编写双端输入、程序查询方式取数的数据采集程序,并将采集到的数据以"V"为单位,按通道号显示在屏幕上。

5. 用 PC‑6319 接口板卡的 0、1、2 通道分别采集 1 节、2 节、3 节干电池的电压数据,要求每个通道各采集 10 个数据,3 个通道巡回采集。设定 PC‑6139 接口板基地址为 0100H,试用 8088 汇编语言编写单端输入、中断方式取数的数据采集程序,并将采集到的数据存入内存。

6. 用 PC‑6319 接口板卡来采集温室大棚的温度数据,要求在 24 小时内以每 10 分钟为间隔采集数据一次。温度传感变送器测量范围为 −5∼45 ℃,输出信号 0∼5 VDC。设定 PC‑6319 接口板基地址为 0310H,程控放大器增益为 1,试用 QUICK BASIC 语言编写单端输入、程序查询方式取数的数据采集程序,并将采集到的数据以"℃"为单位显示在屏幕上。

第9章 数字信号的采集

数据采集系统除了经常采集模拟信号外,有时还要采集某些传感器输出的数字信号,例如,数字、脉冲和开关量等。因此,数据采集系统中必须有数字信号采集通道,以便采集数字信号和送入计算机进行处理。根据传感器与计算机距离的远近,数字信号的传输方式有并行方式和串行方式两种,数字信号的采集,相应可以用 8255A 可编程外围接口芯片完成并行数据的采集;用计算机的 RS-232C 通信口完成串行数据的采集。

9.1 8255A 可编程外围接口芯片

9.1.1 用途和结构

8255A 是一种可编程的外围接口芯片,其外观如图 9-1 所示。它广泛用于接收并行传输的数字信号,它的引脚和内部结构框图如图 9-2 所示。

在图 9-2(a) 中,$D_0 \sim D_7$ 为数据总线,用于完成 8255A 和计算机的数据交换。$\overline{WR}$(写)、$\overline{RD}$(读)、$\overline{CS}$(片选)及 RESET(复位)为系统控制信号线,用于完成计算机对 8255A 的管理和控制,除 RESET 外都是低电平有效。

图 9-1 8255A-5 芯片

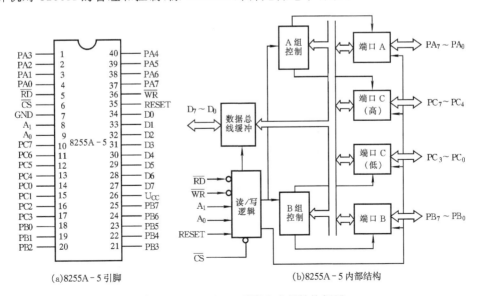

(a)8255A-5引脚   (b)8255A-5内部结构

图 9-2 8255A-5引脚和内部结构框图

$PA_0 \sim PA_7$、$PB_0 \sim PB_7$、$PC_0 \sim PC_7$ 分别为 8255A 的三个 8 位并行 I/O 口,可以通过编程对每个口的输入或输出进行设置。

在图 9-2(b)中,数据总线缓冲器是双向三态 8 位数据缓冲,用于接收计算机的 I/O 指令及相应数据,并返回芯片的状态。读写逻辑控制器用于管理所有内部和外部的传送过程,它接受来自计算机地址总线和控制总线的输入信号,然后向 A 组和 B 组的控制器发送命令。A 组控制器用于管理端口 A 和端口 C 的高四位,B 组控制器用于管理端口 B 和端口 C 的低四位。

端口 A 是一个 8 位数据输出锁存器/缓冲器和一个 8 位数据输入锁存器。

端口 B 是一个 8 位数据输入/输出锁存器/缓冲器和一个 8 位数据输入缓冲器。

端口 C 是一个 8 位数据输出锁存器/缓冲器和一个 8 位数据输入缓冲器。端口 C 还可以通过程序设定,分成两个 4 位的端口,分别用于传送、接收端口 A 和端口 B 的输出控制信号和输入状态信号。

当 RESET 复位信号有效(高电平)时,所有内部寄存器均被清除,所有端口均处于输入方式。

9.1.2　工作方式

由以上叙述可知,8255A 芯片有三个端口共 24 条可编程的 I/O 引脚,通过对其进行编程,可以设定为不同的功能组态。因此,被称之为可编程的接口芯片,它有三种工作方式,现在说明如下。

1. 方式 0

此方式称为基本的输入/输出方式,适用于三个端口中的任何一个,其特点为:

(1) 任何一个端口都可以用作输入或输出;

(2) 输出可被锁存,输入不能被锁存;

(3) 有 16 种不同的输入/输出组态,即端口 C 的高 4 位和低 4 位可以分别设为输入或输出,加上 A 口和 B 口,一共可以组合为 $2^4 = 16$ 种输入/输出组态。

2. 方式 1

此方式称为选通的输入/输出方式,它与方式 0 的不同之处在于:要借助于选通或应答式联络信号,把 I/O 数据与指定的端口进行发送或接收。这些联络信号由端口 C 的某些位提供,其特点为:

(1) A 组和 B 组各有一个 8 位数据口和一个 4 位控制/数据口;

(2) 8 位数据口既可以作为输入又可作为输出,输入和输出均可以被锁存;

(3) 端口 C 的 4 位用于传送 8 位数据口的控制和状态信息。

当方式 1 用于端口输入时,端口 C 各位的含义如下(以 A 口/B 口次序列出):

• PC_5/PC_1“输入缓冲器满”信号 IBF,高电平时表示数据已被传入输入锁存器中,由 $\overline{RD}$ 输入信号上升沿将其置“0”。

• PC_4/PC_2“选通”信号 $\overline{STB}$,低电平时使数据线上的数据锁存于端口的输入锁存器。

• PC_3/PC_0“中断请求”信号 INTR,高电平时表示输入设备请求中断服务。

当方式 1 用于端口输出时,端口 C 各位含义如下(以 A 口/B 口次序列出):

• PC_7/PC_1“输出缓冲器满”信号 $\overline{OBF}$,低电平表示计算机向规定的端口写入数据,由 $\overline{WR}$

信号的上升沿使其置"1";

• PC_6/PC_2"响应输入"信号$\overline{ACK}$,低电平表示外设已接收来自端口的数据;

• PC_3/PC_0"中断请求"信号 INTR,高电平表示外设已接收计算机发送的数据,请求中断 CPU。

3. 方式 2

此方式称为带联络双向总线 I/O 方式,仅限于 A 口,其特点为:

(1) 一个 8 位双向总线端口和一个 5 位控制端口 C,即端口 C 的一些位如同方式 1 一样,用于握手选通或应答式连接;

(2) 输入或输出都可以锁存;

(3) 5 位控制口用于传送双向总线端口的控制状态信息。

在方式 2 中,端口 A 既可以作为输入,又可以作为输出,这时端口 C 中 5 位控制信号的含义如下:

• PC_7:"输出缓冲器满"信号$\overline{OBF}$,低电平表示 CPU 已把数据写入端口 A;

• PC_6:"响应信号"$\overline{ACK}$,低电平时开启端口 A 的三态输出缓冲器;

• PC_5:"输入缓冲器满"信号 IBF,高电平时表示数据已被写入输入缓冲器;

• PC_4:"选通输入"信号$\overline{STB}$,低电平时表示数据已被写入输入锁存器;

• PC_3:"中断请求"信号 INTR,高电平时请求中断 CPU。

上述各种方式组态下,若要想利用中断功能,将其相应的 INTR 信号线与计算机中的 $IRQ_2 \sim IRQ_7$ 中的某一条中断请求线相连接,否则计算机将检测不到中断请求。

此外,需要说明的是,在方式 1 和方式 2 中,并未将端口 C 的所有位都用于传送控制状态信息,剩余的各位仍然可以通过编程设定为输入/输出用。

以上介绍的各种工作方式及组态,都可以通过对 8255A 的初始化来实现。

9.1.3　初始化

对 8255A 的初始化,是通过向 8255A 的控制寄存器写入一个 8 位控制字来实现的。为了能正确地写入控制字,首先要了解 8255A 控制寄存器中各位的情况。8255A 控制寄存器如图 9-3 所示。

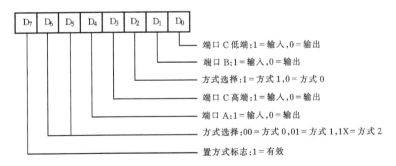

图 9-3　8255A 控制寄存器

由图 9-3 可以知道:

(1) 最高位(D_7)为置方式标志位,此位为 1 时,8255A 内部逻辑控制部分就按要求进行初始化;

（2）端口 A 的工作方式选择由 D_6，D_5 两位决定，如图 9-3 所述，00 对应方式 0，01 对应方式 1，1X 对应方式 2，其功能是输入还是输出则由 D_4 决定：1 输入，0 输出；

（3）端口 B 的工作方式选择由 D_2 决定，0 对应方式 0，1 对应方式 1，其功能是输入还是输出则由 D_1 决定：1 输入，0 输出；

（4）端口 C 的功能分高 4 位和低 4 位两部分说明，其功能是输入还是输出分别由 D_3 和 D_0 决定，同样地，1 输入，0 输出。

可以根据实际需要，对 8255A 控制寄存器的各位按位赋值，即可完成对 8255A 的初始化。

例 9.1　设 8255A 的控制寄存器的地址为 63H，初始化 A、C 口为输入口，B 口为输出口。编写对 8255A 初始化的汇编程序。

解　汇编程序如下：

```
MOV    AL,63H
MOV    DI,AL
MOV    AL,10011001B        ;置 A、C 口为输入口，B 口为输出口
OUT    DI,AL               ;把 10011001B 写入 8255A 控制寄存器
```

需要指出的是，8255A 是一种可编程通用并行 I/O 接口芯片，其使用灵活，可以在并行数字信号采集中大显身手。下面介绍一种典型的 8255A 板卡，然后讨论 8255A 在并行数字信号采集中的应用。

9.2　PS-2304 数字量 I/O 接口板简介

9.2.1　概述

1. 主要性能

PS-2304 板为 PC/ISA(Industry Standard Architecture)总线型接口板(见图 9-4)，广泛用于 PC 机。此板主要由三片 8255A 芯片及若干个逻辑器件组成，通过编程，用户可以自由设定输入输出路数，使用较为灵活，还可以与 PS-2304D1，PS-2304D2 光隔端子板配合使用，提高系统的抗干扰和驱动能力。

图 9-4　PS-2304 板卡

2. 主要技术指标

(1) 输入输出路数:72 路(3 片 8255A,24×3＝72)

(2) 输入输出电平:TTL

(3) 控制方式:程序查询或中断服务

(4) 电源要求:DC＋5 V,耗电流＜500 mA

(5) 环境温度:－10～50℃

(6) 外形尺寸:140 mm×90 mm(不包括插头部分)

9.2.2　使用与工作方式选择

1. 地址开关的设定

PS－2304 板卡上有一个如图 9－5 所示的地址开关 K,设定地址开关 K 上的各位,可以确定板卡端口及控制寄存器的地址。

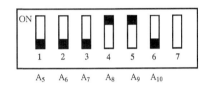

图 9－5　地址开关 K

由图 9－5 可以知道,地址开关 K 为 6 位有效,ON/OFF 状态与计算机地址线位内容对应关系是:

$$ON — An = 1 \qquad OFF — An = 0$$

地址开关 K 各位与计算机地址线位的对应关系如下:

$$K1—A_5 \qquad\qquad K4 — A_8$$
$$K2—A_6 \qquad\qquad K5 — A_9$$
$$K3—A_7 \qquad\qquad K6 — A_{10}$$

图 9－5 中 K 的地址范围为 0300～031F,共 32 个连续地址。根据图 9－5 设定的地址范围,PS－2304 板的地址分配如表 9－1 所示。

表 9－1　PS－2304 板地址分配

芯片	A 口	B 口	C 口	控制寄存器
JC_9	0300H	0301H	0302H	0303H
JC_{10}	0304H	0305H	0306H	0307H
JC_{11}	0308H	0309H	030AH	030BH
0318H～031BH		写入:开中断		
031CH～031FH		写入:关中断		

2. 板上接口插座

PS－2304 板卡结构如图 9－6 所示。

板上每片 8255A 的三个端口(A、B、C)的相应端,分别接到 $Z_1 \sim Z_3$ 的三个 34 针插座上,位置如图 9－6 所示。

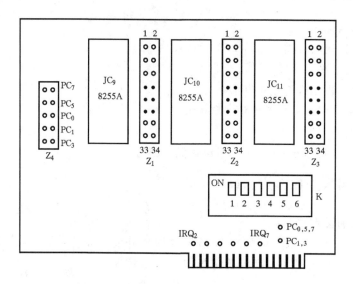

图 9 - 6　PS - 2304 板卡结构

Z_1、Z_2 这两个 34 针插座的脚号与 8255A 的三个端口对应关系如图 9 - 7(a) 所示。而 Z_3 这个 34 针插座与 8255A 的三个端口的对应关系如图 9 - 7(b)所示,其中 $PB_0 \sim PB_7$ 与前两片的 $PB_0 \sim PB_7$ 位置有些区别,使用时要注意这个区别。

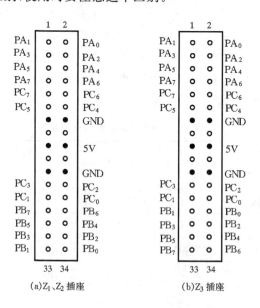

图 9 - 7　34 针插座与 8255A 端口对应关系

JC_9 这片 8255A 可以工作于 0、1、2 三种方式。该芯片的 PC_1、PC_3、PC_0、PC_5、PC_7 引至跨接插座 Z_4 上(见图 9 - 6),以便在中断方式时使用。而另两片 8255A(JC_{10}、JC_{11})无此功能,只能以方式 0 状态工作。

3. 初始化及有关 8255A 的控制字

例 9.2　将 JC_9(PS - 2304 板的第一片 8255A)设置成 24 路输入状态。

解　其控制命令字为 10011011B,即十六进制的 9BH,BASIC 语句应为:

```
OUT    &H303,&H9B
```

汇编程序应为:

```
    MOV    AL,303H                ;确定 JC₉ 的控制寄存器地址
    MOV    DI,AL
    MOV    AL,9BH
    OUT    DI,AL                  ;把控制字 9BH 写入 JC₉ 的控制寄存器
```

例 9.3　将 JC_{10}(第二片 8255A)设置成 A、B 口为输出,C 口为输入。

解　相应的控制命令字为 10001001B,十六进制表示为 89H。

BASIC 语句应为:

```
    OUT    &H307,&H89
```

汇编程序应为:

```
    MOV    AL,307H
    MOV    DI,AL
    MOV    AL,89H
    OUT    DI,AL
```

4. 中断请求信号的输出方法及连接

PS‐2304 板的中断信号经过一级三态门(74LS125),开机时,三态门处于高阻态,当需要申请中断时,要先用程序将三态门置于工作状态,中断请求信号结束时,用程序将三态门关闭。参照表 9‐1 中的有关地址,做相应的写操作就可以完成上述功能。

图 9‐6 中,Z_4 是将 JC_9(8255A)C 口的 5 个输出位中任意一位送至计算机的中断请求线上。

> **注意**:PC_1、PC_3 不能同时送出,只能任选一路送出,PC_0、PC_5、PC_7 亦同。

具体接至计算机的哪一条中断线上,请参照图 9‐6,将总线插头上方标注为 $PC_{0,5,7}$、$PC_{1,3}$ 的孔与 IRQ_n 用导线连接,即完成中断线的连接。

9.3　BCD 码并行数字信号的采集

在以 PC 机为处理机的数据采集系统中,PS‐2304 接口板可以用来采集各种数字信号,例如 BCD 并行数码、开关量和脉冲信号,也可以用来输出开关量和脉冲信号,控制各种外部设备。下面以三坐标测量机坐标位移值的采集为例,介绍 PS‐2304 接口板在数字信号采集中的应用。

三坐标测量机是一种高效率精密测量设备,用来测量工件上任意点的 X、Y、Z 三个坐标值,其在外形复杂、精度高、研制周期短的产品设计与制造中,充分发挥其测量造型、尺寸传递和质量控制的作用,三坐标测量机的结构如图 9‐8 所示。

由图 9‐8 可知,三坐标测量机构成一个坐标系空间,其上有一个可提供 X、Y、Z 三个方向运动的机构和一个能测出被测件几何型面上各测点坐标值的装置。

三坐标测量机工作时,将被测件放在其坐标系空间,机器分别沿着 X、Y、Z 三个方向做直线移

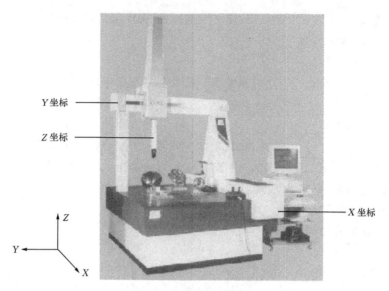

图 9-8　三坐标测量结构

动。每个坐标方向安装了一根光栅位移传感器(简称光栅尺)来检测机器在该坐标方向的位置变化,光栅尺输出的信号传送到与之相配套的数显仪上。三坐标测量机的组成如图 9-9 所示。

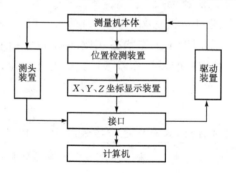

图 9-9　三坐标测量的组成

- 测量机本体　提供安放工件的位置,并确保工件在一个坐标系内相对于测头运动;
- 位置检测系统　即光栅尺,检测出工件相对于测头运动的数值;
- 测头装置　确定工件上点的位置;
- 坐标显示装置　即数显表,处理光栅尺的信号,并显示出工件上点的位置数值。

光栅尺输出的信号经数显表处理后,一方面用数码管以 6 位十进制实数加 1 位符号位的形式显示出坐标位移值,另一方面通过数显表上的 32 芯插座,经过并行电缆线把并行 BCD 码数字信号传送到计算机扩展槽上的 8255 卡。此外,在三坐标测量机的测量臂末端,安装了一个万向电测头,如图 9-10 所示。

当测量工件上的样点时,依次移动测量机的各轴,使电测头测杆末端的红宝石球与工件相应位置接触。在两者接触的一瞬间,与电测头相配套的电箱向计算机发出采样脉冲。当计算机查询到此脉冲或响应此脉冲中断时,立刻将工件被测样点的 X、Y、Z 坐标值采入计算机。当工件样点全部采集完后,便可根据需要(例如求两点之间的距离等)对样点坐标值进行计算,求出相应的结果。

光栅尺在三坐标测量机上的安装如图 9-10 所示。

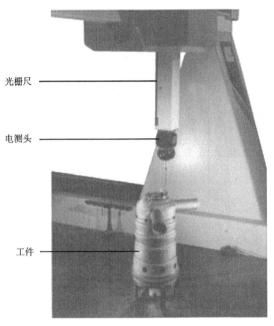

图 9-10 光栅尺的安装

光栅尺及数显表如图 9-11 所示。光栅尺有透射式和反射式两种形式,其中透射式光栅尺的结构如图 9-12 所示。

图 9-11 光栅尺及数显表

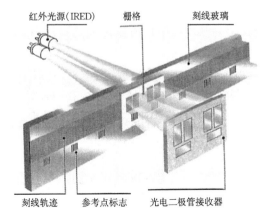

图 9-12 透射式光栅尺的结构

透射式光栅尺中,动光栅(指示光栅)相对定光栅(主光栅)的安装如图 9 - 13 所示。

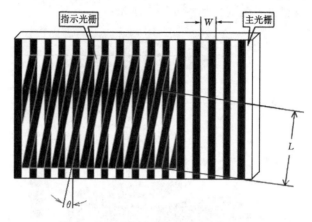

图 9 - 13　透射式光栅尺动光栅的安装

下面讨论如何用 PC 机和 PS - 2304 接口板,采集 X 坐标的坐标位移值,并且把采集到的数据存入内存中指定的单元。为了简化问题的讨论,这里只涉及无符号坐标值的采集。

由前面第 2 章编码一节可以知道,在用 BCD 码表示十进制数时,1 位十进制数用 4 位二进制码表示,所以 6 位十进制数须用 24(6×4)位二进制码表示。可以选择 PS - 2304 接口板上任意一片 8255A 来实现数据采集,这里选择 JC_{10} 对应的 8255A 芯片来采集 24 位二进制码。确定 JC_{10} 对应的 8255A 芯片工作方式为方式 0。由于 8255A 的 A、B、C 端口均为 8 位,即每个端口一次只能采集 8 位二进制码(2 位十进制数)。所以,对于 6 位十进制数需按图 9 - 14 所示,A、B、C 三个端口分别采集 6 位十

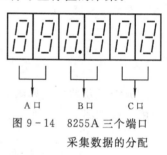

图 9 - 14　8255A 三个端口采集数据的分配

制数的最高两位、中间两位和最低两位。另外,选择 JC_9 对应的 8255A 芯片的 PC_0 位来输入电测头发出的采样脉冲信号。

由图 9 - 14 可知,8255A 的 B 口采集的 8 位 BCD 码中,高 4 位对应十进制整数,低 4 位对应十进制小数,因此需要把这 8 位 BCD 码分开。其次,由第 2 章编码一节可知,在 0～9 的范围内,二进制码与 BCD 码是相同的,只要把从 8255A 三个端口上采集到的三组 BCD 码拆分成 6 个 4 位二进制码,分别存入内存中的 6 个存储单元,就无需再做代码转换操作,直接用 Quick BASIC 语言的 PEEK 语句从内存中把数据读入到程序中,然后进行字符串操作,将采集到的数据还原成十进制实数。

在使用 PS - 2304 接口板采集数据时,需参考图 9 - 3 ,向 JC_{10} 对应的 8255A 芯片的控制寄存器写入一个控制字,以便初始化此芯片。另外,在内存中选择一个存储单元连续的内存段(在本例中,选择段地址为 7000H 的内存段)来存储采集到的数据。采用查询方式工作的 8088 汇编程序如下:

```
. MODEL  MEDIUM
. STACK  256                    ;堆栈空间为 256
;
. DATA
```

```
        BCD1    DB?
        BCD2    DB?
        BCD3    DB?
        BIN11   DB?
        BIN12   DB?
        BIN21   DB?
        BIN22   DB?
        BIN31   DB?
        BIN32   DB?
;
. CODE
            PUBLIC   PORT                    ;汇编程序 PORT 用指示字 PUBLIC 说明成公共
                                             ;块,以便 Quick BASIC 程序调用
PORT  PROC    FAR
            PUSH  BP                         ;保存原基址寄存器指针
            MOV   BP , SP                    ;把堆栈指针放入基址寄存器
            PUSH  DS                         ;保存原数据段地址
            PUSH  SI
            PUSH  DI
            SUB   AX, AX                     ;把 0 放入 AX
            PUSH  AX
            MOV   AX, _DATA                  ;数据段的地址放入 DS
            MOV   DS, AX
            MOV   AX, 7000H                  ;设置存储数据的内存段地址为 7000H
            MOV   ES, AX
            MOV   DI, 1                      ;设置存储数据的内存起始单元为 7000∶0001
            MOV   DX,302H                    ;设置状态口地址
WAIT1:  IN    AL,DX                          ;从状态口读入状态信息(电测头的采样脉冲)
            TEST  AL,01H                     ;检查状态信息是否为 1
            JNZ   WAIT1                       ;若为 1,循环等待测头离开前一个采样点
WAIT2:  IN    AL,DX                          ;从状态口读入状态信息
            TEST  AL,01H                     ;检查状态信息是否为 0
            JZ    WAIT2                       ;若为 0,循环等待测头接触工件上另一个采样点
            CALL  ACQUDATA                    ;调用数据采集子程序
            CALL  HCONVT                      ;调用数据拆分子程序
            CALL  STORE                       ;调用数据存储子程序
            POP   AX
            POP   DI
            POP   SI
```

```
                POP   DS                   ;恢复原数据段地址
                POP   BP                   ;恢复原基址寄存器指针
                RET                        ;退出汇编程序
        PORT    ENDP
;采集数据
        ACQUDATA  PROC  NEAR
                PUSH  DX
                PUSH  SI
                PUSH  DI
                PUSH  AX
                PUSH  CX
                MOV AL, 10011011B          ;设置控制字
                MOV DX, 307H               ;初始化 8255 的 A、B、C 口为输入口
                OUT DX, AL
                MOV DX, 304H
                IN    AL, DX               ;从 A 口采集第一组 BCD 码
                MOV DI, OFFSET  BCD1
                MOV [DI], AL               ;存入 BCD1 中保存
                MOV DX, 305H
                IN    AL, DX               ;从 B 口采集第二组 BCD 码
                MOV DI, OFFSET  BCD2
                MOV [DI], AL               ;存入 BCD2 中保存
                MOV DX, 306H
                IN    AL, DX               ;从 C 口采集第三组 BCD 码
                MOV DI, OFFSET  BCD3
                MOV [DI], AL               ;存入 BCD3 中保存
                POP CX
                POP AX
                POP DI
                POP SI
                POP DX
                RET
        ACQUDATA   ENDP
;把一组 BCD 码拆分成二个 4 位二进制码
        HCONVT   PROC    NEAR
            PUSH BX
            PUSH SI
            PUSH DI
            MOV BX,OFFSET  BCD1             ;BCD1 的地址送入 BX 寄存器
```

```
    MOV  SI,OFFSET  BIN11          ;BIN11 的地址送入 SI 寄存器
    MOV  DI,OFFSET  BIN12          ;BIN12 的地址送入 DI 寄存器
    CALL  HCONVTSUB                ;对第一组 BCD 码进行拆分
    MOV  BX,OFFSET  BCD2           ;BCD2 的地址送入 BX 寄存器
    MOV  SI,OFFSET  BIN21          ;BIN21 的地址送入 SI 寄存器
    MOV  DI,OFFSET  BIN22          ;BIN22 的地址送入 DI 寄存器
    CALL  HCONVTSUB                ;对第二组 BCD 码进行拆分
    MOV  BX,OFFSET  BCD3           ;BCD3 的地址送入 BX 寄存器
    MOV  SI,OFFSET  BIN31          ;BIN31 的地址送入 SI 寄存器
    MOV  DI,OFFSET  BIN32          ;BIN32 的地址送入 DI 寄存器
    CALL  HCONVTSUB                ;对第三组 BCD 码进行拆分
    POP  DI
    POP  SI
    POP  BX
    RET
HCONVT  ENDP
;拆分 BCD 码
HCONVTSUB  PROC  NEAR
    PUSH  CX
    MOV  AL,[BX]                   ;将 BX 寄存器中的数据传送到 AL 寄存器
    MOV  CL,4                      ;确定移位次数(4 次)
    SHR  AL,CL                     ;将 AL 逻辑右移 4 次
    MOV  [SI],AL                   ;将 AL 中的数据传送到 SI
    MOV  AL,[BX]                   ;将 BX 中的数据传送到 AL
    AND  AL,0FH                    ;屏蔽高 4 位
    MOV  [DI],AL                   ;将AL 中低 4 位的数据传送到 DI
    POP  CX
    RET
HCONVTSUB  ENDP
;把数据存入内存
STORE  PROC  NEAR
    PUSH  ES
    PUSH  SI
    MOV  SI , OFFSET  BIN11
    MOV  AL , [SI]
    MOV  BYTE  PTR  ES : [DI] , AL  ;把 BIN11 中的数据送入内存单元 1
    INC    DI                       ;内存单元地址＋1
    MOV  SI, OFFSET  BIN12
    MOV  AL, [SI]
```

```
        MOV   BYTE  PTR  ES : [DI] , AL      ;把 BIN12 中的数据送到内存单元 2
        INC   DI                            ;内存单元地址 + 1
        MOV   SI, OFFSET BIN21
        MOV   AL, [SI]
        MOV   BYTE  PTR  ES : [DI] , AL      ;把 BIN21 中的数据送到内存单元 3
        INC   DI                            ;内存单元地址 + 1
        MOV   SI, OFFSET BIN22
        MOV   AL, [SI]
        MOV   BYTE  PTR  ES : [DI] , AL      ;把 BIN22 中的数据送到内存单元 4
        INC   DI                            ;内存单元地址 + 1
        MOV   SI, OFFSET BIN31
        MOV   AL, [SI]
        MOV   BYTE  PTR  ES : [DI] , AL      ;把 BIN31 中的数据送到内存单元 5
        INC   DI                            ;内存单元地址 + 1
        MOV   SI, OFFSET BIN32
        MOV   AL, [SI]
        MOV   BYTE  PTR  ES : [DI] , AL      ;把 BIN32 中的数据送到内存单元 6
        POP   SI
        POP   ES
        RET
    STORE   ENDP
            END
```

以上程序在计算机内存中段地址为 7000,起始单元为 1 的连续 6 个内存单元中存放采集到的 X 坐标位移值。对于三坐标测量机的 Y、Z 坐标,同样可参照以上介绍的方法,完成坐标位移值的采集、拆分和存储等操作。

将以上汇编程序编译成一个目标文件,并与以下 DCLZ 程序的目标文件连接成一个数据采集程序 CAIJI。然后运行 CAIJI 程序,即可将 X 坐标位移值从 8255 板卡经内存单元传送到相应的 Quick BASIC 程序中去。

DCLZ 源程序如下:

```
DECLARE   SUB PORT ()
    CALL PORT
    DEF SEG = &H7000                    '设定内存段地址为 7000H
    A11 = PEEK(1) : A12 = PEEK(2)       '从内存单元 1、2 中读数据并赋予 A11、A12
    B11 = PEEK(3) : B12 = PEEK(4)       '从内存单元 3、4 中读数据并赋予 B11、B12
    C11 = PEEK(5) : C12 = PEEK(6)       '从内存单元 5、6 中读数据并赋予 C11、C12
    DEF SEG                             '取消设定的内存段地址
    A11$ = STR$(A11) : A12$ = STR$(A12) '数值型数据转换成字符型数据
    B11$ = STR$(B11) : B12$ = STR$(B12) '数值型数据转换成字符型数据
    C11$ = STR$(C11) : C12$ = STR$(C12) '数值型数据转换成字符型数据
```

```
X$ = A11$ + A12$ + B11$ + "." + B12$ + C11$ + C12$
                                  '合并成一个字符串
X = VAL(X$)                       '将字符串还原成十进制实数(X 坐标位移值)
X = INT(X * 1000 + .5) / 1000
LOCATE 4, 52 : PRINT X
END
```

以上介绍了并行数字信号的采集方法,由于数字信号是以 8 位并行方式传送,故需要 8 根数据线。虽然数字信号采集到计算机的速度很快,但并行数字信号的传送距离不超过 5 m,而且消耗较多的电缆。当传感器与计算机距离很远时,并行传输电缆会对数字信号产生衰减。为了保证数字信号正常传输和简化数据采集接口,可以用第 11 章介绍的串行通信方式来传送采集的数据。

9.4　车速脉冲信号的采集计数

9.4.1　车速脉冲信号的变换

在对车辆的车速进行路面测试时,一般是在车辆的后部增加一个测量轮。车辆车速测试装置见图 9 - 15。

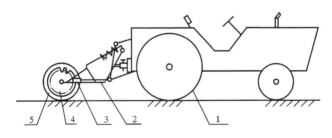

图 9 - 15　车辆车速测试装置

1—拖拉机;2—测试机架;3—光电传感器;4—齿形编码盘;5—测量轮

测量轮的旋转轴上套装一个有 60 个齿的齿盘,在面对齿盘圆周处安装一个磁阻式传感器或在齿盘的侧面安装一个反射式光电传感器,每当齿盘旋转一个节距时,传感器转换输出一个近似于正弦波的信号,该信号经滤波、放大和整形后,变成一个脉冲信号,齿盘旋转一周,传感器转换输出 60 个脉冲。

由于测量轮是一个从动轮,即车辆前进时带动该轮旋转。测量轮的圆周速度就是车辆的车速 v,因此有如下关系

$$v = \pi \cdot D \cdot N \tag{9 - 1}$$

式中:D 为测量轮直径(mm);N 为测量轮转速(r/min)。

由式(9 - 1)可知,只要测量出测量轮的转速,就可以得到车辆的车速。

9.4.2　脉冲信号的处理

测量轮转速的测量,最普通的方法是齿盘每旋转一周,由传感器转换输出 60 个或 600 个脉冲信号,并用计数器对脉冲信号在一秒钟之内计数,然后按一定关系式计算出转速。若设计数器的计数值为 C,测量轮每转一周传感器输出的脉冲数为 P,计数时间为 t 秒,测量轮转速为 $N(\mathrm{r} / \mathrm{min})$,则有如下关系式成立

$$C = \frac{P \cdot t \cdot N}{60} \tag{9-2}$$

若 $t = 1\mathrm{s}, P = 60$,则 $C = N$;若 t 仍为 $1\mathrm{s}, P = 600$,则 $C = 10N$。

整理式(9-2),可得到测量轮转速的公式

$$N = \frac{60C}{P \cdot t} \tag{9-3}$$

由式(9-3)可知,如果用计数器在 t 秒内对脉冲信号进行计数,就可以计算出测量轮的转速 N,然后将 N 代入式(9-1),即可得到车辆的车速。

9.4.3　脉冲信号的采集计数

脉冲信号的采集计数方法有两种:硬件采集计数和软件采集计数。

1. 脉冲信号硬件采集计数

图 9-16 为硬件脉冲信号采集计数接口电路框图。图中有 4 个二-十进制同步计数器 $IC_1 \sim IC_4$,三个与非门 $YF_1 \sim YF_3$,二个锁存器 74LS273 以及可编程并行 I/O 接口 8255 和可编程定时/计数器 8253。

图中,4 个计数器(CD4518)的 EN 端由同一个脉冲的下降沿驱动。个位计数器的 CP 端接地。另外,个位计数器的 Q_1、Q_4 两端经过 YF_1 接至十位计数器的 CP 端,十位计数器的 Q_1、Q_4 端经过 YF_2 接至百位计数器的 CP 端,依此类推。4 个计数器的输出先由锁存器锁存,然后经由 8255 的 A 口和 B 口传到微机的数据总线。

计数器的复零端 C_r 均由 8255 的 C 口 PC_0 位控制,当需要对计数器清零时,由程序通过该位送出复位脉冲信号。

复位脉冲过后,各个计数器为全零状态,即各计数器的 $Q_4 \sim Q_1$ 的状态为 0000。当个位计数器计到 1001(即 9)时,YF_1 输出为低电平,允许十位计数器计数。第 10 个脉冲的下降沿来到时,十位计数器状态为 0001(即 1),同时个位计数器恢复 0000 状态,整个计数状态为 0001　0000(即十进制数 10)。依此类推,当十位、个位计到 1001　1001(即 99)时,百位才能计数,并在第 100 个脉冲下降沿来到时,整个计数状态变成 0001　0000　0000(即十进制的 100)。由此可见,低位计数器 Q_1、Q_4 的输出信号并不作为高位计数器的计数信号,而只是控制高位计数器能否计数。

锁存器(74LS273)的写入/锁存由 8253 定时/计数器控制,当预置的采样时间到来时,定时/计数器将输出启动信号至锁存器的 CLK 端,启动锁存器写入并锁存计数器的值。与此同时,8253 向 PC 总线的 IRQ_2 或 IRQ_3 发出一个中断信号,由 CPU 响应此中断,转入执行中断服务程序,启动 8255 将锁存器的数据通过 A 口和 B 口送到 PC 数据总线。

以上接口方案适用于采集频率较高的脉冲信号,当脉冲信号的频率较低时,也可以选用脉

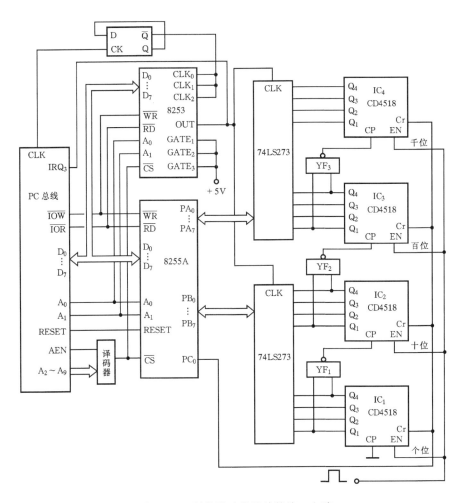

图 9-16　硬件脉冲信号计数接口电路

冲信号的软件采集计数法。

2. 脉冲信号的软件采集计数

该方法只需要很简单的接口电路,再配以相应的程序,就能完成脉冲信号的采集计数。

(1)脉冲信号采集计数接口

图 9-17 为软件脉冲信号采集计数接口电路框图。图中 PC 机 ISA 总线的 ALE 和 $A_4 \sim A_9$ 进行地址译码,选通 8255 的 $\overline{CS}$,$\overline{IOR}$ 和 $\overline{IOW}$ 分别控制 8255 的 $\overline{RD}$ 和 $\overline{WR}$,地址线 A_0、A_1 直接接入 8255 的 A_0、A_1 端。8255 的 C 口 PC_0 位用来接收脉冲信号,时钟信号取至于微机的内部时钟。

(2)脉冲信号采集计数程序的编程

采用 BASIC 语言的计时器事件触发的方式完成定时,由微机用查询方式完成脉冲信号的计数。程序在对脉冲信号计数时(见图 9-18),仅在脉冲上升沿计数,其他时候均不计数。

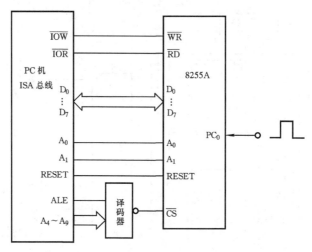

图 9-17 软件脉冲信号采集计数接口

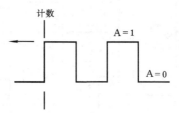

图 9-18 用程序对脉冲信号计数

设 8255 的端口地址如表 9-2 所示。

表 9-2 8255A 端口地址

I/O 口	地 址
A 口	0304H
B 口	0305H
C 口	0306H
控制寄存器	0307H

计数程序采用以下变量:

S—— 统计脉冲数(计数)。

A—— 反映 PC_0 位电平的变化。

  A=1 表示 PC_0 位是高电平

  A=0 表示 PC_0 位是低电平

B—— 计数标志变量,表示计数与否。

  B=1 表示已计数

  B=0 表示未计数

计数条件:

当 A=1 且 B=0 时,S=S+1,其他情况不计数。

如果从 C 口 PC_0 位对脉冲信号不断采集计数,每隔 1 秒钟显示脉冲信号的计数值,则相应的 Quick BASIC 语言计数程序如下。

```
DECLARE  SUB  CAIJI( )
DIM  SHARED  C%
    CLS
    S% = 0 : B% = 0 : C% = 0
    LOCATE 8, 30 : PRINT TIME$
    TIMER  ON                              '允许程序响应计时事件
    ON  TIMER(1)  GOSUB  10                 '每隔 1 秒钟转子程序
    CALL  CAIJI                             '调用脉冲信号采集过程程序
    END
10  LOCATE 8, 30 : PRINT TIME$              '当前的时间
    LOCATE 12, 30 : PRINT C%                '显示脉冲信号计数值
    RETURN
SUB  CAIJI( )
5   A1 = INP (&H306)                        '从 C 口采集脉冲信号
    A = A1 AND &H1                          '判断位 PC₀ 是否为 1
    IF  A = 1  THEN                         '若位 PC₀ 为 1
        IF B% = 1  THEN  6                  '若计数标志变量 B≠0, 则跳转
        S% = S% +1                          '脉冲计数
        C% = S%
        B% = 1                              '置计数标志变量 B≠0
        LOCATE 10, 30 : PRINT S%
    ENDIF
6   IF  A = 0  THEN  B% = 0                 '若 PC₀ 不为 1, 置计数标志变量 B = 0
    GOTO  5                                 '跳转
END  SUB
```

习题与思考题

1. 8255A 可编程并行接口的作用是什么?

2. 8255A 可编程并行接口有哪些工作方式?

3. 8255A 初始化编程的作用是什么?

4. 8255A 初始化编程的内容包括哪几部分?

5. 用 PS-2304 接口板采集脉冲信号,试编写 QUICK BASIC 语言采集程序,要求对脉冲信号累加计数和在屏幕上不停地显示脉冲计数值,并每隔 1 分钟显示该时间内的脉冲数。

6. 用 PS-2304 接口板采集测量轮的旋转脉冲信号,测量轮上编码齿盘的齿数为 60,测量轮的直径为 500 mm,从 JC₉(8255)芯片端口 C 的 PC₀ 位接收脉冲信号,要求在屏幕上每隔 1 秒钟显示一次测量轮外径圆周线速度 v 的值,试用 Quick BASIC 或 C 语言编写满足以上要求的程序。

第10章　采样数据的预处理

数据采集系统在采集数据时,由于各种干扰的存在,使得系统采集到的数据偏离其真实数值。去掉采样数据中干扰成分的措施,除了采用第14章介绍的方法以外,还可以用软件对采样数据做预处理,使采样数据尽可能接近其真实值,以便使数据的二次处理结果更加精确。

10.1　采样数据的标度变换

各种物理量有不同的单位和数值。例如,压力的单位为 Pa,流量的单位为 m^3/h ,温度的单位为℃。这些物理量经过传感器和 A/D 转换后变成一系列数字量,且数字量的变化范围是由 A/D 转换器的位数决定的。例如,一个 8 位 A/D 转换器输出的数字量只能是 0～255。因此不管被测物理量是什么单位和数值,经 A/D 转换后都只能表示为 0～255 中的某一个数。下面以一个例子来说明。

例如,被测温度为 50～100 ℃,采用 4～20 mA 电流输出的温度变送器传送温度模拟信号,用 8 位 A/D 转换器转换成数字量,温度变送器的输出电流、A/D 转换器的输出值和温度值三者之间的关系如图 10-1 所示。

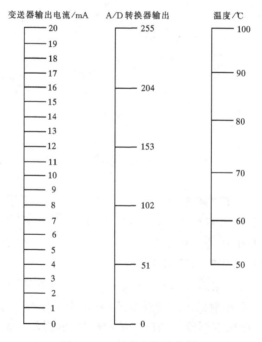

图 10-1　标度变换示意图

由图可见,当温度为 100℃时,A/D 转换器的输出为 255,而当温度为 75℃时,A/D 转换器的输出为 153。如果直接把 A/D 转换器输出的数字量显示或打印出来,显然不便于操作者理解。因此,必须把 A/D 转换的数字量变换为带有工程单位的数字量(十进制),这种变换称为标度变换,也称为工程变换。标度变换有多种形式,它取决于被测物理量所用的传感器或变送器的类型。

10.1.1　线性参数的标度变换

当被测物理量与传感器或仪表的输出之间呈线性关系时,采用线性变换。变换公式为

$$Y = Y_0 + \frac{Y_m - Y_0}{N_m - N_0}(X - N_0) \tag{10-1}$$

式中:Y_0 为被测量量程的下限;Y_m 为被测量量程的上限;Y 为标度变换后的数值;N_0 为 Y_0 对应的 A/D 转换后的数字量;N_m 为 Y_m 对应的 A/D 转换后的数字量;X 为 Y 所对应的 A/D 转换后的数字量。

例如,在图 10-1 中,$Y_m = 100$,$Y_0 = 50$,$N_m = 255$,$N_0 = 51$,$X = 153$,则有

$$Y = 50 + \frac{100 - 50}{255 - 51}(153 - 51) = 75(℃)$$

在数据采集与处理系统中,为了实现上述变换,可把式(10-1)设计成专门的子程序,把各个不同被测量所对应的 Y_0,Y_m,N_0,N_m 存放在存储器中,然后当某一个被测量需要进行标度变换时,只要调用标度变换子程序即可。

10.1.2　非线性参数的标度变换

有些传感器或变送器的输出信号与被测量之间的关系是非线性关系,则应根据具体问题详细分析,求出被测量对应的标度变换公式,然后再进行变换。

1. 公式变换法

当传感器或变送器的输出信号与被测信号之间的关系可以用解析式表达的话,则可以通过解析式来推导出所需要的参量,这样一类参量称为导出参量。

例如,在流量测量中,从差压变送器来的信号 ΔP 与实际流量 Q 成平方根关系,即

$$Q = K\sqrt{\Delta P} \tag{10-2}$$

式中:K 为刻度系统,与流体的性质和节流装置的尺寸有关。

根据上式可知,流体的流量 Q 与被测流体流过节流装置时前后压力的差 ΔP 成正比,于是测量流量时的标度变换公式为

$$\frac{Y - Q_0}{Q_m - Q_0} = \frac{K\sqrt{X} - K\sqrt{N_0}}{K\sqrt{N_m} - K\sqrt{N_0}}$$

则

$$Y = \frac{\sqrt{X} - \sqrt{N_0}}{\sqrt{N_m} - \sqrt{N_0}}(Q_m - Q_0) + Q_0 \tag{10-3}$$

式中:Y 为被测量的流量经标度变换的实际值;Q_m 为被测流量量程的上限值;Q_0 为被测流量量程的下限值;N_m 为被测流量量程的上限 Q_m 对应的 A/D 转换后的数字量;N_0 为被测流量量程的下限 Q_0 对应的 A/D 转换后的数字量;X 为被测流量实际值 Y 所对应的 A/D 转换后的数字量。

式(10-3)为流量测量中标度变换的通用表达式。

2. 多项式变换法

有许多传感器或变送器输出的信号与被测参数之间的关系无法用解析式表达。但是,它们之间的关系是已知的。例如,热敏电阻的阻值与温度之间的关系如表 10-1 所示。它们之间的关系是非线性且无法用解析式表达。这时可以采用多项式变换法进行标度变换。

表 10-1　热敏电阻的温度—电阻特性

温度 t /℃	阻值 R / kΩ	温度 t /℃	阻值 R / kΩ
10	8.0000	26	6.0606
11	7.8431	27	5.9701
12	7.6923	28	5.8823
13	7.5471	29	5.7970
14	7.4074	30	5.7142
15	7.2727	31	5.6337
16	7.1428	32	5.5554
17	7.0174	33	5.4793
18	6.8965	34	5.4053
19	6.7796	35	5.3332
20	6.6670	36	5.2630
21	6.5574	37	5.1946
22	6.4516	38	5.1281
23	6.3491	39	5.0631
24	6.2500	40	5.0000
25	6.1538		

> 采用多项式变换的关键是,要找出一个能够较准确地反映传感器输出信号与被测量之间关系的多项式。

寻找多项式的方法有多种,如最小二乘法、代数插值法等。本节介绍代数插值法。

已知被测量 $y = f(x)$ 与传感器的输出值 x 在 $n+1$ 个相异点

$$a = x_0 < x_1 < x_2 < \cdots < x_n = b$$

处的函数值为

$$f(x_0) = y_0 , f(x_1) = y_1 , \cdots , f(x_n) = y_n$$

用一个次数不超过 n 的代数多项式

$$P_n(x) = a_n x^n + a_{n-1} x^{n-1} + \cdots + a_1 x^1 + a_0 \tag{10-4}$$

去逼近函数 $y = f(x)$,使 $P_n(x)$ 在点 x_i 处满足

$$P_n(x_i) = f(x_i) = y_i \qquad (i = 0,1,\cdots,n) \tag{10-5}$$

由于式(10-4)中的待定系数 a_0 、a_1 、$\cdots$ 、a_n 共有 $n+1$ 个,而它所应满足的方程(10-5)也有 $n+1$ 个,因此,可以得到以下方程组

$$\begin{cases} a_n x_0^n + a_{n-1} x_0^{n-1} + \cdots + a_1 x_0 + a_0 = y_0 \\ a_n x_1^n + a_{n-1} x_1^{n-1} + \cdots + a_1 x_1 + a_0 = y_1 \\ \vdots \qquad \vdots \qquad \qquad \vdots \qquad \vdots \qquad \vdots \\ a_n x_n^n + a_{n-1} x_n^{n-1} + \cdots + a_1 x_n + a_0 = y_n \end{cases} \tag{10-6}$$

这是一个含有 $n+1$ 个待定系数 a_0 、a_1 、$\cdots$ 、a_n 的线性方程组,它的行列式为

$$V(x_0\ ,x_1\ ,\cdots,x_n) = \begin{vmatrix} 1 & x_0 & x_0^2 & \cdots & x_0^n \\ 1 & x_1 & x_1^2 & \cdots & x_1^n \\ & \vdots & & & \vdots \\ 1 & x_n & x_n^2 & \cdots & x_n^n \end{vmatrix}$$

以上行列式称为万得蒙（Vander monde）行列式。可以证明当 x_0、x_1、$\cdots$、x_n 互异时，$V(x_0,x_1,\cdots,x_n)$ 的值不等于零，所以方程组(10-6)有唯一的一组解。这样，只要对已知的 x_i 和 y_i $(i=0,1,2,\cdots,n)$ 去解方程组(10-6)，就可以得到多项式 $P_n(x)$。在满足一定精度的前提下，被测量 $y = f(x)$ 就可以用 $y = P_n(x)$ 来计算。

下面以一个用热敏电阻测量温度的例子来说明这一方法的使用。

热敏电阻具有灵敏度高、价格低廉等特点，但是热敏电阻的阻值与温度之间的关系是非线性的，如表 10-1 所示，所以必须用多项式变换法对它进行标度变换。

如果取多项式 $P_n(x)$ 为三阶多项式，即

$$t = P_3(R) = a_3 R^3 + a_2 R^2 + a_1 R + a_0$$

并取 $t = 10$、17、27、39 这四点为插值点，便可以得到方程组：

$$\begin{cases} a_3 \times 8.000^3 + a_2 \times 8.000^2 + a_1 \times 8.000 + a_0 = 10 \\ a_3 \times 7.0174^3 + a_2 \times 7.0174^2 + a_1 \times 7.0174 + a_0 = 17 \\ a_3 \times 5.9701^3 + a_2 \times 5.9701^2 + a_1 \times 5.9701 + a_0 = 27 \\ a_3 \times 5.0631^3 + a_2 \times 5.0631^2 + a_1 \times 5.0631 + a_0 = 39 \end{cases}$$

解上述方程组，得

$$a_3 = -0.2346989\ ,\quad a_2 = 6.120273$$
$$a_1 = -59.280430\ ,\quad a_0 = 212.7118$$

因此，所求的变换多项式为

$$t = -0.2346989R^3 + 6.120273R^2 - 59.28043R + 212.7118$$

将采样所得到的电阻值 R 代入上式，即可求出被测温度 t。

插值点的选择对于逼近的精度有很大的影响。一般来说，在函数 $y = f(x)$ 曲线上曲率比较大的地方应适当加密插值点，这样可以得到比较高的精度，但是将增加多项式的阶次，从而增加计算多项式的时间，影响数据采集与处理系统的速度。为了避免增加计算时间，经常采用表格法对非线性参数做标度变换。

3. 表格法

所谓"表格法"是指在已知的被测量与传感器输出的关系曲线上(见图 10-2)选取若干个样点并以表格形式存储在计算机中，即把关系曲线分成若干段。对每一个需要做标度变换的数据 y 分别查表一次，找出数据 y 所在的区间，然后用该区间的线性插值公式

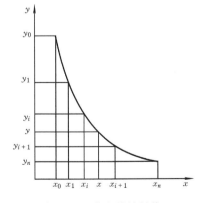

图 10-2　分段线性插值

$$y = y_i + k_i(x - x_i) \tag{10-7}$$

其中
$$k_i = \frac{y_{i+1} - y_i}{x_{i+1} - x_i}$$
进行计算,即可完成对 A/D 转换数字量所做的标度变换。

具体执行过程如下。

(1)用实验法测出被测量与传感器输出之间的关系曲线 $y = f(x)$。要反复测量多次,以便于求出一条比较精确的关系曲线。

(2)将上述曲线进行分段,选取各个插值样点。为了使样点的选取更合理,可根据曲线的形状采用不同的方法进行分段。主要有两种方法。

① 等距分段法

等距分段法就是沿着关系曲线的自变量 x 轴对曲线等距离选取插值样点。这种方法的主要优点是使公式中的 $x_{i+1} - x_i =$ 常数,从而使计算变得简单,并节省内存。但是该方法的缺点是,当关系曲线的曲率和斜率变化较大时将会产生较大的误差。要减少这种误差就必须选取更多的样点,这样势必占用更多的内存并使计算时间加长。

② 非等距分段法

这种方法的特点是插值样点的选取不是等距的,而是根据关系曲线的形状及其曲率变化的大小随时修正样点的选取距离,如图 10-2 所示。曲率变化大时,样点距离取小一点,反之,可将样点距离增大。这种方法的优点是可以提高精度和速度,但非等距选取样点比较复杂。

(3)确定并计算相邻样点之间拟合直线的斜率 k_i,并将分段后 n 组数据 x_i、$y_i (i = 0, 1, 2, \cdots, n)$ 和对应各段的斜率 k_i 以表格形式存放在存储器中。

(4)每当接收到一个数据 x 时,就查一次表,找出 x 所在区间 (x_i, x_{i+1}),并取出对应该区间的斜率 k_i。

(5)计算 $y = y_i + k_i(x - x_i)$ 得出 A/D 转换数字量的标度变换值 y。

10.1.3　应用举例

图 10-3 给出了高度传感器输出电压和高度值的关系曲线,可以看出高度和电压的关系显然是非线性的,它很难用一个具体的函数式来表示。如果把每一个点的变换关系都列出,那样数据量太大,计算时间也太长。为了解决此问题,往往是对曲线按表格法进行处理。

首先把图 10-3 的曲线分成 4 段,可以得出高度与输出电压的关系式:

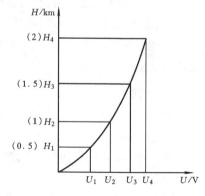

图 10-3　高度传感器特性示意图

$$H = \begin{cases} \dfrac{H_1}{U_1} \cdot U, & 0 \leqslant U < U_1 \\[2mm] H_1 + \dfrac{H_2 - H_1}{U_2 - U_1}(U - U_1) & U_1 \leqslant U < U_2 \\[2mm] H_2 + \dfrac{H_3 - H_2}{U_3 - U_2}(U - U_2) & U_2 \leqslant U < U_3 \\[2mm] H_3 + \dfrac{H_4 - H_3}{U_4 - U_3}(U - U_3) & U_3 \leqslant U < U_4 \\[2mm] H_4 & U = U_4 \end{cases}$$

把曲线上各个样点的 H_i、$U_i (i = 1, 2, 3, 4)$ 以表格形式存放在存储器中,然后对需要转换的电压 U 判断其所在的区间,用该区间所对应的关系式进行线性插值换算,这样就可以求得其对应的高度值。

根据以上讨论,可编写出变换程序。其变换过程流程图如图 10-4 所示。

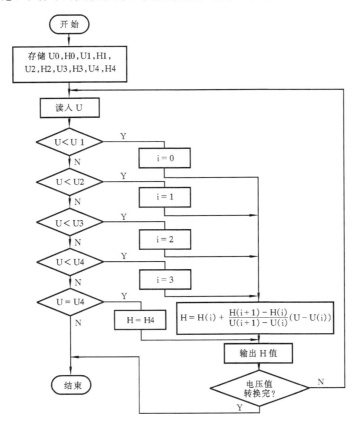

图 10-4　高度与电压标度变换流程图

根据图 10-4 所示的变换过程流程图,用 Quick BASIC 语言编写的插值运算程序如下:

```
        N = 5 : CN = 0
        DIM  H(N) , U(N)
        FOR  I = 0  TO  N-1
            READ H(I) , U(I)
        NEXT  I
        DATA  0, 0, 0.5, 1, 1, 2, 1.5, 3, 2, 4
10      INPUT " U = " ;U
        IF  U < U(0)  OR  U > U(N-1)  THEN  10
        FOR  K = 1  TO  N-1
          IF  U < U(K)  THEN
              I = K-1
              GOTO  15
          ENDIF
```

```
        NEXT  K
        IF  U = U(4)  THEN
        H = H(4)
        GOTO  20
        ELSE  END
        ENDIF
15      H = H(I) + (H(I + 1) − H(I)) * (U − U(I)) / (U(I + 1) − U(I))
20      PRINT " H =  " ;H
        CN = CN + 1
        IF  CN < N  THEN  10
        END
```

10.2　采样数据的数字滤波

由于工业生产和科学实验现场的环境比较恶劣,干扰源较多,为了减少对采样数据的干扰,提高系统的性能,一般在进行数据处理之前,先要对采样数据进行数字滤波。

所谓"数字滤波",就是通过特定的计算程序处理,减少干扰信号在有用信号中的比重,故实质上是一种程序滤波。数字滤波克服了模拟滤波器的不足,它与模拟滤波器相比具有以下几个优点。

(1) 由于数字滤波是用程序实现的,因而不需要增加硬件设备,可以多个输入通道"共用"一个滤波程序。

(2) 由于数字滤波不需要硬件设备,因而可靠性高、稳定性好,各回路之间不存在阻抗匹配等问题。

(3) 数字滤波可以对频率很低(如 0.01 Hz)的信号实现滤波,克服了模拟滤波器的缺陷,而且通过改写数字滤波程序,可以实现不同的滤波方法或改变滤波参数,这比改变模拟滤波器的硬件要灵活方便。

综上所述理由,数字滤波受到相当的重视,得到了广泛的应用。

数字滤波的方法有各种各样,读者可以根据不同类型的数据处理进行选择,下面介绍几种常用的数字滤波方法。

10.2.1　中值滤波法

所谓"中值滤波",就是对某一个被测量连续采样 n 次(一般 n 取奇数),然后把 n 个采样值从小到大(或从大到小)排队,再取中值作为本次采样值。

程序流程图如图 10 − 5 所示。

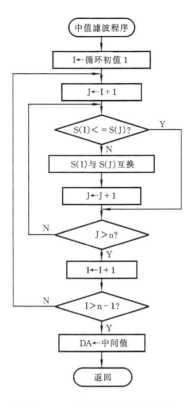

图 10 - 5　中值滤波程序流程图

入口条件:n 次采样值存在一维数组 S(n)中。

出口条件:滤波后的采样值存于 DA 变量中。

中值滤波过程程序(Quick BASIC)清单如下:

```
   SUB  ZHOZI ( N, S( ), DA )
     FOR  I = 1  TO  N-1
       FOR  J = I+1  TO  N
         IF  S(I) < = S(J)  THEN  20
         T = S(I)
         S(I) = S(J)
         S(J) = T
20     NEXT  J
     NEXT  I
   DA = S(INT(N / 2 + 0.5))
  END  SUB
```

中值滤波法,对于去掉脉动性质的干扰比较有效,但是,对快速变化过程的参数(如流量等)则不宜采用。

本程序只需改变外循环次数 n,即可推广到对任意次数采样值进行中值滤波。一般来说,n 的值不易太大,否则滤波效果反而不好,且总的采样时间增长,所以,n 值一般取 3~5 即可。

10.2.2　算术平均值法

算术平均值法是寻找这样一个 $\overline{Y}$ 作为本次采样的平均值,使该值与本次各采样值间误差的平方和最小,即

$$E = \min\left[\sum_{i=1}^{N} e_i^2\right] = \min\left[\sum_{i=1}^{N} (\overline{Y} - X_i)^2\right] \tag{10-8}$$

由一元函数求极值原理得

$$\overline{Y} = \frac{1}{N}\sum_{i=1}^{N} X_i \tag{10-9}$$

式中:$\overline{Y}$ 为 N 次采样值的算术平均值;X_i 为第 i 次采样值;N 为采样次数。

入口条件:N 次采样值已存于一维数组 $X(N)$ 中。

出口条件:算术平均值存于 Y 变量中。

算术平均过程程序(Quick BASIC)清单如下:

```
SUB  PINJUN ( N, X( ), Y )
    A = 0
    FOR  I = 1  TO  N
      A = A + X (I)
    NEXT  I
    Y = A / N
END SUB
```

算术平均值法适用于对压力、流量一类信号的平滑,这类信号的特点是有一个平均值,信号在某一数值范围附近作上下波动,在这种情况下,仅取一个采样值作为依据显然是不准确的。算术平均法对信号的平滑程度完全取决于 N。当 N 较大时,平滑度高,但灵敏度低;当 N 较小时,平滑度低,但灵敏度高。应视具体情况选取 N,以便既少用计算时间,又达到最好的效果。对于流量,通常取 $N = 12$;对于压力,则取 $N = 4$;温度如无噪声可以不平均。

10.2.3　加权平均滤波法

从式(10-9)可以看出,算术平均值法对每次采样值给出相同的加权系数,即 $\dfrac{1}{N}$,实际上有些场合需要用加权递推平均法,即用下式求平均值

$$\overline{Y} = a_0 x_0 + a_1 x_1 + a_2 x_2 + \cdots + a_N x_N \tag{10-10}$$

式中,a_0、a_1、$\cdots$、a_N 均为常数且应满足下式

$$\begin{cases} 0 < a_0 < a_1 < \cdots < a_N \\ a_0 + a_1 + a_2 + \cdots + a_N = 1 \end{cases}$$

常数 a_0、a_1、$\cdots$、a_N 的选取方法是多种多样的,其中常用的是加权系数法,亦即

$$a_0 = \frac{1}{\Delta}$$

$$a_1 = e^{-\tau}/\Delta$$

$$\vdots$$

$$a_N = e^{-N\tau}/\Delta$$

其中，$\Delta = 1 + e^{-\tau} + e^{-2\tau} + \cdots + e^{-N\tau}$，$\tau$ 为控制对象的纯滞后时间。

加权递推平均法适用于系统纯滞后时间常数 τ 较大、采样周期较短的过程，它对以不同采样时间得到的采样值分别给予不同的权系数，以便能迅速反应系统当前所受干扰的严重程度。但采用加权递推平均法需要测试不同过程的纯滞后时间 τ 并输入计算机，同时要不断计算各系数，故会导致过多地调用乘、除、加子程序，增加了计算量，降低了处理速度，因而它的实际应用不如算术平均值法广泛。

10.2.4　一阶滞后滤波法（惯性滤波法）

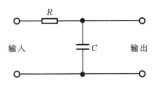

图 10 - 6　低通滤波器

在模拟量输入通道中，常用一阶低通 RC 滤波器（见图 10 - 6）来削弱干扰。但不宜用这种方法对低频干扰进行滤波，原因在于大时间常数及高精度的 RC 网络不易制作，因为时间常数 τ 越大，必然要求 R 值越大，且漏电流也随之增大。而惯性滤波法是一种以数字形式实现低通滤波的动态滤波方法，它能很好地克服上述缺点，在滤波常数要求大的场合，这种方法尤为实用。

惯性滤波的表达式为

$$\overline{Y}_n = (1 - \alpha)\overline{X}_n + \alpha\overline{Y}_{n-1} \tag{10 - 11}$$

式中：$\overline{X}_n$ 为第 n 次采样值；$\overline{Y}_{n-1}$ 为上次滤波结果输出值；$\overline{Y}_n$ 为第 n 次采样后滤波结果输出值；α 为滤波平滑系数，$\alpha = \dfrac{\tau}{\tau + T_S}$；$\tau$ 为滤波环节的时间常数；T_S 为采样周期。

通常采样周期 T_S 远小于滤波环节的时间常数 τ，也就是输入信号的频率高，而滤波器的时间常数相对地大。τ、T_S 的选择可根据具体情况确定，只要使被滤波的信号不产生明显的纹波即可。

另外，可以采用双字节计算，以提高运算精度。

设 τ 存于 TAO 变量中，采样周期 T_S 存于 T 变量中，采样值 $\overline{X}_n$ 存于 X 变量中，$\overline{Y}_{n-1}$ 存在 DA1 变量，$\overline{Y}_n$ 存在 DA2 变量，则可写出惯性滤波过程程序如下：

```
SUB  GXLB0 ( TAO, T, X, DA1, DA2 )
    ALF = TAO / (TAO + T)
    DA2 = ( 1 - ALF ) * X + ALF * DA1
END  SUB
```

惯性滤波法适用于波动频繁的被测量的滤波，它能很好地消除周期性干扰，但也带来了相位滞后，滞后角的大小与 α 的选择有关。

10.2.5　防脉冲干扰复合滤波法

前面讨论了算术平均值法和中值滤波法，两者各有一些缺陷。前者不易消除由于脉冲干扰而引起的采样偏差，而后者由于采样点数的限制，使其应用范围缩小。如果将这两种方法合二为一，即先用中值滤波法滤除由于脉冲干扰而有偏差的采样值，然后把滤波过的采样值再做算术平均，就形成了防脉冲干扰复合滤波法。其原理可用下式表示

若 $x_1 \leqslant x_2 \leqslant \cdots \leqslant x_N$ 　　（$3 \leqslant N \leqslant 5$），则

$$Y = (x_2 + x_3 + \cdots + x_{N-1})/(N-2) \qquad (10-12)$$

根据以上公式,可以得出防脉冲干扰复合滤波法流程图,如图 10-7 所示。

可以肯定,这种方法兼容了算术平均值法和中值滤波法的优点。它既可以去掉脉冲干扰,又可对采样值进行平滑处理。在高、低速数据采集系统中,它都能削弱干扰,提高数据处理质量。当采样点数为 3 时,它便是中值滤波法。

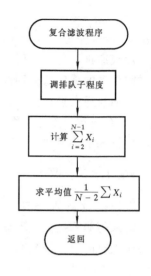

图 10-7　复合滤波程序框图

10.2.6　程序判断滤波法

当采样信号由于随机干扰、误检测或变送器不稳定引起严重失真时,可采用程序判断滤波算法,该算法的基本原理是根据生产经验,确定出相邻采样输入信号可能的最大偏差 ΔT,若超过此偏差值,则表明该输入信号是干扰信号,应该去掉,若小于偏差值则作为此次采样值。

(1)限幅滤波

限幅滤波是把两次相邻的采集值进行相减,取其差值的绝对值 ΔT 作为比较依据,如果小于或等于 ΔT,则取此次采样值,如果大于 ΔT,则取前次采样值,如式(10-13)所示

$$T = \begin{cases} T_n, & |\ T_n - T_{n-1}\ | \leqslant \Delta T \\ T_{n-1}, & |\ T_n - T_{n-1}\ | > \Delta T \end{cases} \qquad (10-13)$$

(2)限速滤波

限速滤波是把当前采样值 T_n 与前两次采样值 T_{n-1}、T_{n-2} 进行综合比较,取差值的绝对值 ΔT 作为比较依据取得结果值 T,如式(10-14)所示

$$T = \begin{cases} T_{n-1}, & |T_{n-1} - T_{n-2}| \leqslant \Delta T \\ T_n, & |T_{n-1} - T_{n-2}| > \Delta T \text{ 且 } |T_n - T_{n-1}| \leqslant \Delta T \\ (T_{n-1} + T_n)/2 & |T_{n-1} - T_{n-2}| > \Delta T \text{ 且 } |T_n - T_{n-1}| > \Delta T \end{cases} \qquad (10-14)$$

10.2.7　递推平均滤波法

上面介绍的各种滤波方法,每取得一个有效采样值,需要若干个采样点,因此,当采样速度较慢或模拟信号变化较快时,很难满足系统地实时性要求,而递推平均滤波法较好地解决此类问题。

算法把连续取 N 个采样值看成一个数据队列,数据队列的长度固定为 N,每次采集到一个新数据,则把新数据放入队尾,并去掉原来队首的一个数据(先进先出原则),把数据队列中的 N 个数据进行算术平均运算,即可获得新的滤波结果。由于新的数据队列与旧的数据队列相比,只有一个数据不同,所以递推平均滤波的结果数据的产生速度与采样速度相同,实时性大大优于普通算法。N 值的选取:流量,$N=12$;压力,$N=4$;液面,$N=4 \sim 12$;温度,$N=1 \sim 4$。

该算法对周期性干扰有良好的抑制作用,平滑度高,适用于高频振荡的系统。但灵敏度低,对偶然出现的脉冲性干扰的抑制作用较差,不易消除由于脉冲干扰所引起的采样值偏差,不适用于脉冲干扰比较严重的场合。

以上介绍了几种常用的数字滤波方法,每种方法都有其各自的特点,可根据具体的被测物理量选用。在考虑滤波效果的前提下,尽量采用计算时间较短的方法。如果计算时间允许,则

可以采用复合滤波法。

值得说明的是,数字滤波固然是消除干扰的好方法,但并不是任何一个系统都需要进行数字滤波。有时采用不恰当的数字滤波反而会适得其反,造成不良影响。如在自动调节系统中,采用数字滤波会把偏差值滤掉,使系统失去调节作用。因此,在设计数据采集与处理系统时,采用哪一种滤波方法,或者要不要数字滤波,一定要根据实验来确定,千万不要凭想象行事。

10.3 剔除采样数据中的奇异项

采样数据中的奇异项是指采样数据序列中有明显错误(丢失或粗大)的个别数据。这些奇异项的存在,会使数据处理后的误差大大增加。例如,若想求某一被测物理量的平均值。它们从 $t_1 \sim t_4$ 4 个时刻的取值分别为 10、12、12、14,其平均值应为 12。若设其中一项 t_3 时刻的取值由于某种原因丢失了,也就是说,出现了奇异项。那么,这 4 个点的平均值就由 12 降至为 9,从而产生均值误差。均值误差是由奇异项引起的。因此,为了减少数据处理后的误差,必须剔除采样数据中的奇异项。

在采样数据序列中确定哪些是奇异项,要根据具体的被测物理过程和数据采集系统的精度而定。例如,被采集量是工业加热炉加热过程中的炉温,采集到的数据如图 10-8 所示。众所周知,任何一个物理量的变化总是从小到大或从大到小平滑地变化的。由于炉子热容量很大而加热源功率有限,炉温只能缓慢地上升,如图中曲线所示。它不可能在前一时刻为100℃,而在很短的后一时刻就突变为零度,以后又随之变成100℃。因此,所采集的数据应落在这条曲线两侧的附近,相邻两数据的差小于某一给定的误差限 W,如

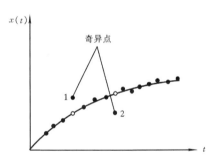

图 10-8 数据中的奇异项

图 10-8 中的黑点。但个别的数据受到偶然的强干扰的影响,会大大偏离其正常值,如图 10-8 中的 1、2 点,即它们与相邻点的差远大于误差限 W,这些数据就是奇异项。应予以剔除,然后根据一定的值差原理,人为补上一些数据,如图 10-8 中的小空心圆圈。

剔除采样数据中奇异项的方法,一般可选用一阶差分法、多项式逼近法和最小二乘法。它们之间的区别只是在于所选的算法上。其他考虑方法大致相同。下面介绍用最简单的一阶差分法检查奇异项的过程。

1. 判断奇异项及替代值的选择
在判断某时刻的采样数据是否为奇异项时,是依据以下准则进行判断的。

> **判断奇异项的准则是**:给定一个误差限 W,若 t 时刻的采样值为 x_t,预测值为 x'_t,当 $|x_t - x'_t| > W$ 时,则认为此采样值 x_t 是奇异项,应予以剔除,而以预测值 x'_t 取代采样值 x_t。

由此可知,关键是推算 x'_t 的算法和选择 W 的值。

预测值 x'_t 可用以下一阶差分方程推算

$$x'_t = x_{t-1} + (x_{t-1} - x_{t-2}) \tag{10-15}$$

式中: x'_t 为在 t 时刻的预测值; x_{t-1} 为 t 时刻前 1 个采样点的值; x_{t-2} 为 t 时刻前 2 个采样点的值。

　　由式(10-15)可知,t 时刻的预测值可以用 $t-1$ 和 $t-2$ 时刻的采样值来推算。当采样频率大于物理量变化的最高频率时,这种预测方法有足够的精度。

　　一般误差限 W 的大小要根据数据采集系统的采样速率、被测物理量的变化特性来决定。

2. 确定连续替代的方法

　　在连续检测出若干个奇异项,并用预测值代替后,必须重新选择新的 x_{t-1} 和 x_{t-2} 的值。不然的话,会造成数据偏离正常值的趋势。对一阶差分法而言,经验证明,在连续剔除并替代两个奇异项之后,应重新选择新的起始点作为 x_{t-1} 和 x_{t-2}。但是,在实际测量中,常会发生连续两个以上的点均为干扰点的现象。这样就会造成所选的初始值 x_{t-1} 和 x_{t-2} 本身就不是正常值,从而产生错误的预测值 x'_t。为此,在连续替代两个奇异项之后,对以后的点,均要再加以判断,看是否满足

$$\begin{cases} W_2 > |x_t - x'_t| > W \\ W_2 = KW \end{cases} \tag{10-16}$$

K 的值视具体情况而定。经验证明,一般取 $K = 5$ 较好。如果满足式(10-16)关系,则不剔除该点而沿用原来的数据。如果该点满足下式

$$|x_t - x'_t| \geqslant W_2 \tag{10-17}$$

则认为该点必然是干扰点,继续用 x'_t 取代 x_t。一旦找到 $|x_t - x'_t| \leqslant W$ 的点,就应该自动选择新的起点,再次重复上述过程。如果找不到这一点,只要连续处理的点数已达到 6 个点,也自动选择新的起点,再次重复上述过程。

3. 起始点的寻找

　　在应用中存在一种可能,就是起始点恰恰是被干扰产生的奇异点。因此,一开始就必须先去寻找满足一阶差分预测关系的三个连续点,即满足下式

$$|x_t - x_{t-1} - x_{t-1} + x_{t-2}| \leqslant W \tag{10-18}$$

这时所找到的三个点 x_{t-1}、x_{t-2} 和 x_t,可以做为正确的起始点。以 x_{t-1} 和 x_{t-2} 为起始点,往 x_1 方向预测 x'_{t-3},即

$$x'_{t-3} = x_{t-2} + x_{t-2} - x_{t-1} \tag{10-19}$$

然后依据准则,判断采样值 x_{t-3} 是否为奇异项,若是奇异项且非连续替代两次以上,则用预测值 x'_{t-3} 替代 x_{t-3},若是奇异项且连续替代两次以上,则按式(10-16)、式(10-17)决定是否替代;若不是奇异项则不替代。

　　当判断完 x_1 之后,再返回到 x_{t-1} 和 x_t 处,以这两点为起始点,往 x_n 方向预测 x'_{t+1},即

$$x'_{t+1} = x_t + x_t - x_{t-1} \tag{10-20}$$

再依据准则,判断采样值 x_{t+1} 是否为奇异项,若是奇异项且非连续替代两次以上,则用预测值 x'_{t+1} 替代 x_{t+1},若是奇异项且连续替代两次以上,则按式(10-16)、式(10-17)决定是否替代;若不是奇异项则不替代。

　　如果 x_1、x_2、x_3 就是满足关系的连续三个点,则直接选 x_2 和 x_3 为起点,往 x_n 方向判别。

4. 流程图与实验结果

　　图 10-9 是总流程图,图 10-10 是以 $x(n)$ 方向判别为例的流程图。往 $x(1)$ 方向判别与此相同。图中假定数据为 N 个,且放在数列 $x(N)$ 中。整型变量 t 为寻找起始值之计数单元,整型变量 IK 为连续处理点的计数单元。

只要选择合适的 W，就可以使曲线保持原来的特性。图 10-11 是采集到的远红外实验现场的原始数据曲线。图 10-12 是对图 10-11 曲线的奇异项进行剔除与替代而得到的，由于补上的值符合原曲线的变化趋势，因此保持了原曲线的特性和连续性。

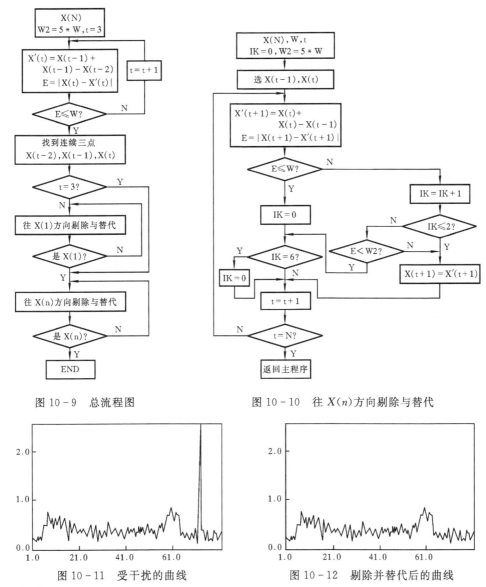

图 10-9　总流程图　　　　　　　　　　　　图 10-10　往 $X(n)$ 方向剔除与替代

图 10-11　受干扰的曲线　　　　　　　　　　图 10-12　剔除并替代后的曲线

5. 程序

这里给出用 Quick BASIC 语言编写的源程序和运行结果。主程序 PICKUP 对 24 个数据点进行判断、剔除和替代。程序运行后，把原始数据与处理后的数据均打印出来，供读者对照，以便能观察它的特性。

本程序对 W 的要求较宽。W 的选择可以根据经验选取，也可以根据误差理论用程序进行计算。本例选取 $W = 1$。一阶差分源程序如下

```
DECLARE SUB  PICK (X( ), N, W )
DECLARE SUB  STAR (X( ), W, t )
```

```
DECLARE SUB  PICKF (X( ), N, W, t)
DECLARE SUB  PICKB (X( ), N, W, t)
´PROGRAM  PICKUP
    DIM  D(24)
    CLS
    INPUT " W = ";W
    PRINT "原始数据:"
    FOR  I = 1  TO  24
        READ  D(I)
        PRINT  D(I),
    NEXT  I
    DATA 20, 12, 30, 4, 8, 6, 7, 9, 40, 1, 30, 40, 16, 17, 18, 19, 50, 21, 22, 23,
    24, 25, 26, 27
    CALL  PICK (D( ), 24, W )
    PRINT
    PRINT "替代后的数据:"
    FOR  I = 1  TO  24
        PRINT  D(I),
    NEXT  I
    END
´

SUB  PICK (X( ), N, W )
    t = 0
    CALL  STAR (X( ), W, t )
    IF  t = 3  THEN  10
    CALL  PICKF (X( ), N, W, t )
10      CALL  PICKB (X( ), N, W, t )
END  SUB
´

´按式(10 - 18)寻找三个连续点作为起始点
SUB  STAR (X( ), W, t )
    t = 3
100   E = ABS (X(t) - X(t - 1) - X(t - 1) + X(t - 2))
      IF  E < = W  THEN  EXIT  SUB
      t = t + 1
      GOTO 100
END  SUB
´

´往 X(1)方向剔除与替代
```

```
SUB  PICKF (X( ), N, W, t )
      IK = 0 ;J = t - 2
      W2 = 5 * W
      C = X(t - 1) ;B = X(t - 2)
      FOR  I = 1  TO  J - 1
          A = X(J - I)
          D1 = B + B - C
          E = ABS(A - D1)
          IF  E < = W  THEN  30
          IK = IK + 1
          IF  IK > 2  AND  E < W2  THEN  40
          A = D1  :  X(J - I) = A
          GOTO  50
30        IK = 0
40        IF  IK = 6  THEN  IK = 0
50        C = B
          B = A
      NEXT  I
END  SUB
'
'往 X(n)方向剔除与替代
SUB  PICKB (X( ), N, W, t )
        IK = 0  :  W2 = 5 * W
        A = X(t - 1) ;B = X(t)
        FOR  I = t + 1 TO  N
            C = X(I) ;D = B + B - A
            E = ABS(C - D)
            IF  E < = W  THEN  31
            IK = IK + 1
            IF  IK > 2  AND  E < W2  THEN  41
            C = D ;X(I) = D
            GOTO  51
31          IK = 0
41          IF  IK = 6  THEN  IK = 0
51          A = B
            B = C
        NEXT  I
END  SUB
```

运行 PICKUP 程序,得出以下结果

W＝？1.0 ↵

原始数据：

20	12	30	4	8
6	7	9	40	1
30	40	16	17	18
19	50	21	22	23
24	25	26	27	

替代后的数据：

1	2	3	4	5
6	7	9	11	13
15	17	16	17	18
19	20	21	22	23
24	25	26	27	

10.4　去除或提取采样数据的趋势项

等待处理的数据中，一般都包含有两种分量：一是周期大于数据采样周期的频率成分，称它为趋势项；二是周期小于数据采样周期的频率成分，称它为交变分量。在处理数据时，并不是在任何情况下，都需要这两种分量。由于处理要求不同，有时只对交变分量感兴趣。例如，测量磁带的带速波动，得到的数据中包含有固定速度分量和速度波动分量。如图10-13所示。图中$V(t)$为测得的带速，$\overline{V}(t)$为带速的恒定分量，$\widetilde{V}(t)$为带速的波动分量。

为了得到带速的波动分量，必须把恒定的速度分量$\overline{V}(t)$，即趋势项分离出来，这样才能得到速度的波动分量。

应该注意：数据中的实际趋势项，往往是一条时变曲线，而不是像图10-13所示，是一直流分量，图10-13是一特殊例子。

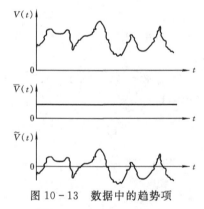

图10-13　数据中的趋势项

去除或提取趋势项的方法有两种：平均斜率法和最小二乘法。后者处理精度较前者高。下面讨论用最小二乘法提取趋势项的方法。

所谓最小二乘法，就是寻找这样一个函数$\hat{x}(t)$，使得函数$\hat{x}(t)$与$x(t)$的误差平方和为最小,即用 $\hat{x}(t)$ 去逼近或拟合 $x(t)$。一般 $\hat{x}(t)$ 可用一个多项式来表示。

如果采集到的数据是离散化的数据,可表示为 $\{x_k\}$ $(k=1,2,3,\cdots,N)$,其中 k 为采样点序号,N 为采样点数。为简化起见,令采样间隔 $T_S = 1$。则拟合数据的 M 次多项式可表示为

$$\hat{x}_k = b_0 + b_1 k + b_2 k^2 + b_3 k^3 + \cdots + b_M k^M \tag{10-21}$$

式中:$k = 1,2,3,\cdots,N$。

如果能确定式(10-21)中的系数 b_0、b_1、b_2、$\cdots$、b_M,那么这个多项式的函数也就可以确定了。系数不同,拟合的形式也不同。

如何才能求得这些系数呢? 这要根据已知的数据序列和最小误差平方和准则来求得。误差平方和 $E(b)$ 的表达式为

$$E(b) = \sum_{k=1}^{N} (x_k - \hat{x}_k)^2 = \sum_{k=1}^{N} \left[x_k - \sum_{m=0}^{M} b_m k^m \right]^2 \tag{10-22}$$

由于选定的 b_m $(b_0$、b_1、b_2、$\cdots$、$b_M)$ 总是正数,所以取 $E(b)$ 对 b_ℓ 求偏导数,并令其为零,即使

$$\frac{\partial E}{\partial b_\ell} = \sum_{k=1}^{N} 2 \left[x_k - \sum_{m=0}^{M} b_m k^m \right] [-k^\ell] = 0 \tag{10-23}$$

式(10-23)可以产生 $M+1$ 个以下方程

$$\sum_{m=0}^{M} b_m \sum_{k=1}^{N} k^{m+\ell} = \sum_{k=1}^{N} x_k k^\ell \quad (\ell = 0,1,2,\cdots,M) \tag{10-24}$$

根据待处理的 N 个 x_k 求解上式,可以得到 $(M+1)$ 个 b_m 的值。式(10-24)是 $(M+1)$ 元线性方程组。当 $M = 0$ 时有

$$b_0 \sum_{k=1}^{N} k^0 = \sum_{k=1}^{N} x_k k^0 \tag{10-25}$$

即得

$$b_0 = \frac{1}{N} \sum_{k=1}^{N} x_k \tag{10-26}$$

则由式(10-21)可得

$$\hat{x}_k = b_0 \tag{10-27}$$

即用 N 个点的算术平均值估计作为趋势项。

当 $M = 1$ 时,由式(10-24)可得以下的联立方程组

$$\begin{cases} b_0 \sum_{k=1}^{N} k^0 + b_\ell \sum_{k=1}^{N} k = \sum_{k=1}^{N} x_k \\ b_0 \sum_{k=1}^{N} k + b_\ell \sum_{k=1}^{N} k^2 = \sum_{k=1}^{N} k x_k \end{cases} \tag{10-28}$$

考虑到

$$\sum_{k=1}^{N} k^0 = N$$

$$\sum_{k=1}^{N} k = \frac{1}{2} N(N+1)$$

$$\sum_{k=1}^{N} k^2 = \frac{1}{6} N(N+1)(2N+1)$$

解式(10 - 28)可得

$$b_0 = \frac{2(2N+1)\sum_{k=1}^{N} x_k - 6\sum_{k=1}^{N} kx_k}{N(N-1)} \tag{10-29}$$

$$b_1 = \frac{12\sum_{k=1}^{N} kx_k - 6(N+1)\sum_{k=1}^{N} x_k}{N(N-1)(N+1)} \tag{10-30}$$

知道 N,则趋势项为

$$\hat{x}_k = b_0 + b_1 k \tag{10-31}$$

当 $M= 2$、3 或更多时,用同样的方法也能求出 $\hat{x}_k$ 的各个系数。多项式阶次 M 的选择要根据物理过程的具体情况而定。阶次高,当然拟合的精度也高,即所求的趋势项精度也愈高,但计算复杂。一般 $M = 2$、3 就可以了。

去除或提取趋势项,是数据处理中一个很重要的预处理步骤。它对以后的数据处理,如相关和功率谱处理等都会带来相当大的好处。它能消除数据处理中有可能出现的很大畸变。例如,数据中的趋势项甚至可以使低频部分的功率谱估计完全失去真实性。但是,消除趋势项的工作要特别谨慎,只有当采样数据中有明显的趋势项时才需考虑消除。

用一阶多项式提取趋势项的 Quick BASIC 程序如下:

```
DIM  X(32),Y(32)
   A = 0:B = 0
   FOR  I = 1  TO  N
       READ  X(I)
   NEXT  I
   FOR  K = 1  TO  N
      A = A + X(K)   :B = B + K * X(K)
   NEXT  K
   B0 = (2 * (2 * N + 1) * A - 6 * B) / (N * (N - 1))
   B1 = (12 * B - 6 * (N + 1) * A) / (N * (N - 1) * (N + 1))
   FOR  I = 1  TO  N
     Y(I) = B0 + B1 * I
     PRINT " Y = ";Y(I)
   NEXT  I
   END
```

设采集到一个数据序列,它是由一个直线斜升分量和一个正弦分量叠加而成。通过上述程序处理,就可以把直线斜升分量提取出来。原信号中包含的真实斜升分量和经处理以后提取的斜升分量的对比关系如图 10 - 14 所示。

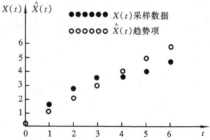

图 10 - 14　用程序提取趋势项的实例

10.5　采样数据的平滑处理

一般来说,数据采集系统采集到的数据中,往往叠加有噪声。噪声有两大类:一类为周期性,另一类为不规则的。前者的典型代表为 50 Hz 的工频干扰,后者的代表为随机信号。由于随机干扰的存在,使得用采样离散数据绘成的曲线多呈现折线形状,很不光滑。这表明采样数据中的高频成分比较丰富。为了消弱干扰的影响,提高曲线的光滑度,常常需要对采样数据进行平滑处理。常用的平滑处理方法有:平均法、五点三次平滑法和样条函数法等。

$\boxed{\textbf{数据平滑处理的原则是}:通过数据平滑处理,既要消弱干扰成分,又要保持原有曲线的变化特性}$

限于篇幅,下面仅就平均法、五点三次平滑法讨论数据的平滑处理。

10.5.1　平均法

1. 简单平均法

简单平均法的计算公式为

$$y(t) = \frac{1}{2N+1}\sum_{n=-N}^{N} h(n)x(t-n) \tag{10-32}$$

式(10-32)又称为 $2N+1$ 点的简单平均。当 $N=1$ 时为 3 点简单平均,当 $N=2$ 时为 5 点简单平均。如果将(10-32)式看作是一个滤波公式,则滤波因子为

$$\begin{aligned}
h(t) &= (h(-N),\cdots,h(0),\cdots,h(N)) \\
&= (\frac{1}{2N+1},\cdots,\frac{1}{2N+1},\cdots,\frac{1}{2N+1}) \\
&= \frac{1}{2N+1}(1,\cdots,1,\cdots,1)
\end{aligned} \tag{10-33}$$

2. 加权平均法

取滤波因子 $h(t) = (h(-N),\cdots,h(0),\cdots,h(N))$,要求

$$\sum_{n=-N}^{N} h(n) = 1$$

用 $h(t)$ 对 $x(t)$ 进行滤波得

$$y(t) = h(t)x(t) = \sum_{n=-N}^{N} h(n)x(t-n) \tag{10-34}$$

式(10-34)称为 $2N+1$ 点的加权平均公式,$y(t)$ 称为 $x(t)$ 的加权平均。也常将 $y(t)$ 称为 $x(t)$ 与 $h(t)$ 的卷积。

为了理解加权平均的实质,下面举几个例子。

例 10.1　求三点加权平均($N=1$)。

解　由于要求滤波因子满足

$$\sum_{n=-N}^{N} h(n) = 1$$

所以可取 $h(t) = (h(-1),h(0),h(1)) = (0.25,0.5,0.25)$。

在进行加权平均时,一般要求加权平均因子(滤波因子)$h(t)$ 满足:

$$h(t) \geqslant 0, \quad h(-t) = h(t)$$

$h(0)$ 取得稍大些,如可取 $h(t) = (h(-1), \quad h(0), \quad h(1)) = (0.22, 0.56, 0.22)$。

例 10.2　求五点加权平均($N = 2$)。

解　可取 $h(t) = (h(-2), \quad h(-1), \quad h(0), \quad h(1), \quad h(2))$

$$= \frac{1}{9}(1, 2, 3, 2, 1)$$

例 10.3　求 $2N-1$ 点加权平均。

解　可取 $h(t) = (h(-N+1), \cdots, h(0), \cdots, h(N-1))$

$$= \frac{1}{N^2}(1, 2, \cdots, N, \cdots, 2, 1)$$

通常,可根据具体问题和实际处理效果来确定加权平均因子,如三角型 $2N+1$ 点加权平均因子,半余弦型 $2N+1$ 点加权平均因子和余弦型 $2N+1$ 点加权平均因子等。

3. 直线滑动平均法

对自变量 x 按等间隔 Δx 采样,采集的离散数据如下:

$$x \quad x_0, \quad x_1 = x_0 + \Delta x, \quad \cdots, \quad x_i = x_0 + i\Delta x, \quad \cdots, \quad x_m = x_0 + m\Delta x$$
$$y \quad y_0, \quad\quad y_1, \quad\quad \cdots, \quad\quad y_i, \quad\quad \cdots, \quad\quad y_m$$

令 $t = \dfrac{x - x_i}{\Delta x}$,上述数据变为

$$t \quad -i, -(i-1), \cdots, \ -1, \quad 0, \quad 1, \quad \cdots, (m-i-1), m-i$$
$$y_{i+t} \quad y_0, \quad\quad y_1, \quad \cdots, y_{i-1}, y_i, y_{i+1}, \cdots, \quad\quad y_{m-1}, \quad\quad y_m$$

利用最小二乘法原理对离散数据进行线性平滑的方法,即为直线滑动平均法。其计算公式如下。

(1) 三点滑动平均($N = 1$)

$$\begin{cases} y_i' = \dfrac{1}{3}(y_{i-1} + y_i + y_{i+1}) \quad (i = 1, 2, \cdots, m-1) \\[2mm] y_0' = \dfrac{1}{6}(5y_0 + 2y_1 - y_2) \\[2mm] y_m' = \dfrac{1}{6}(-y_{m-2} + 2y_{m-1} + 5y_m) \end{cases} \qquad (10-35)$$

式(10-35)中 y_i' 的滤波因子为

$$h(t) = (h(-1), h(0), h(1)) = (0.333, 0.333, 0.333)$$

(2) 五点滑动平均($N = 2$)

$$\begin{cases} y_i' = \dfrac{1}{5}(y_{i-2} + y_{i-1} + y_i + y_{i+1} + y_{i+2}) \qquad (i = 2, 3, \cdots, m-2) \\[2mm] y_0' = \dfrac{1}{5}(3y_0 + 2y_1 + y_2 - y_4) \\[2mm] y_1' = \dfrac{1}{10}(4y_0 + 3y_1 + 2y_2 + y_3) \\[2mm] y_{m-1}' = \dfrac{1}{10}(y_{m-3} + 2y_{m-2} + 3y_{m-1} + 4y_m) \\[2mm] y_m' = \dfrac{1}{5}(-y_{m-4} + y_{m-2} + 2y_{m-1} + 3y_m) \end{cases} \qquad (10-36)$$

式(10 - 36)中 y_i' 的滤波因子为

$$h(t) = (h(-2), h(-1), h(0), h(1), h(2))$$
$$= (0.20, 0.20, 0.20, 0.20, 0.20)$$

10.5.2　五点三次平滑法

1. 基本概念和计算方法

对采集到的离散数据序列 $x(nT_S)$ 进行平滑,设采样得到的 $2N+1$ 个等间隔点 x_{-N}, x_{-N+1}, x_{-N+2}, $\cdots$, x_{-2}, x_{-1}, x_0, x_1, x_2, $\cdots$, x_{N-2}, x_{N-1}, x_N 上的采样值为 y_{-N}, y_{-N+1}, y_{-N+2}, $\cdots$, y_{-2}, y_{-1}, y_0, y_1, y_2, $\cdots$, y_{N-2}, y_{N-1}, y_N。

设 h 为等间隔采样的步长,做变换 $t = \dfrac{x-x_0}{h}$,则上述 $2N+1$ 个等间隔点变为 $t_{-N} = -N$, $t_{-N+1} = -N+1$, $t_{-N+2} = -N+2$, $\cdots$, $t_{-2} = -2$, $t_{-1} = -1$, $t_0 = 0$, $t_1 = 1$, $t_2 = 2$, $\cdots$, $t_{N-2} = N-2$, $t_{N-1} = N-1$, $t_N = N$。

假设用 m 次多项式

$$y(t) = a_0 + a_1 t + \cdots + a_m t^m \tag{10-37}$$

来平滑所得到的采样值,为了确定出式(10-37)中的系数 a_j($j = 0, 1, \cdots, m$),使多项式对于所给的采样离散值具有很好的平滑,将所有点 (t_i, y_i) 代入式(10-37),有 $2N+1$ 个等式

$$\begin{cases} a_0 + a_1 t_{-N} + a_2 t_{-N}^2 + \cdots + a_m t_{-N}^m - y_{-N} = R_{-N} \\ a_0 + a_1 t_{-N+1} + a_2 t_{-N+1}^2 + \cdots + a_m t_{-N+1}^m - y_{-N+1} = R_{-N+1} \\ \vdots \\ a_0 + a_1 t_N + a_2 t_N^2 + \cdots + a_m t_N^m - y_N = R_N \end{cases}$$

由于平滑的曲线不一定通过所有的点 (t_i, y_i),所以这些等式不全为 0。根据最小二乘法原理,对于 $(2N+1)$ 组数据 (t_i, y_i),求其最好的系数值 a_j,就是求能使误差 R_i 的平方和为最小值的那些 a_j 值。设

$$\sum_{n=-N}^{N} R_n^2 = \sum_{n=-N}^{N} \left[\sum_{j=0}^{m} a_j t_n^j - y_n \right]^2 = \varphi(a_0, a_1, \cdots, a_m) \tag{10-38}$$

使 $\varphi(a_0, a_1, \cdots, a_m)$ 达到最小值。则 a_0、a_1、$\cdots$、a_m 必须满足下列方程组

$$\frac{\partial \varphi}{\partial a_k} = 2 \sum_{n=-N}^{N} \left(\sum_{j=0}^{m} a_j t_n^j - y_n \right) t_n^k = 0 \qquad (k = 0, 1, \cdots, m)$$

或

$$\sum_{n=-N}^{N} y_n t_n^k = \sum_{j=0}^{m} a_j \sum_{n=-N}^{N} t_n^{k+j} \tag{10-39}$$

式(10-39)叫作"正规方程组"。

当 $N = 2$,$m = 3$ 时,并注意 N 与 t_i 的关系,则有

$$\begin{cases} 5a_0 + 10a_2 = y_{-2} + y_{-1} + y_0 + y_1 + y_2 \\ 10a_1 + 34a_3 = y_1 - y_{-1} + 2(y_2 - y_{-2}) \\ 10a_0 + 34a_2 = y_1 + y_{-1} + 4(y_2 + y_{-2}) \\ 34a_1 + 130a_3 = y_1 - y_{-1} + 8(y_2 - y_{-2}) \end{cases} \tag{10-40}$$

由正规方程式(10-40)解出 a_0、a_1、a_2、a_3,再代入式(10-37),并令 $t = 0$、± 1、± 2,得

五点三次平滑公式

$$\begin{cases} \bar{y}_{-2} = \dfrac{1}{70}(69y_{-2} + 4y_{-1} - 6y_0 + 4y_1 - y_2) & ① \\[2mm] \bar{y}_{-1} = \dfrac{1}{35}(2y_{-2} + 27y_{-1} + 12y_0 - 8y_1 + 2y_2) & ② \\[2mm] \bar{y}_0 = \dfrac{1}{35}(-3y_{-2} + 12y_{-1} + 17y_0 + 12y_1 - 3y_2) & ③ \\[2mm] \bar{y}_1 = \dfrac{1}{35}(2y_{-2} - 8y_{-1} + 12y_0 + 27y_1 + 2y_2) & ④ \\[2mm] \bar{y}_2 = \dfrac{1}{70}(-y_{-2} + 4y_{-1} - 6y_0 + 4y_1 + 69y_2) & ⑤ \end{cases} \qquad (10-41)$$

当点数很多时,为对称起见,除起始两点用式(10-41)①、(10-41)②,末尾两点用式 (10-41)④、(10-41)⑤外,中间各点均用式(10-41)③进行平滑。这就相当于在每个子区间 用不同的三次最小二乘多项式进行平滑。

因为在数据采集系统中,数据序列多是以 $n = 1、2、\cdots、N$ 的次序排列的,为了统一起见, 将式(10-41)变为

$$\begin{cases} y'_1 = \dfrac{1}{70}[69y_1 + 4(y_2 + y_4) - 6y_3 - y_5] \\[2mm] y'_2 = \dfrac{1}{35}[2(y_1 + y_5) + 27y_2 + 12y_3 - 8y_4] \\[2mm] y'_3 = \dfrac{1}{35}[-3(y_1 + y_5) + 12(y_2 + y_4) + 17y_3] \\[2mm] y'_i = \dfrac{1}{35}[-3(y_{i-2} + y_{i+2}) + 12(y_{i-1} + y_{i+1}) + 17y_i] \\[2mm] \vdots \\[2mm] y'_{n-1} = \dfrac{1}{35}[2(y_{n-4} + y_n) - 8y_{n-3} + 12y_{n-2} + 27y_{n-1}] \\[2mm] y'_n = \dfrac{1}{70}[-y_{n-4} + 4(y_{n-3} + y_{n-1}) - 6y_{n-2} + 69y_n] \end{cases} \qquad (10-42)$$

很明显,(10-42)式中的 y'_i 之滤波因子为

$$h(t) = (h(i-2), h(i-1), h(i), h(i+1), h(i+2))$$
$$= (0.0857, 0.3429, 0.4857, 0.3429, 0.0857)$$

2. 程序清单

根据五点三次平滑公式(10-42),用 Quick BASIC 语言编写的过程程序如下:

```
SUB  SMOOTH ((A( ), N, B( ))
  FOR  I = 1  TO  N
    B(I) = A(I)
  NEXT  I
  A (1) = (69 * B(1) + 4 * (B(2) + B(4)) - 6 * B(3) - B(5)) / 70
  A (2) = (2 * ( B(1) + B(5)) + 27 * B(2) + 12 * B(3) - 8 * B(4)) / 35
  FOR  I = 3  TO  N-2
```

$$A(I) = (-3*(B(I-2) + B(I+2)) + 12*(B(I-1) + B(I+1)) + 17*B(I))/35$$

```
    NEXT  I
```

$$A(N-1) = (2*(B(N-4) + B(N)) - 8*B(N-3) + 12*B(N-2) + 27*B(N-1))/35$$

$$A(N) = (-B(N-4) + 4*(B(N-3) + B(N-1)) - 6*B(N-2) + 69*B(N))/70$$

```
    END  SUB
```

说明:本过程程序使用数组 A 和数组 B 来存放采样值 y。过程程序由主程序调用,过程程序结束时,数组 A 存放经平滑处理后的数据,数组 B 保持原采样值不变。数组 A 和数组 B 的值均传回主程序。

3. 应用举例

例 10.4　设数据采集系统采集到 9 个数据:54、145、227、359、401、342、259、112、65。用五点三次平滑程序对这批数据做平滑处理。

解　编写一个主程序来调用 SMOOTH 过程程序。主程序如下:

```
DECLARE  SUB  SMOOTH (A( ), N, B( ))
        INPUT " N = "; N
        DIM  A(N), B(N)
        FOR  I = 1  TO  N
            READ  A (I)
        NEXT  I
        DATA  54, 145, 227, 359, 401, 342, 259, 112, 65
        CALL  SMOOTH (A( ), N, B( ))
        PRINT " NO. " , " OLD " , " NEW "
        FOR  I = 1  TO  N
            PRINT  I, B(I), A(I)
        NEXT  I
        END
```

按下 Shift＋F5 键运行程序,运行结果如下:

N＝? 9 ↵

NO.	OLD	NEW
1	54	56.8428
2	145	133.6286
3	227	244.0571
4	359	347.9429
5	401	393.4572
6	342	352.0286
7	259	241.5143
8	112	123.6571
9	65	62.0857

10.5.3　数据平滑方法的实质

前面介绍了几种数据平滑方法,通过这些方法可以使由采样数据绘制的曲线变得平滑一些。读者自然要问:这些方法为什么能起到平滑作用呢? 这个问题可以从上述方法中找出答案。

从平滑处理方法中可以看出,对曲线进行平滑,就是用平滑因子来达到平滑的目的。即用 $h(t) = (h(-N),\cdots,h(0),\cdots,h(N))$ 对曲线 $x(t)$ 进行滤波。滤波的效果取决于平滑因子 $h(t)$ 的频谱 $H(f) = \sum\limits_{n=-N}^{N} h(n)e^{-j2\pi nT_{s}f}$ 的特性。$H(f)$ 究竟有什么特性? 这可以用 $2N+1$ 个点简单平均的平滑因子来说明这一问题。

$2N+1$ 个点简单平均的平滑因子为 $h(t) = (h(-N),\cdots,h(0),\cdots,h(N)) = \dfrac{1}{2N+1}$ $(1,\cdots,1,\cdots,1)$。相应的频谱为

$$H(f) = \frac{1}{2N+1}\sum_{n=-N}^{N}e^{-j2\pi nT_{s}f}$$
$$= \frac{1}{2N+1} \cdot \frac{\sin(2N+1) \cdot \pi \cdot f \cdot T_{s}}{\sin\pi fT_{s}}$$

在 $\left[-\dfrac{1}{2T_{s}}, \dfrac{1}{2T_{s}}\right]$ 范围内,如果把 $H(f)$ 的图形画出来,可以看到:$H(f)$ 在 $f = 0$ 时达到最大值,在 $f = 0$ 附近取值比较大,当 f 离 0 较远时,$H(f)$ 较小。因此,$2N+1$ 个点的简单平均相当于低通滤波。其他类型的平滑因子的频谱也具有这种特性。曲线 $x(t)$ 不光滑,表明高频成分较多。经平滑即低通滤波后,高频成分被削弱,曲线因而就光滑了。所以,数据平滑过程实质上是对数据做低通滤波处理。

习题与思考题

1. 什么是标度变换? 为什么要进行标度变换?

2. 有一台 $0\sim100$ MPa 的压力变送器,其输出电流为 $4\sim20$ mA,采用 12 位 A/D 转换器进行转换。试写出标度变换公式,并计算公式中各系数的数值。

3. 什么是导出单位? 试举例说明。

4. 什么是零点的自动校准? 自动校准如何实现?

5. 设某采样信号经 A/D 转换后的数值为 100,当时间 $t=0$ 时,突然受到一个尖脉冲的干扰,干扰信号的幅值与被采样信号大小相等,方向相同,持续时间短于一个采样周期。如果采用滑动平均值法进行滤波,分别画出当 m 为 2、4、8 时,数字滤波器输出值随时间变化的曲线。

6. 设计一个低通数字滤波器,其截止频率 $f_{c} = 0.5$,采样周期 $T_{s} = 0.8$ s,写出滤波器的差分方程。

7. 设某一个物理过程的某参数(例如温度),在测量的时间内可认为是常数(共测 N 个数据)。试说明怎样判断出此 N 个数据中的奇异项,并画出程序流程图。

参 考 文 献

[1] 赵负图. 数据采集与控制系统:计算机测控技术[M]. 北京:北京科学技术出版社,1987.

[2] 王琳,商周,王学伟. 数据采集系统的发展与应用[J]. 电测与仪表,2004,41(8):4-8.

[3] 尤德裴.数字化测量技术及仪器[M].北京:机械工业出版社,1980.

[4] 樊昌信,等.通信原理[M].北京:国防工业出版社,1984.

[5] LORIFERNE B. Analog-Digital and Digital-Analog Conversion:Chapter 1[M]. [S. l.]:
    Heyden Publishing Co Ltd. , 1982.

[6] ZUCH E L. Know Your Converter Codes[J]. Electronic Design,1974(10).

[7] 王汉义.模-数与数-模转换技术基础[M].哈尔滨:哈尔滨船舶工程学院出版社,1986.

[8] 张如洲.微型计算机数据采集与处理[M].北京:北京工业学院出版社,1987.

[9] 沈兰荪.数据采集技术[M].合肥:中国科学技术大学出版社,1990.

[10] 陶楚良. 数据采集系统及其器件[M]. 北京:北京工业学院出版社,1988.

[11] 刘仁普. 数据采集系统应用手册[M]. 北京:机械工业出版社,1997.

[12] 张旭东,廖先芸.IBM 微型机实用接口技术[M].北京:科学技术文献出版社,1993.

[13] 李克春.IBM-PC 系列微机接口与通讯原理和实例[M].大连:大连理工大学出版社,
    1990.

[14] 李岳生,黄友谦.数值逼近[M].北京:人民教育出版社,1978.

[15] 刘乃琦.IBM-PC 混合语言编程技术[M].北京:电子工业出版社,1991.

[16] 李华.MCS-51 系列单片机实用接口技术[M].北京:北京航空航天大学出版社,1993.

[17] 毛进亮,周良柱,皇甫堪.基于频域测速系统的数据采集技术及实现[J].数据采集与处
    理,1992,7(1):44-49.

[18] SHEINGOLD D H. Analog-Digital Conversion Notes[R]. [S. l.]:Analog Devices,
    Inc. 1977:217-246.

[19] ZUCH E L. Interpretation of Data Converter Accuracy Specifications[J]. Computer
    Design,1978(9).

[20] ZUCH E L. Pick Sample-holds by Accuracy and Speed and Keep Hold Capacitors in Mind[J]. Electronics Design，1978(12).

[21] Distributed Control Modules Databook[R]. [S. l.]：Intel Corporation,1988.

[22] 马明建. 移动式土壤工作部件性能参数测试系统[J]. 农业机械学报,2000，31(2)：35 - 38.

[23] 于旸. 对 Native API NtSystemDebugControl 的分析[EB/OL]. http:// www. xfocus. net/articles/200408/721. html

[24] NEBBETT G. Windows NT/2000 本机 API 参考手册[M]. 北京：机械工业出版社，2001.

[25] Intel Architecture Software Developer's Manual：V1[R]. [S. l.]：Intel Corporation，1999.